鉄鋼の組織制御
その原理と方法

牧 正志 著

内田老鶴圃

本書の全部あるいは一部を断わりなく転載または
複写(コピー)することは,著作権および出版権の
侵害となる場合がありますのでご注意下さい.

はしがき

　金属材料は用途に応じて種々の性質が要求されるが，最も重要な性質は強度や延性，靱性などの機械的性質である．金属の諸性質，特に機械的性質はそのミクロ組織に大きく依存するのが特徴で，同じ材料でもミクロ組織が異なれば性質はさまざまに変化する．それゆえ，優れた性質や高信頼性を有する材料を得るには，それに適したミクロ組織を得ること，つまり最適の組織制御が必要である．

　金属組織の制御は，通常，熱処理により行われる．近年，実用金属材料の要求性能のますますの高度化に伴い，それを支える熱処理は高度に発展し，新しいタイプの熱処理が次々と生まれている．このような精緻で複雑な熱処理を理解し使いこなすためには，その根底を流れる相変態，析出，再結晶などの組織制御の原理を理解するとともに，その原理を具現化するさまざまな方法を知る必要がある．

　本書は，構造材料として最も重要な鉄鋼材料の組織制御の原理と方法を体系的にまとめたものである．組織制御には，金属組織学の知識が基礎になる．本書では，鉄鋼材料を中心にした金属組織学の基礎に加えて組織制御の具体的方法について述べ，鉄鋼の熱処理の仕組みを原理と方法の両面から理解できるように意図した．実際の鉄鋼の熱処理（組織制御）は，変態，析出，再結晶などの諸現象と対象とするさまざまな変態組織が縦糸と横糸として複雑に絡みあっているが，その仕組みが理解できるようにできるだけ平易に記述するよう努めた．

　本書の読者としては，鉄鋼材料の組織制御，熱処理に関心のある大学学部・大学院の学生，企業の研究者，そして熱処理業務に関わる企業技術者を念頭にしているが，金属材料の組織制御に関する一般的知識を深めたい人にも役に立つ内容であると確信している．

　本書は2部から構成されている．第1部は基礎編で，金属材料の組織形成と鉄鋼の熱処理の基礎，および代表的な組織制御である結晶粒微細化と強靱化の

原理と方法について述べた．さらに，鉄鋼に現れる各種変態組織の微細化と強靱化の考え方とそれを実現する具体的方法をまとめた．組織制御の原理を理解するには，凝固，相変態，析出，再結晶さらにはその基礎となる熱力学，速度論，平衡状態図，結晶学，格子欠陥，転位論など多くの知識が必要である．本書では，読者は一応これらの基礎知識を有しているという前提で記述されている．第2章で，必要最小限の事項について簡単に触れたが，これらの詳細については他の参考書で理解を深めていただきたい．

　第2部は応用編で，近年の高度に発展した鉄鋼の組織制御を理解するために必要な知識や新しい組織制御の原理と方法についてまとめた．これらは従来の金属組織学の参考書には詳細な記述がほとんどないもので，本書の特徴のひとつである．具体的には，相変態のバリアント，極低炭素鋼の連続冷却変態組織，ベイナイト変態機構と組織，TRIPやオースフォーミングなどの加工熱処理，動的再結晶，動的変態，大ひずみ加工，などを取り上げた．ここでは，重要な事項に関してはできるだけ新しい解説やレビューを参考文献として挙げた．これらを参考にして，過去の知見や最新の研究成果を習得していただきたい．

　本書を執筆するにあたり，梅本実（豊橋技術科学大学教授），津崎兼彰（九州大学教授），古原忠（東北大学教授），辻伸泰（京都大学教授）の各氏には，さまざまな観点から議論をしていただいた．また，森戸茂一（島根大学准教授），宮本吾郎（東北大学准教授），柴田曉伸（京都大学准教授）の各氏には，議論に加えて図表作成の協力を得た．（株）内田老鶴圃の内田学氏には本書の執筆の機会をいただくとともに，暖かい励ましをいただいた．お世話になった多くの方々に，心からお礼を申し上げる．

2015年10月

牧　正志

目次

はしがき　i

第1章　序論—ミクロの世界から見た鉄鋼材料の魅力— ………… 1
1.1　なぜ鉄鋼材料は多様な用途に対応できるのか　1
1.2　なぜ鉄鋼材料は広範な強度レベルをカバーできるのか　2
1.3　なぜ鉄鋼材料にはさまざまな相変態があるのか　5
1.4　なぜ鉄鋼材料の組織が変わると強度が変わるのか　6
1.5　パーライトの有難さ，マルテンサイトの素晴らしさ　7
文　献　8

第1部　基礎編

第2章　組織制御に必要な基礎知識 ………… 11
2.1　金属の結晶構造　11
2.2　単結晶と多結晶　13
2.3　合金と固溶体　14
2.4　格子欠陥　16
2.5　原子の拡散　19
2.6　平衡状態図と相変態，析出　23
2.7　回復，再結晶と粒成長　29
2.8　鉄鋼材料の種類と分類　34
文　献　35
参考書　35

第3章　相変態と変態組織—鉄鋼の熱処理の基礎— ………… 37
3.1　Fe-C状態図と変態組織　37
　3.1.1　純鉄の同素変態　37

3.1.2 Fe-C 状態図　38
3.1.3 標準組織とその生成過程　42
3.2 Fe-C 状態図に及ぼす合金元素の影響　45
3.2.1 オーステナイト生成元素とフェライト生成元素　45
3.2.2 炭化物生成元素と非炭化物生成元素　47
3.3 過冷オーステナイトからの変態　49
3.3.1 変態点に及ぼす冷却速度の影響　50
3.3.2 過冷オーステナイトの等温変態と等温変態線図(TTT 線図)　52
3.3.3 過冷オーステナイトの連続冷却変態と連続冷却変態線図(CCT 線図)　55
3.3.4 TTT 線図，CCT 線図に及ぼす諸因子の影響　57
3.3.5 過冷オーステナイトからの変態組織と標準組織との相違点　64
3.4 鉄鋼の焼入れと焼入性　66
3.4.1 焼入性とそれを支配する因子　66
3.4.2 適切な焼入温度と冷却方法　69
3.5 2相域熱処理とその原理　71
文献　74

第4章　マルテンサイト変態と焼もどし　75
4.1 マルテンサイト変態とその特徴　75
4.2 鉄合金マルテンサイトの結晶学，形態および内部微視組織　77
4.2.1 マルテンサイトの種類と結晶構造　77
4.2.2 マルテンサイトの結晶学　80
4.2.3 マルテンサイトの形態と内部微視組織　80
4.2.4 実用的に重要な鉄合金のマルテンサイトと M_s 点　81
4.3 鉄合金マルテンサイトの変態挙動　84
4.3.1 マルテンサイト変態の駆動力と M_s 点　84
4.3.2 速度論　86
4.4 残留オーステナイトとその低減法　88

4.5　マルテンサイトの焼もどし　91
　　4.5.1　焼もどしによる組織変化　91
　　4.5.2　焼もどしによる機械的性質の変化　94
　　4.5.3　焼もどし2次硬化　98
　文　献　101

第5章　鉄鋼の強化機構と各種変態組織の強靱化法　103

　5.1　強度と延性・靱性の評価法　103
　　5.1.1　引張試験の応力-ひずみ曲線と引張特性　103
　　5.1.2　シャルピ衝撃試験と延性-脆性遷移温度　107
　5.2　強化機構　109
　　5.2.1　強化に対する2つの異なる方向　109
　　5.2.2　固溶強化　110
　　5.2.3　転位強化(加工強化)　111
　　5.2.4　粒界強化(細粒化強化)　112
　　5.2.5　粒子分散強化(析出強化)　114
　　5.2.6　各種強化機構の強化能力の比較および靱性との関係　116
　　5.2.7　高温材料で利用できる強化機構　118
　5.3　マルテンサイト変態による強化　120
　5.4　複合強化　122
　5.5　延性および靱性向上の方法　123
　　5.5.1　延性の向上　123
　　5.5.2　靱性の向上　125
　　5.5.3　超高強度化を阻害する壁の打破　127
　5.6　各種変態組織の強度と靱性を支配する因子　129
　　5.6.1　フェライト　129
　　5.6.2　フェライト＋パーライト　130
　　5.6.3　パーライト　133
　　5.6.4　ベイナイト　136
　　5.6.5　マルテンサイト　139
　文　献　144

第6章 相変態および再結晶による結晶粒微細化 …………………… 147

6.1 結晶粒微細化の方法 　147

6.2 熱処理，加工熱処理による結晶粒微細化の原理　149

　6.2.1 相変態，再結晶，粒成長の駆動力　149

　6.2.2 相変態および再結晶の核生成　151

　6.2.3 相変態および再結晶の成長速度　154

　6.2.4 反応速度式　156

　6.2.5 相変態および再結晶の完了直後の結晶粒径　157

6.3 結晶粒成長とその制御法　160

　6.3.1 結晶粒成長の速度式　160

　6.3.2 結晶粒成長に及ぼす合金元素および析出物の作用　162

　6.3.3 異常粒成長とその抑制法　166

6.4 制御圧延・加速冷却（TMCP）によるフェライト粒微細化　169

　6.4.1 制御圧延・加速冷却の概要　169

　6.4.2 熱間加工組織　172

　6.4.3 Nb添加によるオーステナイトの静的再結晶の抑制　174

　6.4.4 加工硬化オーステナイトからのフェライト変態　177

　6.4.5 オーステナイト→フェライト変態に及ぼす加速冷却の効果　178

6.5 パーライト組織の微細化　179

6.6 マルテンサイト組織の微細化　181

6.7 母相オーステナイトの微細化　183

文献　184

第2部　応用編

第7章　鉄鋼の各種変態組織 ……………………………………………… 189

7.1 フェライト　189

　7.1.1 初析フェライトの形態　189

　7.1.2 極低炭素鋼の連続冷却変態組織　192

7.2 マッシブ変態　194

7.3 パーライトおよび疑似パーライト　195

7.4 ベイナイト　199
　　7.4.1 上部ベイナイトと下部ベイナイトの組織と分類　199
　　7.4.2 ベイナイト変態機構　202
　　7.4.3 上部ベイナイトの形態と結晶学的特徴　205
　　7.4.4 上部ベイナイト組織の多様性とラスマルテンサイトとの比較　205
7.5 マルテンサイト　206
　　7.5.1 4つの形態のα′マルテンサイト　206
　　7.5.2 ラスマルテンサイト　207
　　7.5.3 薄板状マルテンサイト　212
　　7.5.4 レンズマルテンサイト　214
文献　217

第8章　変態生成物のバリアント　221

8.1 変態生成物の結晶方位関係とバリアント　221
8.2 ラスマルテンサイトおよび上部ベイナイトのバリアントとパケット，ブロック　225
8.3 オーステナイト粒界に生成する初析フェライトのバリアント　228
文献　232

第9章　鉄鋼の加工熱処理　233

9.1 加工熱処理の変遷　233
9.2 制御圧延・加速冷却（TMCP）の極限追求による超微細粒の創製　237
　　9.2.1 TMCPによる超微細粒形成の新しい原理　237
　　9.2.2 超微細粒の機械的性質とその特徴　240
9.3 オースフォーミング　244
　　9.3.1 オースフォーミングとその強靱化機構　244
　　9.3.2 高温オースフォーミング（改良オースフォーミング）　248
文献　250

第10章　加工誘起マルテンサイト変態とTRIP……253

10.1　加工誘起マルテンサイト変態　253
　10.1.1　準安定オーステナイトと加工誘起マルテンサイト変態　253
　10.1.2　力学的駆動力　254
　10.1.3　変態開始応力と加工温度の関係　256
　10.1.4　加工誘起マルテンサイト変態量を支配する因子　257
10.2　マルテンサイト変態誘起塑性(TRIP)とTRIP鋼　258
　10.2.1　TRIPによる延性，靱性向上機構　258
　10.2.2　残留オーステナイトを得る方法　261
　10.2.3　高Si添加鋼のオーステンパー処理と低合金TRIP鋼　263
　10.2.4　Q＆Pプロセス(焼入れ-分配処理)　268
10.3　TWIP鋼　269
文献　269

第11章　鉄鋼の超微細粒形成のための新しい原理……271

11.1　動的再結晶　271
　11.1.1　動的回復，動的再結晶と応力-ひずみ曲線　271
　11.1.2　動的再結晶粒の生成過程と動的再結晶組織の特徴　274
　11.1.3　動的再結晶の出現を支配する因子　279
　11.1.4　動的再結晶粒径を支配する因子と結晶粒超微細化の可能性　281
11.2　動的フェライト変態　284
11.3　大ひずみ加工　287
文献　291

欧字先頭語索引　293
総索引　295

第1章
序論—ミクロの世界から見た鉄鋼材料の魅力—

1.1 なぜ鉄鋼材料は多様な用途に対応できるのか

　我々は日頃の生活で鉄を意識することはあまりないが，周りを見渡すと非常に多くの鉄製品が存在することに気がつく．鉄鋼材料は，我々の生活になくてはならない構造材料である．量的にも他の金属材料に比べて圧倒的に多く，水や空気と同じようにあまりにもありふれているため，その重要性と有難味を忘れがちである．供給の規模，経済性，工学的信頼性などから考えて，鉄鋼材料に取って代わる構造材料があるとは到底考えられない．

　なぜ，鉄鋼材料がこのように工業的に重要で大量に使用されているのだろうか．安価である，加工性に優れている，などいろいろな理由が挙げられるが，多様な用途に対応できる最大の理由は，広範な強度レベルをカバーできることにある．図1.1[1])に示したように，鉄鋼材料は引張強さで300 MPaという軟らかく容易に加工できるものから4000 MPa(4 GPa)という強くて硬いものま

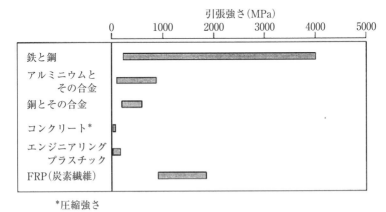

図1.1　各種工業材料の強度レベルの比較[1]).

で非常に広範な強度レベルをカバーできる．これが他の材料には見られない鉄鋼材料の素晴らしさであり，魅力なのである．

1.2 なぜ鉄鋼材料は広範な強度レベルをカバーできるのか

　鉄鋼材料の基本は鉄(Fe)-炭素(C)合金であり，これに目的に応じて Mn, Si, Cr, Ni, Mo などの合金元素が添加されている．鉄鋼材料が非常に幅広い強度を発現できるのは，Fe と C の合金であることに由来している．図 1.2[2)]は Fe-C 合金の平衡状態図である．この状態図が組織制御の観点から見ると，大変うまくできているのである．

　Fe は室温では結晶構造が体心立方格子(bcc)のフェライト(α)で，温度を上げると面心立方格子(fcc)のオーステナイト(γ)に変わる．高温に室温と異なる別の固相が存在することが Fe-C 合金の重要な点で，この高温相であるオーステナイトが鋼の熱処理(組織制御)の出発組織(母相)になる．

　種々なC量のFe-C合金を，オーステナイト域に加熱した後冷却速度を変えて室温まで冷やすと，図1.3 のようにさまざまな変態組織が得られる．徐冷した場合，純鉄ではフェライトが，Fe-0.77 mass%C 合金(共析鋼)ではパーライトが，0～0.77%C の間ではフェライト + パーライト組織になる．冷却速

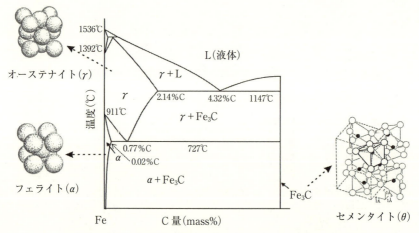

図 1.2 Fe-C 合金の平衡状態図(Fe-Fe$_3$C 系状態図)[2)]．

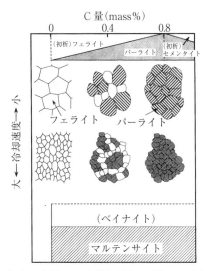

図1.3 Fe-C合金の室温での変態組織とC量および冷却速度の関係.

度を大きくすると変態温度が低下し(過冷却),それぞれの組織が微細になる.さらに水焼入れのように冷却速度を大きくすると,変態生成物がフェライトやパーライトとは全く違ったマルテンサイトに変化する.また,中間の冷却速度でベイナイトが得られる場合もある.図1.4[3)]は,C量の異なるFe-C合金の空冷材(フェライト＋パーライト組織)と焼入材(マルテンサイト組織)の硬さを比較したものである.いずれの場合も,C量増加とともに硬くなるが,マルテンサイトが格段に硬くて強い組織であることが分かる.

このように,Fe-C合金ではさまざまな変態組織があり,重要なことは,図1.5[4)]に示したように,各変態組織の強度レベルがそれぞれ異なっていることである.これが,鉄鋼材料が幅広い強度をカバーできる理由である.つまり,我々は変態組織を使い分けて,さまざまな用途に対応する強度を得ているのである.とくに,マルテンサイトは焼入れ焼もどしによって約600 MPaから4 GPa程度までの非常に広範な強度をカバーすることができる.鉄鋼材料においてマルテンサイトは非常に重要な組織なのである.

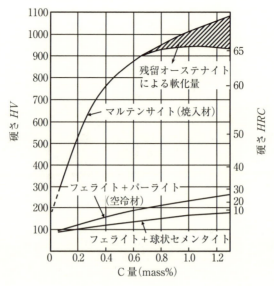

図 1.4 Fe-C 合金の種々の組織の硬さと C 量の関係[3].

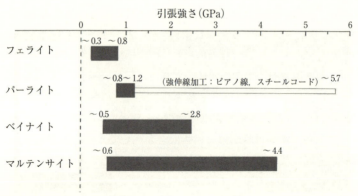

図 1.5 鉄鋼の各種変態組織の強度レベル(実験室的データも含む)[4].

1.3 なぜ鉄鋼材料にはさまざまな相変態があるのか

　鉄鋼材料にさまざまな相変態が存在する理由は，高温にオーステナイト相が存在するからである．図1.6は，Fe-C合金と代表的なアルミニウム(Al)合金でジュラルミンのもととなるAl-Cu(銅)合金の，それぞれFe側，Al側を拡大した状態図を模式的に示したものである．Al-Cu合金には，Fe-C合金のオーステナイトに匹敵する高温での固相が存在しない．それゆえ，Al合金では固相→固相の相変態がなく，鉄鋼のような多様な熱処理が行えない．鉄鋼の場合は，室温で粗くて不均一な好ましくない組織状態の材料があったとしても，一度オーステナイトに再加熱して冷やすと，望みの好ましい組織に作り変えることができるのである．組織制御の観点から2つの状態図をながめると，Fe-C合金のオーステナイトの有難さが再認識させられる．

　固相→固相変態には機構の異なる2つの変態，つまり拡散変態と無拡散変態(せん断変態)がある．図1.3のフェライトやパーライトが拡散変態で，マルテンサイトが無拡散変態で生成した組織である．平衡状態図に従って起こる拡散変態や析出は，鉄原子や合金原子の拡散によって相の結晶構造や組成が変わる．原子の拡散は温度依存性が大きく，高温では頻繁にジャンプして位置交換をしているが，温度が低くなると急激に拡散が起こりにくくなる．鉄原子が1秒間に1回位置交換する(拡散する)温度は約550℃で，このあたりの温度が，

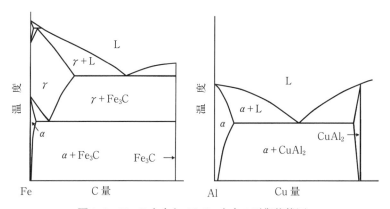

図1.6　Fe-C合金とAl-Cu合金の平衡状態図.

鉄原子が動くか動かないかの目安になる．鉄鋼の熱処理で 500～550℃ という温度は重要な意味を持つ温度である．

冷却速度を操作することにより，変態機構を拡散変態からマルテンサイト変態に変えることができる．これが鋼の熱処理の醍醐味である．なぜ急冷すると変態機構が変わるのか，その理由をしっかり理解しなければならない．このことについては，第 3 章，3.3 で述べる．

1.4 なぜ鉄鋼材料の組織が変わると強度が変わるのか

Fe–C 合金にはさまざまな変態組織があるが，いずれの組織も平衡状態図が示すように，室温ではフェライト(α)とセメンタイト(Fe_3C)の 2 相から成り立っている（ただし，マルテンサイトだけは例外で，焼入れ状態では単相であり，焼もどし処理を施すことによりフェライトとセメンタイトになる）．なぜ，同じフェライト＋セメンタイトの 2 相組織なのに，図 1.5 のように変態組織が変わると強度レベルが大きく変わるのであろうか．その理由は，セメンタイトの量と存在状態にある．

Fe–C 合金では，フェライトは C をほとんど固溶しない（室温では 1 ppm 以下）ので，添加した C はすべてセメンタイトになる．セメンタイトの量 f_θ は $f_\theta(\%) = 15.3 \times (\text{mass}\%C)$ で表されるので，共析鋼（0.77 mass%C）で 11.8% になる．通常の非鉄合金では，第 2 相の量が数 % 程度であることを考えれば，Fe–C 合金は第 2 相の量が大変多い合金といえる．

この多量に存在する硬いセメンタイトの形態やサイズを変化させることによって，鉄鋼材料の強度が幅広く変化するのである．**図 1.7** はフェライト中に存在するセメンタイトのさまざまな存在形態を示す．微細粒子を均一に分散させるもの，薄膜を積層させるもの，そして細線を一方向に並べるもの，などが考えられる．これらの中のセメンタイト粒子が均一微細に分散した状態がマルテンサイトの低温焼もどし組織，薄板状のセメンタイトが密に積層したのがパーライト組織である．つまり，Fe–C 合金ではどのような変態組織でも，基地のフェライトは純鉄の軟らかい相であるが，第 2 相のセメンタイトの量，形態，サイズ，分布が変化することにより，強度が大きく変化するのである．要するに，鉄鋼材料では，C 量によってセメンタイトの量を変え，熱処理によっ

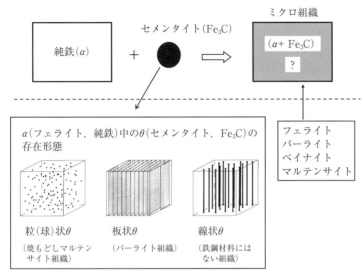

図 1.7 Fe-C 合金の室温での組織の成り立ちとセメンタイトの存在形態.

てセメンタイトの形状やサイズを変えて，広範な強度レベルが達成されているのである．

1.5 パーライトの有難さ，マルテンサイトの素晴らしさ

Fe-C 合金に共析変態（パーライト変態）があったことは大変ラッキーであった．このときに生成するパーライト組織は，図 1.8 のようにフェライト（純鉄）地に薄いセメンタイト板が 0.1〜0.5 μm というきわめて細かい間隔で層状に積層された組織である．このような純鉄とセメンタイトの微細な層状組織を人工的に作れるであろうか．パーライトは素晴らしい天然の複合材料であり，鉄鋼材料の貴重な財産である．純鉄の引張強さは 300 MPa 程度であるのに，この共析変態のおかげで，安価な C を 0.8% 添加するだけで，引張強さ 900 MPa という高強度になり，これを強伸線加工すると約 3 GPa を示すピアノ線が得られるのである．

鉄鋼材料が他の金属材料に見られない非常に広範囲の強度レベルをカバーできるのは，硬くて強いマルテンサイトのおかげである．通常，マルテンサイト

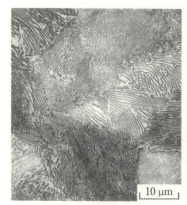 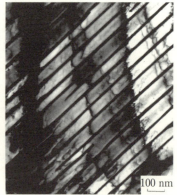

|光学顕微鏡組織　　　　　　　　透過電子顕微鏡(TEM)組織|

図1.8 共析鋼(0.8%C)のパーライト組織.

は焼もどされるので，過飽和Cは炭化物として析出する．それゆえ，焼もどしマルテンサイトの強化の主因は析出強化(粒子分散強化)である．鋼のマルテンサイトは多量の析出物を均一微細に生成させるための好ましい条件を自然に備えた，析出強化を最大限に利用できるきわめて優れた組織なのである．このことに関しては，第5章，5.3で述べる．

　以上，鉄鋼材料が広範な強度レベルをカバーできる秘密がFe-C合金にあることを述べた．重厚長大な構造物を構成する鉄鋼材料が，多様な美しいミクロの世界を持ち，ナノレベルでの精緻な組織制御でその特性を発揮しているのである．鉄鋼(Fe-C合金)が，実用的な重要性だけでなく，組織制御の観点からもユニークで素晴らしい物質であることを理解していただきたい．

文　献

1) 矢田浩：ふぇらむ，**1**(1996)，185.
2) 牧正志：ふぇらむ，**13**(2008)，544.
3) E. C. Bain and H. W. Paxton：Alloying Elements in Steels, 2nd ed. ASM(1961).
4) 牧正志：ふぇらむ，**3**(1998)，781.

第 1 部
基礎編

第 2 章
組織制御に必要な基礎知識

第 3 章
相変態と変態組織-鉄鋼の熱処理の基礎-

第 4 章
マルテンサイト変態と焼もどし

第 5 章
鉄鋼の強化機構と各種変態組織の強靭化法

第 6 章
相変態および再結晶による結晶粒微細化

第2章
組織制御に必要な基礎知識

2.1 金属の結晶構造

物質は，気体，液体，固体の3つの状態を示す．金属は固体状態では原子が3次元的に周期性を持って配列した結晶体である．結晶構造にはさまざまなものがあるが，金属は大部分が比較的簡単な，面心立方格子(face-centered cubic lattice：fcc)，体心立方格子(body-centered cubic lattice：bcc)，稠密六方格子(または最密六方格子)(hexagonal close-packed lattice：hcp)のいずれかの構造を示す．図2.1にこの3つの結晶構造を示す．(a)のfcc構造を持つ金属にはAl, Cu, Ni, Au, Agなど，(b)のbcc構造はMo, Cr, Nb, Wなど，(c)のhcp構造はMg, Znなどがある．Feは室温のα-Feはbcc，高温で生成するγ-Feはfccである．また，Tiでは，室温のα-Tiはhcp，高温のβ-Tiはbccである．

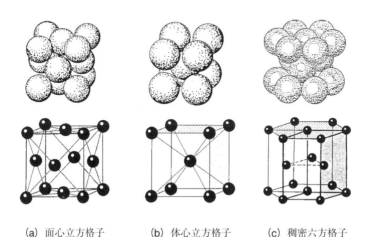

(a) 面心立方格子　　(b) 体心立方格子　　(c) 稠密六方格子

図2.1　金属の代表的な結晶構造．

上述の3つの結晶構造のうち，fccとhcpは球状と考えた原子を最も密に積み重ねた稠密充填構造である．**図2.2**(a)[1]に示す密に並んだ原子面を，(b)のように積み重ねればhcp構造になり，(c)のように重ねればfcc構造になる．すなわち，(a)の1層目の原子の位置をAと名付けると，その上の第2層目に原子を並べる方法は，図中に示したBかCの位置のいずれかである．いま，第2層目の原子の位置をBの位置に置いたとする．そうすると，次の第3層目を並べるときには，最密の位置は第1層と同じAの位置になるか，それとも第1層のCの位置になるかの2通りの方法が可能である．このようにして原子を規則正しく積み重ねていく場合，(b)のようにABABAB…と積み重ねればhcp構造に，(c)のようにABCABCABC…と規則正しく積み重ねればfcc構造になるのである．

結晶の面や方向を表示するときにはミラー指数(Miller index)が用いられる．すべり変形のすべり面やすべり方向，母相と変態生成物間の結晶方位関係を論

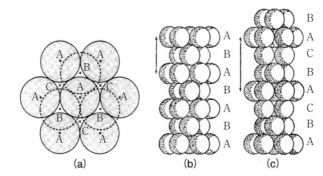

図2.2 (a)原子の稠密面と，その積層によりできる2つの稠密構造((b)hcp構造，(c)fcc構造)[1]．

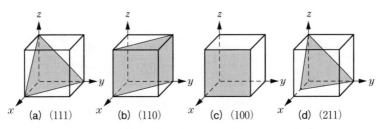

図2.3 立方格子における種々の面のミラー指数[2]．

じるときなどに，ミラー指数が必要になる．ミラー指数の表し方についてはここでは述べないが，一例として，立方晶(bcc，fcc共通)における代表的な面のミラー指数を図2.3[2)]に示す．原子が最も密に並んでいる最密面は，fccでは(111)面，bccでは(110)面である．これらの最密面が，塑性変形が起こる場合のすべり面になる．また，bccの脆性破壊であるへき開破壊は(100)面に沿って割れる．

2.2 単結晶と多結晶

　1種類の結晶構造が限りなく整然と並んだ物質を単結晶(single crystal)という．しかし実際の金属材料は，多くの結晶粒(crystal grain)から成る多結晶体(polycrystalline aggregate)である．結晶粒の境界を結晶粒界(grain boundary)という．光学顕微鏡で観察すると，結晶粒界が優先的に腐食されるので，図2.4(a)[3)]のように結晶粒界が現出し多くの結晶粒が観察される．1つの結晶粒は1個の単結晶であり，図2.4(b)のように，それぞれの結晶粒の中で原子は規則正しい配列をしている．ただし，隣接する結晶粒同士の方位は一般にはランダムであるので，境界である結晶粒界は，原子の配列が乱れている．

　通常，隣接する結晶粒間の方位差は約15度以上と大きく，このような粒界を大角粒界(high angle boundary)といい，方位差が数度以下と小さい粒界は

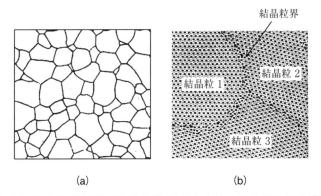

図2.4　(a)結晶粒(光学顕微鏡組織の模式図)と(b)結晶粒界の原子模型(泡モデル)[3)]．

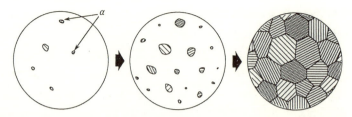

図 2.5 凝固,変態,再結晶時の核生成,成長による多結晶組織の形成.

小角粒界(low angle boundary)と呼ばれる.

金属材料が多結晶になる理由は,鋳造,加工,熱処理などの製造プロセス中に起こる凝固,変態,再結晶などで,図 2.5 に示したように結晶方位の異なる結晶が多数核生成し,それらが成長合体して 1 つの結晶粒になるからである.通常の材料では,結晶粒の大きさは 10〜100 μm 程度である.

2.3 合金と固溶体

実際の金属材料では純金属で用いられることはほとんどなく,大抵は合金(alloy)である.合金とは 2 種以上の金属または金属と非金属を溶かし合わせたもので,構成元素の数によって 2 元系合金(binary alloy),3 元系合金(ternary alloy)などと区別する.

合金原子の純金属への入り方には,溶け込んでいる(固溶している)場合と,別の相として析出する場合がある.純金属の結晶中に合金元素が原子の状態でランダムに取り込まれてできる固相を固溶体(solid solution)という.この場合,量的に優勢な金属原子を溶媒原子(soluvent atom),固溶した異種原子を溶質原子(solute atom)という.例えば,Fe-C 合金なら,Fe が溶媒原子,C が溶質原子である.

固溶体での溶質原子の入り方には図 2.6 に示すように,置換型(substitutional)固溶体と侵入型(interstitial)固溶体の 2 種類がある.(a)のように溶媒原子の格子点にある原子が溶質原子によって置換されたものが置換型固溶体であり,原子の大きさが似かよったもの同士では置換型固溶体を形成する.一方,(b)のように,溶質原子が溶媒原子の作る結晶格子の隙間に入り込んだものを侵入型固溶体という.原子の大きさが小さい原子が添加された場合,侵入

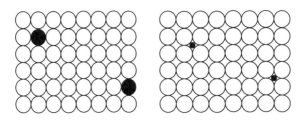

(a) 置換型固溶体　　　(b) 侵入型固溶体
図 2.6 合金の固溶体 (○は溶媒原子, ●は溶質原子).

型固溶体になる．Fe 合金の場合は，Si，Mn，Cr，Ni，Mo などのほとんどの合金元素は置換型位置を占めて固溶する．一方，C は Fe 原子に比べて小さいので，Fe 原子の格子の隙間，つまり侵入型位置を占めて固溶している．Fe 中での侵入型元素としては，C の他に H，O，N がある．これらの元素の原子の大きさ (直径) は，Fe 原子の大きさ (0.248 nm) を 1 とすると，H は 0.37，O は 0.43，N は 0.56，C は 0.62 である．

なお，合金組成の表示には，質量 %(mass%)(古くは wt% が使われていた) と原子 %(atomic%) がある．実用的には質量 % が用いられるが，学問的には原子の数の比率をパーセントで表した原子 % がよく用いられる．mass% と at% の変換は，A-B 2 元合金の場合，A が X_A(mass%)，B が X_B(mass%) のとき，B 原子の at% は次式で求められる．

$$X_B(\text{at}\%) = \frac{X_B(\text{mass}\%)/Z_B}{X_A(\text{mass}\%)/Z_A + X_B(\text{mass}\%)/Z_B} \times 100 \tag{2.1}$$

ここに，Z_A，Z_B は A，B 元素の原子量，すなわち 1 モルあたりの質量である．例えば，共析組成の Fe-0.8 mass%C 合金の場合は，Fe の原子量が 55.85，C の原子量が 12.0 であるので，上式に代入すると Fe-3.62 at%C になる．共析鋼は鉄鋼材料の中では炭素量の多い高炭素鋼に属するが，それでも Fe 原子 30 個に C 原子 1 個が存在している程度である．

固相の溶媒原子 A に溶質原子 B が溶け込んだ固溶体では，一般に固溶限 (solubility limit) が存在する．すなわち，固溶体中の B 成分を増やしていくと，もうそれ以上溶け込まないある限界の濃度に達する．このような固溶の限界を超えてさらに B 成分を増やしていくと，1 相であった固溶体の中に A，B 成分か

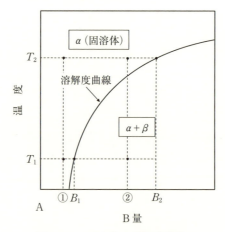

図 2.7　2元合金の溶解度曲線.

らなる化合物が生成し2相状態になる．固溶限は温度によって変化する．**図 2.7**のような状態図の A-B 2元合金を考える．温度 T_1 では，この合金は B 成分が B_1 以下の場合は α 単相（固溶体）であるが，B_1 以上になると α（B の濃度が B_1 の固溶体）＋β（化合物）の2相になる．温度が T_2 と高温になると，α 中の B 成分の固溶限が増し，B_2 まで固溶できるようになる．図中の曲線は固溶度が温度によって変化していく様子を示す線であり，溶解度曲線（または固溶度線）（solubility curve）と呼ばれる．合金①では，T_1 でも高温の T_2 でも α 相（固溶体）単相である．一方，B 成分の多い合金②では，高温の T_2 では α 固溶体の単相であるが，温度が T_1 に下がると β 相が析出して $\alpha + \beta$ 2相になる．

2.4　格子欠陥

金属は結晶から成っているが，実在の結晶は完全なものではなく，原子配列の乱れがある．この乱れのことを格子欠陥（lattice defect）という．格子欠陥には，その形態から0次元の点欠陥（原子空孔など），1次元の線欠陥（転位），2次元の面欠陥（結晶粒界など）がある．通常，欠陥といえば悪影響を与えるものという印象を与えるが，金属の格子欠陥はさまざまな現象と密接な関係がある大変重要なものである．例えば，原子空孔は原子の拡散，転位は塑性変形，結晶粒界は強度や靱性，などと関係があり，金属材料の組織形成や性質を理解し

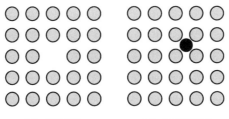

(a) 原子空孔　　(b) 格子間原子

図2.8　結晶中の点欠陥[2].

制御するには，格子欠陥の知識が不可欠である．

　点欠陥には，原子空孔(または単に空孔とも呼ぶ)(vacancy)と格子間原子(interstitial atom)がある．ほかに，微量の不純物原子を点欠陥に含めることもある．この中で最も重要なのが原子空孔である．図2.8[2]のように，(a)原子空孔は結晶の本来原子が占有すべき位置(格子点)に原子が抜けているところ，(b)格子間原子は結晶格子の格子点の中間の位置に入った原子をいう．高エネルギーの粒子線を照射すると，結晶内の原子がはじき飛ばされ，原子空孔が形成されるとともに，はじき出された原子が格子間位置に存在するようになる．

　一般に，格子欠陥が存在するとひずみエネルギー等の余分のエネルギーが発生し，結晶の自由エネルギーが増大するので，熱力学的には格子欠陥は安定に存在できない．それゆえ，熱処理などで高温に保持するとほとんどの格子欠陥は減少する方向に組織が変化する．しかし，原子空孔だけは例外で，適当量の原子空孔は熱力学的に安定に存在できるのが特徴である．その理由は，原子空孔の形成で内部エネルギーは上昇するが，多数の点欠陥を結晶にちりばめる方法の数が非常に多く，いわゆる配置のエントロピー項が大きいためである．このため，原子空孔が熱力学的に決まる量(熱平衡濃度)だけ存在すると，結晶全体の自由エネルギーを減少させる．このように高温で自発的に形成される原子空孔のことを熱平衡空孔という．熱平衡空孔の濃度 C_V は次式で示される．

$$C_V = A \exp\left(-\frac{\Delta G_f}{RT}\right) \qquad (2.2)$$

ここに，A は1〜10程度の定数，ΔG_f は原子空孔の形成エネルギー，R は気体定数，T は絶対温度である．原子空孔は絶対零度では零になるが，温度上昇

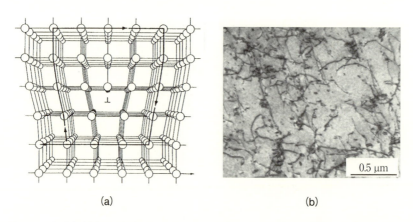

(a)　　　　　　　　　　　(b)

図2.9　(a)転位(刃状転位)の周りの原子配列と(b)転位の透過電子顕微鏡写真.

とともに指数関数的に増大し，金属によらずいずれも融点の絶対温度の1/2以下の温度でおよそ10^{-6}以下，融点近傍の温度では10^{-4}程度になる．しかし，高温から金属を急冷すると，高温で熱平衡にあった多数の原子空孔を室温まで結晶中に凍結することができる．原子空孔は後述するように原子の拡散に対し重要な働きをする．

　転位(dislocation)は金属の塑性変形の1つであるすべり変形を担う重要な線状の欠陥である．図2.9(a)に転位の周囲の原子の配列の一例を示す．すべり面の上に，すべり面と垂直方向に1原子面を余分に入れたような原子配列を持っている．この余分の面の下端の線が転位線である．この図のような転位は刃状転位(edge dislocation)と呼ばれる．このように転位は実体のある欠陥ではなく，1次元的な原子配列の局所的な乱れとして特徴づけられる．転位の周辺では原子の配列の乱れにより弾性ひずみ場が生じているので，透過電子顕微鏡(TEM：transmission electron microscopy)を用いるとそのひずみ場の線状のコントラストを観察することができる．図2.9(b)に一例を示す．TEM観察は0.1μm以下という薄い試料を用いるので，得られた像は3次元的な分布の2次元投影になっており，転位が断片的に観察されている．

　すべり変形は，結晶のある特定な結晶面(すべり面(slip plane))上で特定な結晶方向(すべり方向(slip direction))に沿って起こる，積み重ねたトランプのカードをずらすようなせん断変形である．この場合，すべり面の上下の結晶が

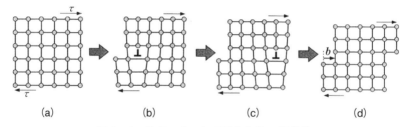

図2.10　結晶のすべり変形と転位の運動[4].

いっせいにせん断変形を起こすと考えると，非常に大きな降伏応力になることが理論的に予測されるが，実際には，転位の存在によりそれより3桁程度も小さい応力ですべり変形が起こるのである．図2.10[4]のように，実際のすべり変形は，転位がすべり面上を運動することによって局所的に進行する．このように，転位の運動を介した局所的なわずかの原子位置の変化がすべり面に沿って伝播すれば，結果的にはすべり面を挟んだ上下の結晶がいっせいにせん断変形を起こした場合と同じ変形が，非常に小さい応力で可能となる．なお，すべり変形による結晶のせん断変形の変位 b（図2.10(d)）は転位が与えられたら決まる量で，転位に固有のバーガースベクトル(Burgers vector)と呼ばれる．

通常の材料では，十分に焼なました状態でも 10^{10}〜10^{11} m^{-2} 程度の転位が存在し，加工により転位密度(dislocation density)は増し，強加工すると 10^{14}〜10^{15} m^{-2} 程度にも達する．なお，転位密度は，転位が線状の欠陥であるため単位体積中に含まれる転位の全長を用いて表す．それゆえ，転位密度の単位はm/m^3＝m^{-2} である．

面欠陥としては，結晶粒界，積層欠陥，双晶界面などがある．通常の結晶粒界は，図2.4(b)で示したように大角粒界であり，隣接する結晶粒間の方位は大きく異なっている．それゆえ，結晶粒界はすべり変形やへき開破壊の進展の抵抗になり，強度や靱性の向上に大きな働きをする．また，結晶粒界は相変態や析出の優先核生成サイトになるので，組織制御の観点からも重要である．

2.5　原子の拡散

結晶中の原子は熱エネルギーの助けにより格子中を移動する．この現象を拡

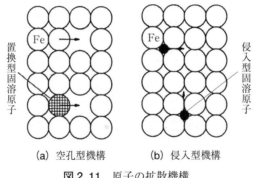

図 2.11 原子の拡散機構.

散(diffusion)といい，その素機構は，原子の隣接位置への移動(ジャンプ)である．原子が拡散する機構には，図2.11に示した(a)の空孔型機構と(b)の侵入型機構，の2つがある．

正規の格子点位置にある原子，つまり図2.6(a)の溶媒原子や置換型合金原子の拡散は，(a)のように原子空孔を媒介として起こる空孔型拡散である．空孔に隣接する原子は空孔に落ち込み，1原子距離だけ移動する．このとき，空孔も原子と位置交換をして1原子だけ移動する．空孔は熱平衡的に存在するので，空孔は動き回って原子移動が継続的に起こる．一方，Fe中のCやNのような侵入型原子は，(b)に示したように侵入位置から隣の侵入位置へと格子間位置を通って移動する．なお当然のことであるが，固溶体の場合，溶媒原子も溶質原子もともに拡散移動する．純金属の場合の拡散は，自己拡散(self diffusion)と呼ばれる．

空孔型機構による原子のジャンプ頻度は，①当該原子が隣接する空孔位置にジャンプする頻度(原子移動の確率)と②当該原子の隣に原子空孔が存在する確率，という2つの因子の積によって決まる．①の原子移動の確率は，図2.12に示すように，当該する原子が隣接する空孔位置に移動するときには，その途中の(b)でエネルギーの高い状態，つまり活性化状態が存在し，このエネルギー ΔG_m を熱エネルギーの助けをかりて乗り越えねばならない．したがって，空孔に隣接する原子のジャンプの確率は $\exp(-\Delta G_m/RT)$ で与えられる．②の当該原子の隣に原子空孔が存在する確率は，原子空孔濃度であるから，式(2.2)に示したように $\exp(-\Delta G_f/RT)$ で与えられる．それゆえ，原子空孔機

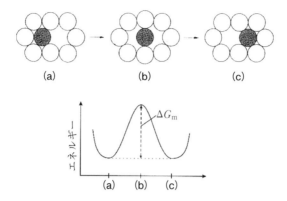

図2.12 空孔型機構による拡散過程.

構により原子のジャンプ頻度 f は，

$$f = \nu \exp\left(-\frac{\Delta G_\mathrm{m}}{RT}\right) \exp\left(-\frac{\Delta G_\mathrm{f}}{RT}\right)$$
$$= \nu \exp\left(-\frac{\Delta G_\mathrm{m} + \Delta G_\mathrm{f}}{RT}\right) \quad (2.3)$$

で与えられる．ここに ν は原子の振動数，ΔG_m は原子移動の活性化エネルギー(activation energy)，ΔG_f は原子空孔形成のエネルギーである．

　侵入型原子の拡散の場合は，格子の隙間を通過して隣の侵入型安定位置へ移動するが，隣の位置は常に空いており原子空孔を必要としないので，原子のジャンプ頻度は，式(2.3)の第1項目 $\exp(-\Delta G_\mathrm{m}/RT)$ のみを考えればよい．それゆえ，侵入型原子の拡散は，置換型原子の拡散に比べて非常に速く，しかも低温でも起こるのが特徴である．なお，ΔG_m の値は空孔型拡散でも侵入型拡散でもほとんど同じである．

　拡散の問題を取り扱うときには，拡散係数 D がよく用いられ，重要な値である．これは上述の原子の拡散のジャンプ頻度の式から導かれるもので，

$$D = D_0 \exp\left(-\frac{Q}{RT}\right) \quad (2.4)$$

で表される．ここで，D_0 は振動数因子，Q は拡散の活性化エネルギーである．この式から明らかなように拡散係数は温度依存性が非常に大きく，温度が上昇するにつれて急激に増大する(第6章，図6.15参照)．

温度(℃)	ジャンプ回数	結晶構造
1400	10^8(回/秒)	bcc
1200	10^5(回/秒)	fcc
1000	10^4(回/秒)	
900	10^5(回/秒)	bcc
800	10^4(回/秒)	
700	700(回/秒)	
600	20(回/秒)	
500	0.3(回/秒)	
400	13(分/回)	
200	1800(年/回)	
室温	10^{18}(年/回)	

(a)　　　　　　　　(b)

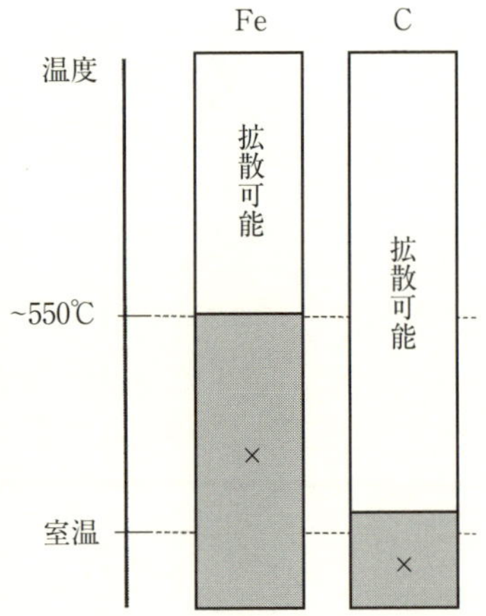

図 2.13　(a) Fe 原子の拡散頻度と温度の関係，および(b) Fe 原子と C 原子の拡散可能な温度域の比較[5]．

　各温度での拡散係数から，その温度での原子の拡散ジャンプ頻度を求めることができる．純 Fe における Fe 原子の体拡散の頻度と温度の関係を**図 2.13**(a)[5]に示す．Fe 原子は室温では全く拡散していないが，温度が上がると急激に拡散することが分かる．900℃では 1 秒間に 10^5 回，融点近傍では 1 秒間に 10^8 回も原子はジャンプして位置交換をしているのである．Fe 原子が 1 秒間に 1 回ジャンプする(拡散する)温度は約 550℃で，このあたりの温度が Fe 原子が動くか動かないかの目安になる．Fe 以外の合金元素，例えば Mo や Ni などの置換型合金元素も大体 Fe 原子と同じと考えてよい．熱処理で起こる相変態，析出，再結晶などは，原子の拡散により起こる現象であるから，鉄鋼の熱処理を考える場合，500～550℃という温度は非常に重要な温度なのである．一方，C は侵入型原子であるから，その拡散は Fe 原子や置換型原子と比較して極めて速く低温でも起こる．図 2.13(b)に示したように，C 原子は 40℃近傍で 1 秒間に 1 回ジャンプする．それゆえ，40～550℃あたりの温度範囲は，Fe 原子や置換型原子は動けないが，C 原子は(N や H も)自由に動けるという，特異な温度範囲にある．このような温度域で起こる現象が，ベイナイト変態であり，マルテンサイトの低温焼もどしである．このように，Fe-C 合金

は，溶媒原子(Fe)と溶質(C)原子の拡散する温度域が大きく異なる，という大変珍しい合金なのである．なお，図2.13(a)から分かるように，Feの拡散はbccのフェライト(α)中の方が，fccのオーステナイト(γ)中よりも速い．

拡散機構は，拡散の経路によっても分類される．上述の，結晶格子内で起こる拡散は，体拡散(volume diffusion)，格子拡散(lattice diffusion)，バルク拡散(bulk diffusion)などと呼ばれる．これに対して，転位，結晶粒界，表面に沿って起こる拡散は，それぞれ転位芯拡散(dislocation pipe diffusion)，粒界拡散(grain boundary diffusion)，表面拡散(surface diffusion)という．これらの線欠陥や面欠陥に沿った拡散は，体拡散よりも速く起こるので，これらの拡散経路は短回路あるいは高速拡散路と呼ばれている．

2.6 平衡状態図と相変態，析出

金属や合金は温度や圧力を変化させると1つの相から異なった相へと変化したり，1つの相の中に別の相が形成されて2相共存状態になったりする．このように相が変化する現象を相変態(phase transformation)という．金属，合金は気体，液体，固体の3つの状態をとることができるが，このような状態変化も相変態である．固体間においても結晶構造の異なる別の相に変化する変態が起こる．金属材料では，固相間の相変態や後述する析出現象を利用することによって，機械的性質をさまざまに変化させることができる．固相間の相変態や析出は熱処理の基礎となるもので，実用上非常に重要である．

合金では温度以外に組成が変化しても相の状態が変化するので，それに応じて種々の相変態が起こる．平衡状態図(phase diagram)は温度-組成図上にどのような相が常圧で熱平衡に存在するかを示すもので，熱処理を理解するための基礎として重要である．図2.14に2元系合金の平衡状態図の基本形を示す．この図の共晶反応(eutectic reaction)，包晶(peritectic)反応，偏晶(monotectic)反応はいずれも液体が関与した反応であるが，固相中での同様な反応はそれぞれ共析(eutectoid)反応，包析(peritectoid)反応，偏析(monotectoid)反応という．実際の状態図にはしばしば金属間化合物の中間相が生成し，より複雑な状態図になることが多いが，その場合でもこれらの基本形の組み合わせになっている．

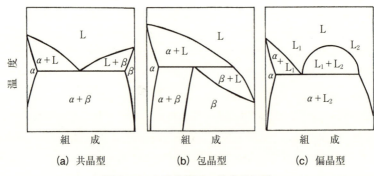

図 2.14　2元状態図の代表的な形.

(a) 共晶型　　(b) 包晶型　　(c) 偏晶型

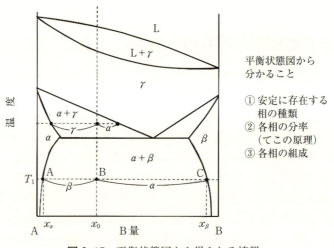

図 2.15　平衡状態図から得られる情報.

平衡状態図から分かることをまとめると，図 2.15 のようになる．A-B 2元合金において，ある組成の合金をある温度に保持した場合の安定な組織に関して，①存在する安定相の種類(単相，2相)，②各相の分率，そして③各相の組成，が分かる．例えば，B 組成 x_0 の合金を温度 T_1 に保持したときの安定な状態は，$\alpha+\beta$ の2相状態で，α 相と β 相の量の比率(質量比)は $\alpha:\beta=$ BC：AB(これを，てこの原理(lever ptinciple)または天秤の法則という)であり，そのときの α 相と β 相の組成はそれぞれ x_α，x_β である．

固相状態で起こる代表的な相変態には，図 2.16[1])に示すように，①$\gamma\to\alpha$，

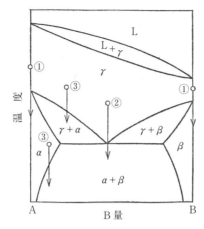

図 2.16 固相状態で起こる種々の拡散変態と析出[1].

②$\gamma \to \alpha + \beta$,③$\gamma' \to \gamma + \alpha (\alpha' \to \alpha + \beta)$ がある.①は純金属でγ相が結晶構造の異なるα相に変態するもので,同素変態(allotropic transformation)と呼ばれる.FeやTiは同素変態を起こす.②はγ相から結晶構造および組成の異なる2つの相αとβが同時に生成するもので,共析変態(eutectoid transformation)という.③は過飽和の母相γ'またはα'から組成の異なる(通常,結晶構造も異なる)α相またはβ相が生成する現象で,これを析出(precipitation)という.ここで,母相をγ'やα'と記したのは過飽和のγ,αという意味である.

鉄鋼材料の基本となるFe-C合金には,**図 2.17**の状態図に示すようにC量が0.18%で包晶反応($L+\delta \to \gamma$)が,0.8%Cで共析変態($\gamma \to \alpha + \theta$(セメンタイト))が起こる.Fe-C合金の共析変態をパーライト変態といい,生成する組織をパーライト(pearlite)と呼ぶ.図 2.17には,包晶組成のFe-0.18%C合金を液体状態から室温まで徐冷して,状態図に従って変態が起こる場合の組織変化を示してある.包晶反応で液体(L)中に存在するδ相を包むようにγ相が生成し(2→3),γ単相になる.さらに温度が下がると,γ粒界にαが生成し(4),共析変態温度(A_1点)に達すると,未変態のγが共析変態を起こし(4→5)αとθから成るパーライト組織が形成され,室温ではフェライト+パーライト組織になる.

相変態は,変態様式により拡散変態とせん断変態(無拡散変態,マルテンサイト変態ともいう)に分けられる.**図 2.18**に示すように,拡散変態(diffusion-

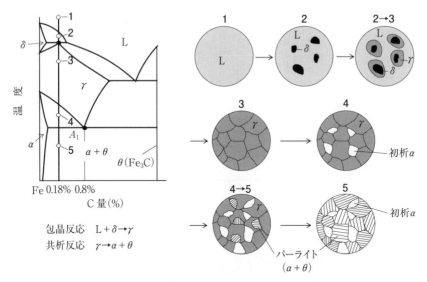

図 2.17 Fe-0.18%C（包晶組成）合金を液体状態から室温まで徐冷したときの組織変化の模式図.

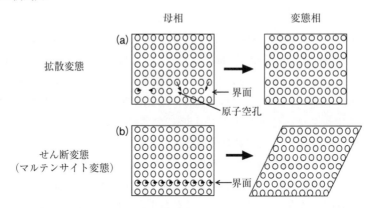

図 2.18 拡散変態とせん断変態における変態時の原子の移動の比較.

al transformation）は原子が拡散によってばらばらに動き回って新しい相を形成する．この中には原子が界面近傍の格子間を飛び移る程度のものと（短距離拡散）と，界面から遠く離れたところから拡散して新相に取り込まれるもの（長距離拡散）がある．短距離拡散によるものは組成の変化は起こらない．これに対し，せん断変態（マルテンサイト変態）では，多くの原子が集団的に動いて結

晶構造の異なる別の相に変化する.拡散変態は原子の拡散を必要とするので,原子が拡散できる高温でしか起こらない.状態図に従って起こる変態,例えばFe-C 合金での初析フェライト変態やパーライト変態などは,拡散変態である.一方,せん断変態(shear transformation)(マルテンサイト変態(martensite transformation))は原子の拡散を必要としないので,原子が拡散できない低温でも起こるのが特徴である.マルテンサイト変態により生成した組織をマルテンサイトと呼ぶ.Cを多く含む鋼のマルテンサイトは非常に硬くて強いので,実用的に重要な変態組織である.

多くの合金では,通常,高温では合金元素が固溶して単相の固溶体となっているが,温度を下げると固溶度が急激に減少して第2相が形成されて母相と共存した状態が安定になる.例えば,図2.19(a)[2]に示したような状態図をもつ組成 x の合金を高温の温度 T_0 に保持すると α 単相組織になる.この処理を溶体化処理という.この合金を(b)のように T_0 から室温まで急冷(通常,水焼入れ)すると(1)の段階で α 単相のままの過飽和固溶体が得られる.室温では原子の拡散が起こらないので,合金元素は過飽和に固溶したままで組織変化は起こらない.これを溶質原子が拡散できる温度 T_1 ($\alpha+\beta$ 2相域)に加熱保持すると α 相中に β 相が生成するようになる.これを過飽和固溶体からの析出(precipitation)といい,加熱保持する処理を時効処理(aging)という.過飽和固溶体からの析出が起こる場合,最終的には平衡状態図に示される相が析出するが,合金によってはそれに先立って平衡状態図に示されていない準安定相が出現することがある.

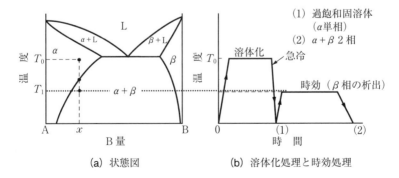

図2.19 過飽和固溶体の時効処理の説明図[2].

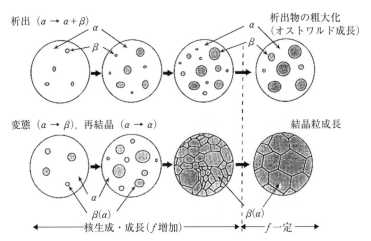

図 2.20 析出,相変態,再結晶の核生成と成長による反応の進行過程とその後の組織の粗大化.

　拡散変態や析出は,図 2.20 に示したように,新しい相の核生成(nucleation)とそれらの成長(growth)という 2 つの過程で進行する.核生成速度と成長速度によって,反応完了後の析出物や結晶粒の粒径が決まる.通常,核生成は結晶粒界や転位などの欠陥に優先的に起こる.これを不均一核生成(heterogeneous nucleation)という.これに対し,欠陥に関係なく母相粒内のあらゆる場所で起こる核生成を均一核生成(homogeneous nucleation)というが,実際に起こるのは析出の中間段階である遷移相を除くと均一核生成が観察される例は非常に少ない.それゆえ,母相中の格子欠陥の密度や種類を制御することにより,核生成速度を制御することができる.

　変態完了後は新相組織になるが,その温度で保持しておくと粒成長が起こり結晶粒が粗大化する.析出が完了した後(過飽和の溶質原子が析出物として出尽くしたとき)さらにその温度で保持すると,析出物が粗大化する.この場合,温度が一定なら析出物の量は一定であるから,全ての析出粒子物が大きく成長するわけではない.析出が完了した時点では析出粒子はいろいろな大きさを持っているが,このうち大きい粒子が成長し,小さい粒子は逆に母相に溶解していくのである.このような析出物の粗大化過程をオストワルド成長(Ostwald ripening)と呼ぶ.

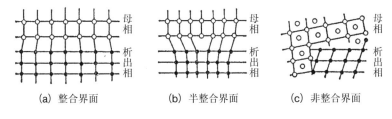

図2.21　母相と析出相(変態相)の界面構造[1].

　母相と析出物(変態生成物)は通常,結晶構造や組成が異なるので,両者の界面での原子の連続性にはさまざまなものがあり,これらの界面構造はその整合性の違いにより図2.21[1]に示すような3種類に分類される.(a)は完全な整合(coherent)界面で,両側の結晶の原子配列が界面を挟んで1対1に対応づけられる.(b)は格子定数の差を緩和するために,ミスフィット(misfit)転位が界面に存在する半整合(semi-coherent)界面である.(a),(b)のような整合性がある場合には,両相の格子定数の不一致に基づく整合ひずみ(coherent strain)がかなり長範囲まで及ぶ.(c)は全く格子の連続性がない場合で,非整合(incoherent)界面という.

　なお,一般に,生成物が微細であれば析出,大きければ変態と考えられがちであるが,これらは核生成の臨界核の大きさや核生成と成長速度の比の相違であり,両者は本質的には同じ現象である.ただ,図2.20のように,析出は析出物生成により過飽和分の溶質原子が母相からなくなれば反応は終了し,母相はそのまま残っているのに対し,変態の場合は反応により母相のすべてが新相に置き換わる,という相違がある.

2.7　回復, 再結晶と粒成長

　金属に冷間(または温間,熱間)加工を施すと硬さが増し,結晶粒は変形して扁平になる.このような加工材を加熱すると,再びひずみのない組織にもどる.加熱に伴う硬さ,電気抵抗および光学顕微鏡組織変化は,図2.22[6]に模式的に示すように3つの段階から成っている.第1段階では光顕組織には変化は認められず,結晶粒は伸長したままであるが,電気抵抗は大きく低下し,硬さも少し低下する.この段階を回復(recovery)という.さらに高温になると

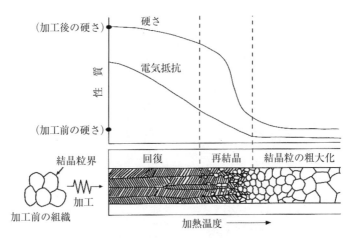

図 2.22 冷間加工材の焼なまし(焼鈍)による組織と性質の変化(回復→再結晶→粒成長)[6].

伸長した結晶粒の中から新しい等軸結晶粒が生まれ,それに伴って硬さが急激に低下する.この段階を再結晶(recrystallization)という.再結晶によって,加工組織はひずみのない等軸の結晶粒組織に変わる.再結晶が終了した後さらに加熱を続けると,結晶粒の粗大化(結晶粒成長(grain growth))が起こる.

回復・再結晶の工業的重要性としては,①機械加工,熱処理,溶接などにより発生した残留応力の除去(ひずみ取り焼鈍,低温焼なまし処理),②冷間鍛造,圧延,伸線などの加工材の軟化(焼なまし処理),③結晶粒の微細化,④深絞り用薄鋼板や方向性電磁鋼板(けい素鋼板)で利用されている再結晶集合組織の制御,などがある.

再結晶は原子の拡散によって起こる現象であるので,その金属,合金の融点(K)の 1/2 程度以上の温度で再結晶が起こる.**表 2.1**[6]に各種金属のおおよその再結晶温度を示す.ただし,再結晶温度は同一材料でも,加工度,加工温度,加工法,加工前の結晶粒径などによって変化する.また,不純物元素の存在や合金元素の添加,微細析出物の分散によっても大きな影響を受け,これらにより再結晶は起こり難くなり再結晶温度は高くなる.

加工すると,金属,合金の中に点欠陥や転位などの格子欠陥が多量に導入される.このような格子欠陥により材料内部にエネルギーが蓄積される.この蓄積エネルギー(stored energy)の大半は転位によるひずみエネルギーであり,

表2.1 各種金属の再結晶温度[6].

金属	再結晶温度 T_R (℃)	融点 T_M (℃)	T_R/T_M (K/K)
W	～1200	3380	0.40
Mo	～ 900	2617	0.41
Fe	～ 500	1536	0.43
Cu	200～ 230	1083	0.35～0.37
Al	150～ 240	660	0.45～0.55
Mg	～ 150	649	0.46
Pb	～ 0	327	0.45

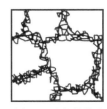

(a) 転位セル組織　　(b) セル内転位消滅　　(c) サブグレイン組織

図2.23 回復による転位セル組織(加工状態)からサブグレイン組織への変化.

これが回復・再結晶の駆動力になる．冷間加工の場合，加工度が小さいときには転位密度は小さく，分布も比較的均一であるが，加工度が増すにつれて転位密度は増加し，分布も不均一になり，セル組織(cell structure)を呈するようになる．転位セル組織は，図2.23(a)に示すように，密に絡んだ転位群からなるセル壁(cell wall)が低転位密度のセル領域を3次元的に取り囲んだ組織であり，セルの大きさは加工度にあまり依存せず1μm程度である．セル間の方位差は数度と小さい．セル形成には転位の交差すべりが必要で，積層欠陥エネルギーの小さい合金(例えばオーステナイト系ステンレス鋼)ではできにくい．さらに，変形が進むと結晶粒内部での局部的変形の差が大きくなり，変形帯と総称される種々の特徴的な組織が現れる．なお，冷間加工では導入された転位はそのまま内部に残留するが，熱間加工の場合には導入された転位の一部は変形中および変形直後に回復により消滅していくので残留する転位は少なく，冷間加工材に比べて蓄積エネルギーは小さい．

回復は加工により導入された種々の格子欠陥の一部が消滅し，蓄積エネ

ギーが解放される過程である．まず過剰な点欠陥の消滅が起こる．ついで，図2.23(b)に示したように，転位セル組織はセル壁の絡み合った転位のほとんどが合体することによって消滅し，残った転位が安定なエネルギーの低い配列状態に変化し，(c)のような亜結晶粒(サブグレイン(subgrain))になる．サブグレインは周囲との方位差が数度以下と小さいのが特徴で，亜粒界は小角粒界である．この点が，通常の粒界の大角粒界(約15度以上の方位差)と異なっている．

　回復は格子欠陥の密度や分布に変化が起こる段階であるため，電気抵抗などには敏感であるが，光顕組織的にはほとんど変化が認められない．

　再結晶は，回復組織の中からひずみのない新しい結晶粒が発生し，それらが成長することにより進行する．その様相は，図2.20に示した変態の場合と同じである．再結晶に先立って起こる回復は，再結晶の核発生の準備段階として重要な意味を持つ．再結晶核の発生機構には，①回復によって生成したサブグレインの成長によるものと，②元の粒界の張出し(バルジング(buldging))によるものがある．①には，サブグレインの回転・合体によるものと，亜粒界の移動による機構が提唱されている．通常の再結晶では①の機構による核発生が起こるが，加工度が小さい場合には②のバルジング機構が重要になる．上述の①の機構で生成した再結晶粒の透過電子顕微鏡写真を図2.24に示す．回復組織からひずみのない(転位を含まない)新しい粒が生成している．このような再結

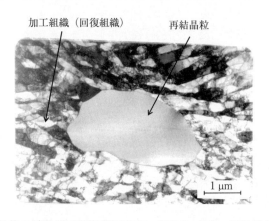

図2.24　再結晶粒の透過電子顕微鏡写真(Fe-19%Cr合金，70%冷間加工→700℃，30s焼なまし)．

晶核は変形が集中した不均一変形領域で優先的に発生する．これは，再結晶核の重要な要件である周囲の結晶と大角を成すという条件が不均一変形領域で得られやすいからである．

再結晶温度や再結晶完了時の粒径（再結晶粒径）と加工度，加工温度，焼なまし温度，焼なまし時間との関係をまとめると次のようになる．①再結晶を起こさせるには，ある臨界の加工度以上の加工が必要である．初期粒径が小さいほど，または加工温度が低いほど，臨界の加工度は小さい．②再結晶温度は焼なまし時間が短いほど高温になる．③再結晶温度は加工度が大きいほど低温になる．④一定の加工度の場合，再結晶温度は初期粒径が大きいほど，加工温度が高いほど，高温になる．⑤再結晶粒径は主に加工度に依存し，加工度が大きいほど細かくなる．また，初期粒径が小さいほど微細になる．

図 2.20 に示したように，再結晶や変態の完了後の結晶粒はその後の加熱保持により粒成長を起こす．結晶粒成長が起こるのは，粒界が粒界エネルギーを持つからである．つまり，結晶粒径が大きくなるほど単位体積中の粒界面積が減少し，粒界エネルギーの総量が低下するので，結晶粒の粗大化が起こる．結晶粒成長速度は不純物元素や合金元素，または微細析出物の存在によって大きな影響を受ける．

結晶粒成長には**図 2.25** に示すような 2 つの場合がある．1 つは，全体の結晶粒の大きさが比較的均一であり，同じ粒径分布を維持しながら平均粒径が徐々に増加する場合で，これを正常粒成長（normal grain growth）という．普通の粒成長はこのタイプのもので，単に粒成長といえばこの正常粒成長のこと

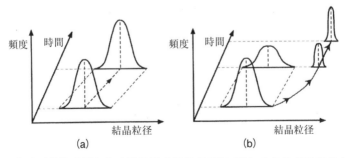

図 2.25 （a）正常粒成長と（b）異常粒成長（2 次再結晶）による結晶粒径分布の時間的変化．

を意味する．ところが，ある条件下では，特定の大きな結晶粒のみが他の小さい結晶粒を食って異常に大きくなる場合がある．これを異常粒成長（abnormal grain growth）または2次再結晶（secondary recrystallization）という．異常粒成長は，炭窒化物生成元素を含む鋼のオーステナイト化処理時や浸炭処理時に，オーステナイト化温度が高くなると起こり，著しい混粒組織や粗大粒になるので，実用上好ましくない．方向性電磁鋼板（3%Si 鋼）では，強い集合組織を得るためにむしろこの2次再結晶現象を積極的に利用している．

2.8 鉄鋼材料の種類と分類

鉄鋼材料にはさまざまなものがあり，種々の分類方法がある．しかし分類法や呼び名は必ずしもすべてが明確な定義があるわけではなく，同じ鉄鋼材料でも異なる呼び名が用いられることがあり，混乱を生じることもある．ここでは，鉄鋼材料の分類について，谷野らの文献[7]から引用して，簡単に述べる．

第1の分類法は成分によるものである．鉄鋼材料は基本的に約 2% 以下の C を含む Fe-C 合金である．ただし，製鋼工程で不可避的に残存した不純物（0.5% 以下のりん（P）および硫黄（S））, および脱酸剤として添加された微量の合金元素（Si, Mn, Al など）を含んでおり，これを炭素鋼または普通鋼と総称する．炭素鋼のうち，C 含有量が約 0.3% 以下のものを低炭素鋼，約 0.3～0.7% のものを中炭素鋼，約 0.7% 以上のものを高炭素鋼と呼ぶ．また，C 含有量が約 0.05% 以下のものは特に極低炭素鋼と呼ぶこともある．ただしこれらの区別は厳密なものではなく，規格により，また研究者によって多少の差異がある．

鋼の性質を改善するために，あるいは特定の性質を付与する目的で，Si, Mn, Ni, Cr, Mo, Al, Nb, Ti, V, B などの元素を1種類または2種類以上含有させた鋼が合金鋼である．ただし，それぞれの元素添加量については下限が決められていて，Fe と C 以外の元素のいずれもがその下限に満たないものは合金鋼とは呼ばないことが取り決められている．低合金鋼とはこれら合金元素の合計量が 5% 以下のものを指し，5～10% のものは中合金鋼，10% 以上のものは高合金鋼と呼ばれる．また，主要な合金元素の名前を使ってクロム鋼，けい素鋼などの呼称も使用される．特殊鋼の定義は厳密なものではない．特殊鋼に含まれる鋼種や組成範囲は統計の取り方や業界の習慣によって異な

り，また，世界各国の定義も若干異なる．わが国では，上記の合金鋼の他に高度の品質が要求される高級炭素鋼が特殊鋼と呼ばれる．

第2の分類法は硬さや強さによる分類であり，焼なまし状態の硬さに応じて極軟鋼，軟鋼，硬鋼のように呼ぶ．500 MPa 以上の引張強さを有し，溶接性，切欠靱性，加工性の優れた構造用鋼材を高張力鋼(high tensile strength steel)と呼び，英語名を略してハイテンと呼ばれ，600 MPa 級 HT のように HT と略記されることもある．引張強さ 500 MPa 以下の鋼材は普通鋼，軟鋼などと呼ばれる．1300 MPa 以上の高強度鋼は一般に超高張力鋼あるいは超強力鋼と呼ばれる．

第3の分類は性質による分類で，それぞれの特性に応じて名前が付けられている．耐熱鋼，低温用鋼，ステンレス鋼，耐候性鋼，電磁鋼(または，けい素鋼)，非磁性鋼，非時効性鋼，肌焼鋼，快削鋼，などがある．

第4の分類は用途によるもので，JIS 規格でもこの分類法が用いられている．それぞれの用途分野において，要求される特性に応じて多くの鋼種が存在する．それゆえ，詳細についてはそれぞれの規格(日本規格協会編：「JIS ハンドブック，鉄鋼」)を参照する必要がある．

文　献

1) 杉本孝一ほか：「材料組織学」，朝倉書店(1991)．
2) 日本材料学会編：「改訂機械材料」，日本材料学会(2000)．
3) 幸田成康：「改訂金属物理学序論」(標準金属工学講座 9)，コロナ社(1973)．
4) 加藤雅治：「入門転位論」，裳華房(1999)．
5) 牧正志：ふぇらむ，**13**(2008)，544．
6) 須藤一，田村今男，西沢泰二：「金属組織学」，丸善(1972)．
7) 谷野満，鈴木茂：「鉄鋼材料の科学」，内田老鶴圃(2001)．

参考書

さらに詳しく勉強する人のために，日本語の著書で(翻訳も含む)参考書としてふさわしいものを以下に示す．

A. 熱力学，拡散，格子欠陥
1) 幸田成康：「改訂金属物理学序論」(標準金属工学講座9)，コロナ社(1973)．
2) 小岩昌宏，中嶋英雄：「材料における拡散」，内田老鶴圃(2009)．
3) 西沢泰二：「ミクロ組織の熱力学」(講座・現代の金属学　材料編2)，日本金属学会(2005)．

B. 相変態，再結晶，熱処理
1) 西山善次：「マルテンサイト変態」基本編，応用編，丸善(1971)，(1974)．
2) 大森靖也：「固体の相転移とその観察の基礎」，大学教育出版(2000)．
3) 榎本正人：「金属の相変態」，内田老鶴圃(2000)．
4) 大塚和弘：「合金のマルテンサイト変態と形状記憶効果」，内田老鶴圃(2012)．
5) 古林英一：「再結晶と材料組織」，内田老鶴圃(2000)．
6) 日本熱処理技術協会編：「熱処理ガイドブック」，大河出版(2002)．

C. 転位論，強度
1) 木村宏編：「材料強度の原子論」(講座・現代の金属学　材料編3)，日本金属学会(1985)．
2) 加藤雅治ほか：「材料強度学」(マテリアル工学シリーズ3)，朝倉書店(1999)．
3) 加藤雅治：「入門転位論」，裳華房(1999)．

D. 材料組織学，金属組織学
1) C. R. Barret, W. D. Nix and A. S. Tetelman；堂山昌男ほか訳：「材料科学—材料の微視的構造」，「材料科学—材料の強度特性」，「材料科学—材料の電子特性」，培風館(1979)，(1980)．
2) 杉本孝一ほか：「材料組織学」，朝倉書店(1991)．
3) 高木節雄，津崎兼彰：「材料組織学」(マテリアル工学シリーズ2)，朝倉書店(2000)．
4) 松原英一郎ほか：「金属材料組織学」，朝倉書店(2011)．

E. 鉄鋼材料
1) F. B. Pickering；藤田利夫ほか訳：「鉄鋼材料の設計と理論」，丸善(1981)．
2) W. C. Lesllie；幸田成康監修：「レスリー鉄鋼材料学」，丸善(1985)．
3) 須藤一編：「鉄鋼材料」(講座・現代の金属学　材料編4)，日本金属学会(1985)．
4) 谷野満，鈴木茂：「鉄鋼材料の科学」，内田老鶴圃(2001)．
5) 新日本製鉄(株)編：「鉄と鉄鋼がわかる本」，日本実業出版社(2004)．

第3章
相変態と変態組織—鉄鋼の熱処理の基礎—

3.1 Fe-C 状態図と変態組織

　実用炭素鋼には，通常 1% 以下の Mn と 0.5% 以下の Si が含まれているが，その基本は鉄(Fe)-炭素(C)合金である．それゆえ，鉄鋼の熱処理を理解するには，Fe-C 合金に現れる相変態の種類と変態組織を知る必要がある．

3.1.1 純鉄の同素変態

　1 種類の元素からできていながら性質の異なる単体を同素体(allotropy)という．Fe には結晶構造の異なる α 鉄(または δ 鉄)と γ 鉄の 2 つの同素体があり，これらがある温度を境にして可逆的に変化することを同素変態(allotropic transformation)という．Fe 以外にも Ti, Co, Mn, Zr などの多くの金属で同素変態が起こる．

　純 Fe には，図 3.1 に示すように A_3 点(911℃)と A_4 点(1392℃)の 2 つの同素変態がある．A_3 点以下では結晶構造が体心立方格子(bcc)の α 鉄，A_3 点と A_4 点の間の温度では面心立方格子(fcc)の γ 鉄になる．α 鉄はフェライト(ferrite)，γ 鉄はオーステナイト(austenite)と呼ばれる．A_4 点以上融点(1536℃)までは再び bcc 構造となり，これを δ 鉄という．相変態の場合，熱力学的には高温では粗な構造が，低温では密な構造が安定であり，冷却時には変態により体積が収縮するのが一般である．しかし，Fe の A_3 点での γ(fcc)→α(bcc) 変態は，密な構造から粗な構造へ変化する変態であり，冷却時の変態で膨張を伴う異常な相変態といえる．A_3 点で約 1.0% の体積膨張が起こる[1]．

　また，フェライトは室温では強磁性であるが，770℃ 以上になると常磁性になる．この変化を磁気変態(magnetic transformation)といい，この場合，結晶構造は変化せず bcc のままである．フェライトの磁気変態点(キュリー温度，Curie temperature)を A_2 点と呼ぶ．

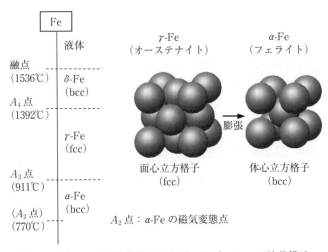

図3.1 純 Fe の同素変態,および γ-Fe と α-Fe の結晶構造.

　純 Fe において,低温から溶融状態までに見られる変態点と相の種類をまとめると**図3.2**のようになる.なお,高温の A_4 点以上の δ 鉄と低温の A_3 点以下の α 鉄はともに bcc 構造であり,本質的に同じものである.低温になると A_3 点で fcc から再び bcc に変化するのは,図3.2 の上図に示したように,A_3 点で fcc の自由エネルギーと bcc の自由エネルギーが再逆転するからである.これは,α 鉄の磁気変態と関係している[2].なお,同素変態がある場合は,相の名称は通常低温側から α, β, γ, δ, と名付けられ,Fe も古くには A_2 点と A_3 点の間は β 鉄と呼ばれていた.しかし,A_2 点は結晶構造が変わる相変態ではなく α 鉄の磁気変態点であることが明らかになり,β 鉄という呼び名が消えていったのである.

3.1.2　Fe-C 状態図

　図3.3[3),4)]は C 量が約 7%(mass%)(以下,mass% を単に % と表記する)までの範囲の Fe-C 状態図であり,実線は Fe-Fe$_3$C(セメンタイト,cementite)系,破線は Fe-黒鉛(グラファイト,graphite)系を示す.鋼中では黒鉛が安定相であり,セメンタイトは準安定相である.しかし,実際には鋼では黒鉛化は非常に起こりにくいため,通常はセメンタイトとして存在している.それゆ

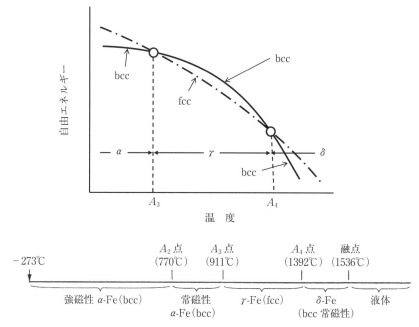

図 3.2 純 Fe の fcc-Fe と bcc-Fe の自由エネルギーの温度依存性，および純 Fe の各種変態点．

え，鋼の熱処理では Fe-Fe$_3$C 系状態図が重要である．C 量が約 2.0% 以下を鋼，約 2.0% 以上を鋳鉄と分類されている．鋳鉄の場合には黒鉛化を促進する Si が多く含まれているので，Fe-黒鉛系状態図が重要になる．以下では，鋼に重要な Fe-Fe$_3$C 系状態図（本書では，以降これを単に Fe-C 状態図と呼んでいく）について説明する．

オーステナイトは熱処理の出発組織となる重要な相であるが，これには C が多く固溶し，最大 2.14%（1147℃，図 3.3 の E）まで固溶する．一方，フェライトには C はごくわずかしか固溶せず，最大固溶量は 727℃ で 0.02%（図 3.3 の P）である．この部分を拡大したのが**図 3.4**[5]で，温度低下とともに固溶量は急激に減少し，室温では 1 ppm 以下になる．つまり，フェライトは室温ではほぼ純 Fe と見なしてよく，添加された C は Fe との化合物であるセメンタイト（Fe$_3$C）を形成する．セメンタイトの結晶構造は斜方晶で，213℃ に磁気変態点（これを A_0 点と呼ぶ）があり，それ以下の温度でセメンタイトは強磁性を

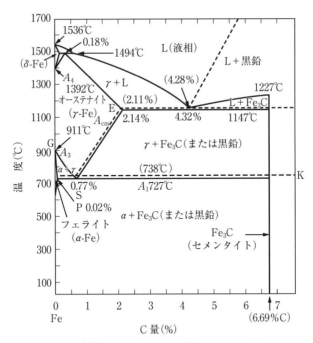

図3.3 Fe-C 状態図(実線:Fe-Fe₃C系,破線:Fe-黒鉛系)[3],[4].

示す.セメンタイトは鋼を構成する重要な相であり,その結晶構造や種々の機械的性質(例えば,$HV=1000$),物理的性質などについては文献[6]に,鋼中セメンタイトの変形,破壊挙動については文献[7]に詳細にまとめられている.

なお,Fe-C 合金では溶質原子であるC原子が,図2.6(b)に示したようにFe原子の結晶格子の隙間,つまり侵入型位置に固溶しているのが特徴である.鋼中の侵入型原子としては,C以外にN,H,Oがある.

図3.3のSで示される組成(0.77%,共析組成)の鋼をオーステナイト域から徐冷すると,727℃で共析変態($\gamma \rightarrow \alpha + Fe_3C$)が起こる.共析変態(eutectoid transformation)の起こる温度を A_1 点という.共析変態のことをパーライト変態(pearlite transformation)ともいい,この変態により生成する組織をパーライト(pearlite)と呼ぶ.なお,ここで組織(microstructure)と相(phase)を混同してはならない.状態図(phase diagram)は存在する相を示すが,パーライトは共析変態(パーライト変態)により生成した組織につけられた名称なので,状

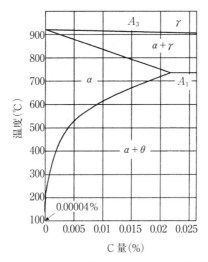

図 3.4 フェライト (α) に対する C の固溶線[5].

態図にパーライトはない．パーライトはフェライトとセメンタイトの 2 相から成る組織である．

共析組成 (0.77%C) の鋼を共析鋼 (eutectoid steel), それ以下の C 量の鋼を亜共析鋼 (hypo-eutectoid steel), 共析組成〜約 2.0%C までを過共析鋼 (hyper-eutectoid steel) という. 実用鋼では, 加工性を重視する加工用薄鋼板, 強さと靱性を兼ね備えることが必要な一般構造用鋼や機械構造用鋼など多くの鋼が亜共析鋼である. 共析鋼や過共析鋼は, レール用鋼や高強度のピアノ線, スチールコードなどに用いられる. 硬さや耐摩耗性を重視する工具鋼や軸受鋼などの高硬度鋼は過共析鋼が多い.

亜共析鋼がオーステナイト単相となるのは図 3.3 の GS 線以上の温度であり, この GS 線を A_3 線と呼ぶ. A_3 点以下でオーステナイトからフェライトが生成する. A_3 点は純 Fe では 911℃ であるが, C 量が増加すると低下していき, 共析組成で A_1 点の温度に達する.

一方, 過共析鋼は SE 線以上でオーステナイト単相となり, SE 線以下になるとオーステナイトからセメンタイトが析出する. SE 線のことを A_{cm} 線という. 過共析鋼を扱うときには A_{cm} 線が重要になってくる. A_{cm} 点は C 量の減少とともに低下し, 共析組成で A_1 点と交わる. PSK 線はパーライト変態が起

こる A_1 線であり，A_1 点は C 量が変化しても一定(727℃)である．

　Fe-C 合金を特徴づけ，鋼の熱処理を面白くかつ複雑にしている点をまとめると，(1) C の固溶度がオーステナイトとフェライトで大きく異なる，(2) 共析変態(パーライト変態)が存在する，(3) C は侵入型原子であり，その拡散が Fe に比べて急速かつ低温で起こる(第2章，図2.13参照)，の3点が挙げられる．

3.1.3 標準組織とその生成過程

　オーステナイトから徐冷(例えば炉冷)して平衡状態図に従って生成する組織を標準組織(normal structure)という．図3.5[4)]に C 量の異なる炭素鋼の標準組織の光学顕微鏡組織を示す．(c)の共析鋼は全面がパーライト組織で，フェライトとセメンタイトが交互に層状をなしている．亜共析鋼(a)，(b)は初析フェライト(白い領域)とパーライト(黒い領域)から成っている．なお，この写真は倍率が低いため，パーライトの縞模様が現出していないが，この黒い部分を高倍率で観察すると，(c)と同様の組織を示す．(a)，(b)を比較して分かるように，C 量が 0.17% から 0.30% と増すと初析フェライトの量が減少し，パーライト量が増している．過共析鋼(d)では，もとのオーステナイト粒界に沿って生成した網目状の初析セメンタイトとパーライトから成っている．

　標準組織の生成過程を Fe-C 状態図を使って図3.6[4)]で説明する．共析鋼をオーステナイト単相の温度 Y から徐冷すると，A_1 点(S)に達すると，P で示される C 濃度(0.02%)のフェライトとセメンタイト(Fe_3C)が同時に生成する共析変態が起こり，全面がパーライト組織になる．パーライトは図3.7 に示したように，オーステナイト粒界でセメンタイトとフェライトの層状組織から成る領域(これをパーライトノジュールと呼ぶ)が生成し，これらが側面およびオーステナイト粒内に成長していき，多くのパーライトノジュールが合体することにより図3.5(c)のような全面パーライト組織が形成される．

　亜共析鋼では A_3 点以下でフェライトが生成し，A_1 点に達して残りの未変態オーステナイトがパーライト変態を起こす．図3.6 の 0.4%C の亜共析鋼を温度 X から徐冷すると，温度 T_1 で A_3 線と交わり，ここで C 濃度が α_1 のフェライトが生成し始める．A_3 点以下の温度で生成するフェライトのことを初析フェライト(proeutectoid ferrite)と呼ぶ．初析フェライトは，オーステナイト

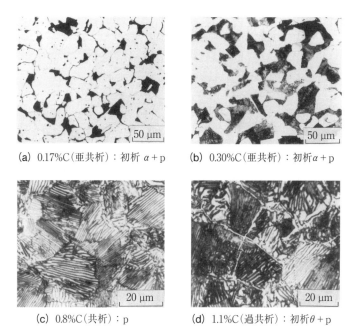

(a) 0.17%C（亜共析）：初析 α + p
(b) 0.30%C（亜共析）：初析 α + p
(c) 0.8%C（共析）：p
(d) 1.1%C（過共析）：初析 θ + p

図3.5　各種炭素鋼の標準組織（炉冷材）[4].

粒界に優先的に生成する．温度低下に伴って，てこの原理に従ってフェライト量が増加していく．このとき，フェライトのC濃度はGP線に沿って増していき，残りの未変態オーステナイトのC濃度は，GS線（A_3線）に沿って増していく．温度U（A_1点）の直上では質量分率でUS/PSの量のフェライト（C濃度P）とPU/PSの量のオーステナイト（C濃度S（共析組成））になっている．そして，A_1点でオーステナイトが共析変態を起こし，パーライト組織になる．このときすでにT_1（A_3）〜U（A_1）間で生成していたフェライトには変化は起こらない．

過共析鋼の場合には，図3.6で1.2%C鋼を温度Zから徐冷すると，A_{cm}点でセメンタイトの析出が開始する（これを初析セメンタイト（proeutectoid cementite）という）．初析セメンタイトは，図の右側の模式図に示したように，オーステナイトの結晶粒界に沿って網目状に生成する．温度が低下していくと初析セメンタイト量が増し，それに従って未変態オーステナイトのC量はA_{cm}線に沿って低下していく．A_1点に達すると未変態のオーステナイトが

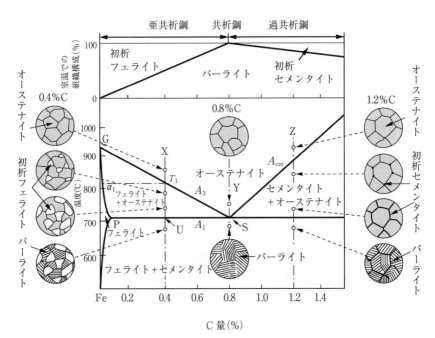

図3.6 Fe-C合金の標準組織の形成の様相[4].

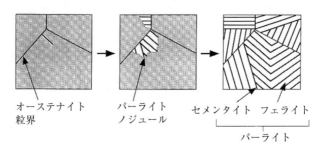

図3.7 パーライト変態の進行の様相.

パーライト変態を起こす．よって，過共析鋼では初析セメンタイト＋パーライト組織になる．

このように，亜共析鋼でも過共析鋼でも，冷却により初析フェライトまたは初析セメンタイトの生成量が増すにつれて，未変態オーステナイトのC量が

A_3 線あるいは A_{cm} 線に沿って変化していき，A_1 点直上の温度に達すると，亜共析鋼でも過共析鋼でも未変態オーステナイトのC濃度は共析組成(0.77%)になることを忘れてはならない．これが，本来，共析変態はある決まった組成と決まった温度で起こる反応(Fe-C合金の場合は，組成0.77%C，温度727℃)，つまり状態図中では一点で示される条件で起こる変態であるにもかかわらず，広いC濃度範囲で共析変態が起こる(A_1 線がある)理由である．

Fe-C合金の標準組織を構成する初析フェライト，初析セメンタイトおよびパーライトの組織分率は，図3.6の上部に示したようにC量によって決まる．例えば，0.4%C鋼の場合には，初析フェライトの量(質量分率)は図中のUS/PS(平衡状態図のてこの原理)であるから，$(0.77-0.4)/(0.77-0.02)$ =49.3%となる．

ここで再度強調しておくが，標準組織の初析フェライト，初析セメンタイト，パーライト(フェライトとセメンタイトから成る)は，いずれも組織につけた呼び名であり，相ではない．亜共析鋼，共析鋼，過共析鋼で，その標準組織は図3.5のようにそれぞれ異なるが，状態図が示すようにすべてフェライトとセメンタイトの2相から構成されている．例えば，亜共析鋼では，初析フェライト＋パーライト＝(初析)フェライト＋(フェライト＋セメンタイト)＝フェライト＋セメンタイト，の2相である．

3.2 Fe-C状態図に及ぼす合金元素の影響

Fe-C状態図によって鋼を構成する相が組成と温度によってどのように変化するかが分かるので，平衡状態図は鉄鋼の熱処理に携わる者にとって必要不可欠な知識である．しかし，実際にはさまざまな目的のために種々の合金元素が添加されているので，Fe-C状態図および相変態に及ぼす合金元素の作用を知ることが大切である．

3.2.1 オーステナイト生成元素とフェライト生成元素

合金元素を添加するとオーステナイトやフェライトの安定度が変化し，A_3 点や A_1 点あるいは共析組成などが変化する．合金元素によるオーステナイトやフェライトの安定度に及ぼすおおよその傾向は，Feと合金元素(M)のFe-

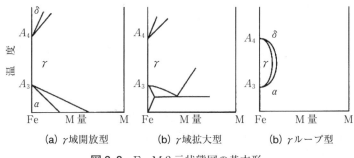

図3.8 Fe-M 2元状態図の基本形.

M 2元状態図から知ることができる.

　図3.8にFe-M 2元合金の基本的な3つの状態図を示す.（a）の場合は合金元素量が増すにつれてA_4点が上昇しA_3点が低下してオーステナイト域が広がり,多量に添加されると室温でもオーステナイトが安定になるもので,γ域開放型と呼んでいる.これに属する元素として,Ni, Mn, Pt, Pd, Coなどがある.ただし,CoはA_3点をほとんど下げない.（b）は（a）と同じ傾向であるが,高濃度になると共析変態を起こすため,オーステナイト域が狭くなってくる.これをγ域拡大型と呼び,C, Nの侵入型元素およびCu, Auなどが属する.（a）,（b）に属する元素はオーステナイトを安定にするもので,オーステナイト生成元素(austenite former)と呼ばれる.（c）は合金元素量とともにA_3点は上昇し,A_4点は低下してオーステナイト域が閉鎖される形になる場合で,これをγループ型と呼ぶ.この型に属する元素は多く,Cr, Si, Al, Mo, Ti, V, W, P, Beなどがあり,これらはオーステナイトを不安定にし,フェライト生成傾向が強いので,フェライト生成元素(ferrite former)と呼ばれる.図3.9[8]は,γループの形状と合金元素濃度を比較したものである.Crは他の元素に比べて例外的にオーステナイト中の固溶量が多く,また固溶初期にA_3点を下げるという特異な振舞いをする.

　合金元素の添加によってFe-C状態図の変態温度が変化する.A_3点やA_1点はフェライト生成元素の添加によって上昇し,オーステナイト生成元素の添加によって低下する.A_1点およびA_3点の合金元素による変化を示す式として,次のような実験式が提案されている[9].

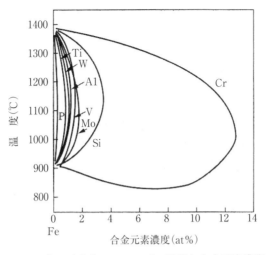

図3.9 Fe基2元合金のγループの形状と合金元素濃度[8].

$$A_{c_3}(℃) = 910 - 203 \times (\%C)^{1/2} - 15.2 \times (\%Ni) + 44.7 \times (\%Si)$$
$$+ 104 \times (\%V) + 31.5 \times (\%Mo) + 13.1 \times (\%W)$$
$$A_{c_1}(℃) = 723 - 10.7 \times (\%Mn) - 16.9 \times (\%Ni) + 29.1 \times (\%Si)$$
$$+ 16.9 \times (\%Cr) + 290 \times (\%As) + 6.38 \times (\%W)$$

また,共析C濃度はいずれの合金元素を添加しても低C側に移行するが,その変化の度合いはフェライト生成元素の方が大きい.

3.2.2 炭化物生成元素と非炭化物生成元素

Fe-C合金では,フェライト中に固溶するC量がきわめて少ないので,添加したCはほとんどすべてセメンタイト(Fe_3C)として存在する.しかし,Fe-C合金に炭化物生成傾向の強い元素が添加されると,Fe炭化物(セメンタイト)以外に合金炭化物が生成するようになる.**図3.10**[4]は合金炭化物を生成する元素の炭化物の種類,結晶構造をまとめたものである.鋼中での合金元素の炭化物生成傾向を分類すると,**表3.1**のようになる.表中[B]に属するものを鋼における炭化物生成元素(carbide forming element)といい,Ti,Nb,V,Mo,Crなどが代表的な元素である.一方,表中[A]に属するSi,Mn,Ni,Co,Al,Cuなどは鋼中では炭化物を生成しない非炭化物生成元素である.各元素

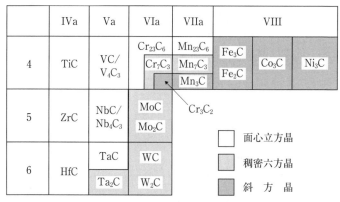

図 3.10 周期表より見た各元素の炭化物の結晶構造[4].

表 3.1 鋼中での炭化物生成傾向による合金元素の分類.

[A] 鋼中で独自の炭化物を作りにくい元素
（1）鉄炭化物にとけにくい元素――Si, Ni, Co, Al, Cu, P, S など
（2）鉄炭化物にとけやすい元素
セメンタイトにとけやすい元素――Mn
[B] 鋼中で独自の炭化物を作りやすい元素
（1）鉄炭化物にとけにくい元素――V, Mo, W, Ti, Nb, Ta, Zr など
（2）鉄炭化物にとけやすい元素
セメンタイトにとけやすい元素――Cr

の炭化物生成能はおおよそ次の順序で表される．

　　　Ti＞Nb＞V＞Ta＞W＞Mo＞Cr＞Mn＞（Fe）＞Ni，Co，Al，Si

　Ti，Nb，V などの強炭化物生成元素が添加されていると，微量でもオーステナイト域で TiC，NbC，VC などの炭化物が存在するようになる．このようなマイクロアロイを含む状態図は実験的に作成が困難であるが，近年は，計算機状態図によってかなり精度よく推定できるようになってきた．**図 3.11**[10] に Nb，Ti，V を微量添加したときの Fe-C 系計算状態図を示す．

　多種類の合金元素が同時に添加された場合には，炭化物中には各元素が固溶する．例えば，Mn や Cr はセメンタイトに固溶して Fe と一部置換し，$(Fe, Cr)_3C$，$(Fe, Mn)_3C$ となる．セメンタイトへの合金元素の固溶の程度は，セメンタイト中の合金元素濃度$\langle M \rangle$と，フェライト中の合金元素濃度$[M]$の比

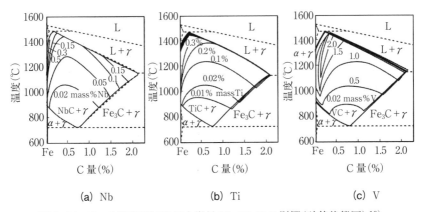

図 3.11 Fe-C 状態図に及ぼす微量 Nb, Ti, V の影響(計算状態図)[10].

表 3.2 セメンタイト中の合金元素の濃度〈M〉とフェライト中の合金元素の濃度[M]の質量比[11].

元素 M	Cr	Mn	V	Mo	W	Ni	Co	Si
〈M〉/[M]	28	10.5	9.0	7.5	2.0	0.34	0.23	0.03

で示される.**表 3.2**[11]に 700℃ での平衡分配係数〈M〉/[M]を示す.Cr や Mn はセメンタイトに多く固溶し,Si はセメンタイトにほとんど固溶しない.

なお,合金元素には窒化物生成元素もあり,Ti, Al, B などが代表的である.微量の N と共存すると,TiN, AlN, BN がオーステナイトで生成する.

3.3 過冷オーステナイトからの変態

熱処理では,加熱速度,保持時間,冷却速度などの時間の因子が重要であるので,実際の熱処理を行う場合には平衡状態図だけでは役に立たない.なぜなら,平衡状態図は時間無限大のときの安定な相平衡状態を示すもので,時間の因子が入っていないからである.そのために,熱処理を理解するためには時間の因子が入った TTT 線図や CCT 線図の知識が必要になる.

3.3.1 変態点に及ぼす冷却速度の影響

実際の熱処理での加熱,冷却においては,変態は平衡状態図で示される温度からずれて起こる.オーステナイトからの冷却速度が大きいと,変態点が大きく低下し,さらに極端な場合には状態図に示されていない別なタイプの相変態が起こるようになる.実際の熱処理ではこのような過冷現象をうまく利用し,組織や性質の改善を図っているのである.

パーライト変態,初析フェライトや初析セメンタイトの析出などのような原子の拡散を必要とする拡散変態では,冷却中に状態図に示されている変態温度に達しても(ここで変態の駆動力が発生する),直ちに変態は起こらず,開始までにある程度の潜伏期(incubation period)を必要とする.

冷却がきわめて遅い場合は,十分に時間的余裕があるので,ほぼ平衡状態図に示された温度で変態が開始するが,冷却速度が大きくなると平衡状態図で示される変態温度に達したのちも,潜伏期の間に温度は刻々低下していき,実際に変態が開始する温度はかなり低くなる.これを過冷却現象(super cooling)という.過冷却現象は液体金属の凝固時にも見られる相変態の一般的現象である.なお,加熱時にも同様に加熱速度が大きくなると変態温度が平衡温度からずれて上昇するようになる.これを過熱現象(super heating)という.

過冷却に伴う相変化挙動の変化の一例として,**図 3.12**[4)]に共析炭素鋼を種々の冷却速度で冷却したときの熱膨張曲線を示す.加熱していくと,平衡状態図の A_{e_1} 点が少し過熱されて[*1],A_{c_1} 点でオーステナイトに変態して収縮する.オーステナイト状態から徐冷(炉冷)すると,曲線(a)のように,A_{r_1} 点でパーライト変態を起こし膨張する.空冷(b)すると A_{r_1} 点がさらに低くなる.油冷程度に冷却速度を上げると,曲線(c)のようにオーステナイトはさらに過冷されて A_{r_1} 点は大きく低下するのに加えて,別の変態点がさらに低温で現れ,2段の変態が起こるようになる.この低温での変態が,原子の拡散を必要としないマルテンサイト変態であり,この変態の開始する温度を M_s 点と

[*1] 平衡状態図で示される変態温度を A_e,加熱時の変態温度を A_c,冷却時の変態温度を A_r として区別する.A_e は A_c と A_r の中間の温度になる.e は平衡を意味し,c は加熱,r は冷却を意味する.

3.3 過冷オーステナイトからの変態　51

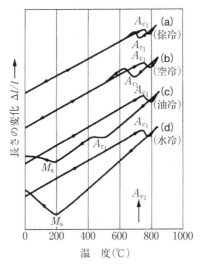

図 3.12 共析炭素鋼の熱膨張曲線に及ぼす冷却速度の影響[4].

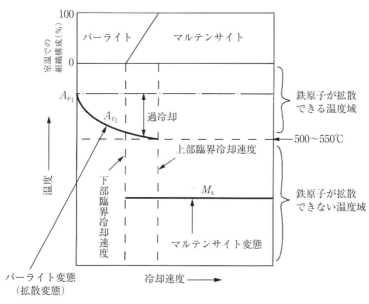

図 3.13 共析炭素鋼の変態開始温度に及ぼす冷却速度の影響および室温組織の関係.

いう．さらに水冷程度に冷却速度を大きくすると，曲線（d）のようにA_{r_1}点は現れなくなり，マルテンサイト変態のみが起こるようになる．

図3.12のような熱膨張測定から求めた共析鋼の変態温度と冷却速度の関係を模式的に示すと図3.13のようになる．冷却速度が大きくなるとともに，パーライト変態開始温度（A_{r_1}点）は次第に低下していくが，ある冷却速度以上になるとパーライト変態が起こらなくなり，代わりにマルテンサイト変態が起こるようになる．これは，Fe原子の拡散が十分に起こらなくなる温度（500～550℃程度）までオーステナイトが過冷され，拡散変態であるパーライト変態が起こらなくなったためである．それゆえ，それ以上の冷却速度では，原子の拡散を必要としないマルテンサイト（martensite）変態が起こるようになる．M_s点は，後述するように鋼の化学組成によって決まるもので，冷却速度が変わっても変化しないのが特徴である．

図3.13において，パーライト変態が起こらなくなる冷却速度を上部臨界冷却速度（upper critical cooling rate）という．また，マルテンサイト変態が起こり始める冷却速度を下部臨界冷却速度（lower critical cooling rate）といい，下部と上部の臨界速度の間で冷却すると，パーライト変態とマルテンサイト変態の両方が起こる．図3.12（c）の油冷がこれに対応する．上部および下部臨界冷却速度は，鋼の焼入れに際して重要な意味を持ち，これらの臨界冷却速度の小さい鋼では，例えば空冷してもマルテンサイト組織になり焼きが入る．すなわち，後述するように焼入性の大きい鋼といえる．

冷却速度を変化させた場合の室温での組織は，図3.13の上部に示したように，下部と上部の両臨界冷却速度の間ではパーライトとマルテンサイトが混在し，冷却速度大きくなるほど，パーライトの占める割合が小さくなる．

なお，亜共析鋼や過共析鋼におけるA_3点やA_{cm}点も，A_1点と同様に冷却速度とともに過冷される．

3.3.2 過冷オーステナイトの等温変態と等温変態線図（TTT線図）

オーステナイトから上部臨界冷却速度以上で冷却すると，A_{e_3}やA_{e_1}温度以下になってもM_s点までは変態が起こらず，オーステナイト状態のまま持ち来たすことができる．しかし，このような過冷オーステナイトは不安定である

3.3 過冷オーステナイトからの変態

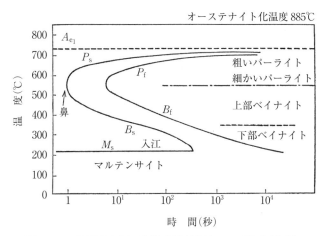

図3.14 共析炭素鋼の等温変態線図(TTT線図)[12),13)].

ため，その温度で等温保持すると，潜伏期を経過したのち変態が開始し，時間と共に変態量が増していき，完了する．このように，オーステナイト域からA_{e_3}点(またはA_{e_1}点)以下の温度に急冷して得られる過冷オーステナイトを，M_s点以上の種々の温度で一定保持したときに起こる変態を等温変態(または恒温変態)(isothermal transformation)という．そして，各温度における変態開始時間と終了時間を結んだ線を図示したものを等温変態線図(または恒温変態線図)，TTT(time-temperature-transformation)線図，またはその形状からC曲線(C curve)と呼ばれる．**図3.14**[12),13)]に共析炭素鋼のTTT線図を示す．550℃付近の変態が最も短時間で開始するところをTTT曲線のノーズ(nose)(鼻)といい，ノーズとM_s点の間の300℃付近の変態の遅い部分をベイ(bay)(入江)という．なお，この鋼ではM_s点が220℃付近にあり，この温度でマルテンサイト変態が開始する．

鋼の等温変態の特徴は，変態温度が変わると異なるタイプの変態が起こることである．つまり，共析炭素鋼の場合には約550℃の鼻の温度を境にして，高温側のA_{e_1}～鼻の温度範囲ではパーライト変態が，低温側の鼻～M_sの温度範囲ではベイナイト(bainite)変態が起こる．パーライトでは，変態温度が低くなるほどセメンタイト間隔(ラメラ(lamella)間隔)が小さくなり，微細パーライト組織になる．このような低温で生成するパーライトは，昔はソルバイト

(sorbite)やトルースタイト(troostite)と呼ばれていたが，いまではこのような呼び名は使われなくなり，微細パーライト(fine pearlite)と総称されている．

鋼のベイナイトは，Feおよび置換型合金元素の拡散はほとんど起こらないが侵入型元素であるCは容易に拡散できる温度域(図2.13参照)で生成するもので，基本的にはマルテンサイト変態の特徴を強く持っている．しかし，変態機構の詳細についてはいまだ不明な点が多く，議論が続いている．ベイナイトは約350℃を境にして形態が羽毛状(ラスの集団)の上部ベイナイト(upper bainite)と板状の下部ベイナイト(lower bainite)に分けられる．ただし，この上部と下部の呼び名も必ずしも定着しておらず，混乱が見られるので注意を要する．この点に関しては第7章，7.4で述べる．

なお，図3.14の共析炭素鋼では1つのC曲線になっているが，実際は図3.15[4)]のようにパーライト変態とベイナイト変態のそれぞれのC曲線があり，これらが鼻付近の温度で近接しているため全体としてあたかも1本の曲線のようになっているのである．そのことは，後で述べるように，合金元素を添加すると，2つの部分が明瞭に分離して現れることから分かる．

亜共析鋼の場合は，図3.16[4)]に示したように，A_{e_3}点以下に初析フェライトの生成範囲があり，鼻以上の温度ではまずF_sで初析フェライトが生成し，その後P_sでパーライトの生成が始まる．過共析鋼の場合には，パーライト変態に先立ち初析セメンタイトが生成する．

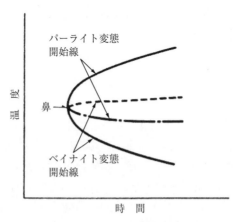

図3.15 共析炭素鋼のC曲線が2つの変態から成っていることの説明図[4)]．

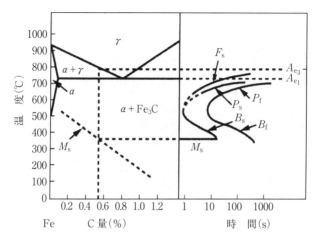

図3.16 亜共析鋼のTTT線図およびFe-C状態図との関係[4].

3.3.3 過冷オーステナイトの連続冷却変態と連続冷却変態線図(CCT線図)

図3.13に示したように,冷却速度が大きくなるとオーステナイトは過冷されて拡散変態の開始温度が低下していき,さらに速く冷やすと拡散変態に変わってマルテンサイト変態が起こるようになる.オーステナイトを種々の冷却速度で冷却したときの,変態の開始温度と終了温度を結んで,変態開始線,終了線を図示したのが連続冷却変態線図(continuous cooling transformation diagram)である.これを略してCCT線図ともいう.

図3.17[4]に共析炭素鋼のCCT線図を示す.P_s, P_f はパーライト変態の開始および終了線,M_s はマルテンサイト変態開始線である.この図には比較のために点線でTTT線図も併せて示してある.CCT線図はTTT線図よりもやや長時間側に寄り,曲線全体が右下に移行している.炭素鋼での等温変態と連続冷却変態のもっとも大きな相違は,等温変態ではベイナイト変態が起こるのに対し,CCT線図には B_s 線,B_f 線がない,つまり,連続冷却変態の場合ベイナイト変態が起こらないことである.ただし,後述するように,合金鋼になると連続冷却でもベイナイト変態が起こるようになることを忘れてはならない.

図3.18[4)]は図3.17の共析炭素鋼のCCT線図を模式的に示したもので，図中の冷却速度(4)が上部臨界冷却速度，(2)が下部臨界冷却速度である．下部臨界冷却速度より遅く冷却すると，(1)のようにP_s線でパーライト変態が開

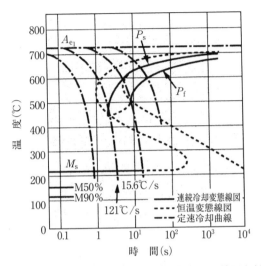

図3.17 共析炭素鋼の連続冷却変態図(CCT線図)(TTT線図も併せて示す)[4)].

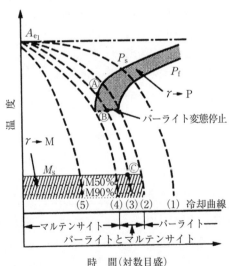

図3.18 共析炭素鋼のCCT線図の説明図[4)].

始し，P_f 線で完了し，全面がパーライト組織になる．一方，上部臨界冷却速度より速く冷却すると，（5）のようにオーステナイトは大きく過冷され，M_s 点に達してマルテンサイト変態を開始し，冷却に伴ってマルテンサイト量が増し，室温でほぼ全面がマルテンサイトになる．なお，CCT 線図の横軸は対数目盛で表示されるので，冷却曲線は一定速度での冷却であるが，上に凸の曲線になっている．

　上部と下部臨界冷却速度の間の冷却速度（3）（図 3.12（c）の油焼入れに対応する）で冷却した場は，図中Ⓐ（P_s）でパーライト変態が開始するが，すべてのオーステナイトがパーライト組織になる前に温度Ⓑでパーライト変態が停止する．Ⓑでパーライト変態が停止するのは，温度が低下しすぎて Fe 原子の拡散が起こらなくなり，拡散変態が不可能になるからである．残りの未変態オーステナイトはそのまま冷却されて，Ⓒ（M_s）に達してマルテンサイト変態を開始する．その結果，最終的にパーライトとマルテンサイトが混在した組織になる．Ⓑ-Ⓒ間の温度域は，TTT 線図に見られるようにベイナイトが生成する温度域であるが，連続冷却の場合にはこの温度域を短時間に通過するため，ベイナイト変態開始のための潜伏期を消費しないうちに M_s 点に達するので，ベイナイト変態が起こらないのである．

　実際の焼入れには CCT 線図に示される上部臨界冷却速度が焼入性の尺度になるが，CCT 線図と TTT 線図には図 3.17 のように密接な関係があるので，TTT 線図の鼻の時間的位置によっても大体の焼入性を知ることができる．また，CCT 線図で注意すべきことは，冷却曲線の時間の原点を実際に行ったオーステナイト化温度（冷却開始温度）からとるのではなく，変態の駆動力が発生する温度（亜共析鋼なら A_{e_3} 点，共析鋼なら A_{e_1} 点）から冷却曲線を書かねばならない．オーステナイト化温度から A_{e_1} や A_{e_3} までの安定オーステナイトでの冷却時間は，変態開始に何ら影響を及ぼさないからである．

3.3.4　TTT 線図，CCT 線図に及ぼす諸因子の影響

　TTT 線図や CCT 線図に影響を及ぼす因子には，（1）合金元素，（2）オーステナイト化温度，（3）オーステナイト結晶粒径，（4）オーステナイトの加工，がある．（1）の鋼の組成が変われば TTT 線図や CCT 線図が変わるのは当然であるが，（2）〜（4）は同一鋼でも両線図を変化させるので，しっかり理

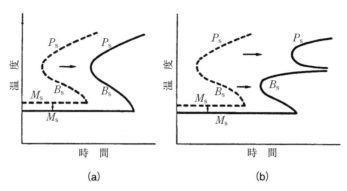

図 3.19 合金元素添加による TTT 線図の形状の変化[4].

解しておくことが大切である.

(a) 合金元素

TTT 線図に及ぼす合金元素の影響には，**図 3.19**[4]に模式的に示したように2通りのタイプがある（この図は簡単のために初析フェライトの F_s 線は除いてある）．(a) は変態線図の形は変わらず，単一 C 曲線のまま全体を長時間側（右側）に移動させるもので，これに属するものに Ni, Mn, Co, Cu, Si などの非炭化物生成元素である．(b) はパーライト段階が著しく長時間側へ移動するが，ベイナイト段階は少ししか長時間側へ移動せず，その結果ベイナイト段階が左に突出したような二重 C 状の変態曲線になるものである．これに属する合金元素としては，Cr, Mo, V, Ti, Nb などの炭化物生成元素や B などがある．一例として，**図 3.20**[4]は Ni-Cr-Mo 鋼の TTT 線図であり，典型的な二重 C 曲線になっている.

ここで大切なことは，図 3.19 のような影響は合金元素がオーステナイトに固溶しているときに現れるもので，たとえ合金元素が添加されていてもそれらがオーステナイト中で炭窒化物として存在している場合には，母相中にはほとんど固溶していないので，合金元素の効果は現れないことに注意しなければならない.

合金元素の添加により拡散変態が遅くなる（TTT 線図が長時間側に移動する）理由は単純ではないが，(1) オーステナイト生成元素は，オーステナイトを熱力学的に安定にし A_{e_3} 点を下げるので，一定温度でならフェライト変態

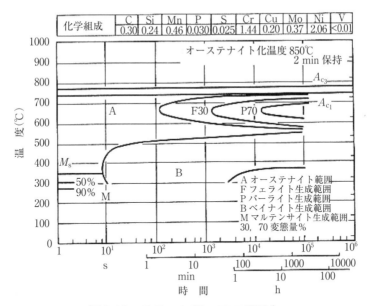

図 3.20 Ni-Cr-Mo 鋼の TTT 線図[4].

の駆動力が小さくなる，(2)合金元素が変態界面に偏析し，ソリュートドラッグ(solute-drag)効果(後述)により界面の移動が遅くなる，(3)Cの拡散が合金元素の添加により遅くなる，(4)未変態オーステナイトへ合金元素が濃縮する，などがあげられる．なお，図 3.19(a)のタイプに属する Si は他の元素とは異なりフェライト変態を早め F_s 線を短時間側に移動させるという報告がある[14]．

図 3.21 に TTT 線図が単一 C 曲線の場合と二重 C 曲線の場合の，それぞれに対応する CCT 線図の変態開始線を示す．炭素鋼のように単一 C 曲線を示す場合には連続冷却ではベイナイト変態は起こらないが，二重 C 型の TTT 線図を持つ鋼の場合には，CCT 線図にもベイナイト段階が現れ，連続冷却によってもベイナイトが生成するようになる．それぞれの上部臨界冷却速度は，前者ではパーライトノーズを切る速度，後者ではベイナイトノーズを切る速度になる．連続冷却によりベイナイトが生成する例を**図 3.22**[4](図 3.20 と同じ鋼)に示す．

連続冷却変態の特徴は焼入れて完全マルテンサイトになる場合は別として，

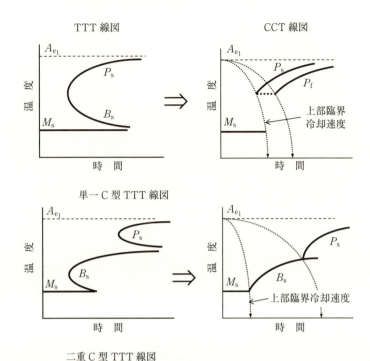

図3.21 2つのタイプのTTT線図とそれに対応するCCT線図の説明図.

温度低下とともにさまざまな変態が次々と起こり,室温での組織が各種変態生成物の混合になることである.それゆえ,先行する変態によって後続変態が影響を受けるので,CCT線図は合金元素の添加によってさまざまな形状に変化する.表3.3は邦武[15)]により種々の鋼のCCT線図を整理し,その形態を分類したものである.パーライト段階とベイナイト段階の両変態領域の相対的な位置関係によってパーライト段階変態領域突出型とベイナイト変態領域突出型に分けられる.後者は,両変態領域の変態停止域の存在の有無とその仕方などによって4つのタイプに分けられる.図には各々のタイプに属する代表的な鋼の化学組成も示してある.

(b) オーステナイト粒径とオーステナイト化温度

オーステナイト粒径は加熱温度(オーステナイト化温度)が高くなるほど大き

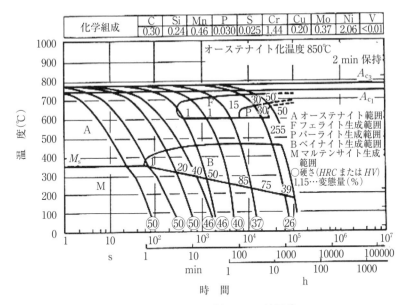

図 3.22 Ni-Cr-Mo 鋼の CCT 線図[4].

くなる．オーステナイト結晶粒が大きくなると，TTT 線図の初析フェライトやパーライト段階が長時間側へ移行する．これは，拡散変態の場合，核生成がオーステナイト粒界で優先的に起こるので，結晶粒が大きいと核生成場所が少なくなり核生成が遅れるからである．ベイナイト変態もオーステナイト粒が大きくなると変態開始線が遅れるが，その影響はフェライトに比べて小さい．

CCT 線図は，鋼の焼入処理に必須であるが，熱間圧延後の変態や溶接時の変態，凝固後の変態などを議論するのにも，しばしば用いられる．例えば，鋼材の溶接継手部の組織を推定しようとする場合には，いわゆる溶接用 CCT 線図を使う．熱処理か溶接かの目的に応じて，変態線図を選択する必要がある．熱処理用 CCT 線図は通常の焼入熱処理に用いられるオーステナイト化条件(加熱温度と保持時間)で作成された変態線図であり，溶接用 CCT 線図は溶接部の加熱条件(例えば，ボンド(bond)近傍については，1350℃などの高温における短時間加熱)で作成された変態線図である．

図 3.23[16]は，0.12%C-1.4%Mn 鋼の(a)熱処理用 CCT 線図と，(b)溶接用 CCT 線図を比較したもので，同じ鋼でも両者は大きく異なっている．溶接用

表 3.3 さまざまな鉄鋼材料で現れる CCT 線図の分類[15].

分類		特徴	イメージ図	鋼種(例)
パーライト段階変態領域突出型	P	パーライト段階の変態領域しか現れず, ベイナイト変態領域が存在しない.		共析炭素鋼 過共析炭素鋼 高 Cr 鋼 Si 鋼
ベイナイト変態領域突出型	B-1	実用上, ベイナイト変態領域しか現れず, パーライト変態領域が存在しない.		0.4C-5Ni-Cr-Mo-V 鋼 0.4C-8Ni-4Co-Mo 鋼 0.3C-3.5Ni-0.6Mo-V 鋼 0.05C-9.5Ni 鋼
	B-2	パーライト段階とベイナイトの両変態領域は境界によって分けられているが, 冷却時両変態は連続的に相次いで起こり, 変態停止域は存在しない.		亜共析炭素鋼 0.4C-Si-Mn 鋼 0.4C-1Cr 鋼 0.2C-Mn-Cr 鋼 0.3C-Cr-Mo 鋼
	B-2*	冷却速度が大きい領域では, 両領域は連続しているが, 冷却速度が小さくなると, 変態停止域が存在するようになる.		0.35C-1Cr 鋼 0.3C-3Ni 鋼 0.15C-Ni-Cr 鋼 0.2C-Mn-Mo 鋼
	B-3	パーライト段階とベイナイトの両変態領域は, 変態停止域によって分けられている.		0.4C-4Ni-0.8Cr 鋼 0.5C-1Cr-0.25Mo 鋼 0.1C-2(1/4)Cr-1Mo 鋼 0.3C-Ni-Cr-Mo 鋼 0.4C-Cr-V 鋼

CCT 線図では, オーステナイト粒が非常に粗大になっているので, 変態開始線, 終了線が長時間側に大きく移行し, 焼入性が大きくなっている. とくにフェライト変態領域が大きく長時間側に移行し, ベイナイトが生成する冷却速度範囲が広くなっているのが特徴である.

オーステナイト化温度は, オーステナイト粒径を変化させると同時に, Mo, V, Nb, Ti などの強炭化物生成元素を含む鋼では, これら合金元素のオーステナイト中での固溶量を変化させて変態線図に影響を及ぼす. 例えば, 図 3.11 に示した状態図から分かるように, オーステナイト化温度が低い場合には V, Nb, Ti は完全に固溶せず一部または全部が炭化物として存在している

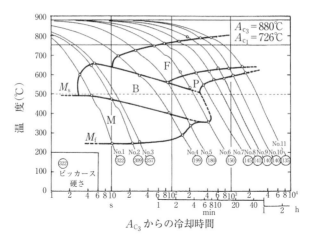

(a) 熱処理用 CCT 線図
（オーステナイト化 950℃, 20 min）

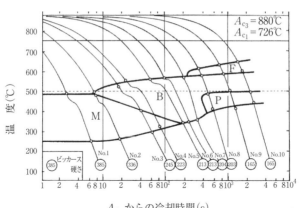

(b) 溶接用 CCT 線図
（最高加熱温度 1350℃）

図 3.23 熱処理用 CCT 線図と溶接用 CCT 線図の比較[16].
(Fe-0.12%C-1.40%Mn-0.014%Si-0.07%Cu-0.04%Ni-0.04%Cr-0.04%Mo-0.07%V).

ので，固溶量が少なくなり，合金元素添加の効果が出なくなる．**図 3.24**[4]はその一例で，V 鋼(0.78%C, 1.02%V)の TTT 線図に及ぼす最高加熱温度(オーステナイト化温度)の影響を示したものである．オーステナイト化温度が低い

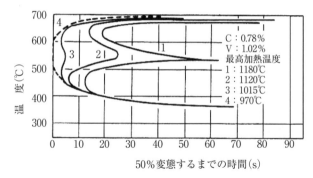

図 3.24 V 鋼の TTT 線図に及ぼす最高加熱温度の影響[4].

場合には，オーステナイト中に VC が析出しているので V 添加の効果はほとんど見られない．オーステナイト化温度が高くなると VC が溶解して V がオーステナイト中に固溶していくので，変態開始線は長時間側へ移行するとともに二重 C 曲線となり，V 添加の影響が明瞭に現れてくる．

以上のように，同じ鋼でもオーステナイト粒径によって TTT 線図や CCT 線図が変化するので，TTT 線図や CCT 線図には必ずオーステナイト化温度またはオーステナイト粒度が明示してある．逆に，これらが不明なものは，そのまま利用することができないので，注意を要する．

(c) 加工硬化オーステナイト

オーステナイト域で熱間加工すると，通常，オーステナイトは加工後すぐに再結晶を起こす．しかし，Nb や Ti が添加されていると熱間加工後の再結晶が微細な炭窒化物によって抑制され，加工硬化状態(高密度の転位を含む)がしばらく維持される．加工硬化オーステナイトから拡散変態が起こる場合，核生成が早く起こるので，TTT 線図や CCT 線図が短時間側(左側)に大きく移行する．これは，第6章，6.4.4 で述べる制御圧延(controlled rolling)で重要になる．

3.3.5 過冷オーステナイトからの変態組織と標準組織との相違点

過冷オーステナイトから生成する組織は，平衡状態図に従って生成する標準

組織と比べて，初析相の量，変態生成物の形態や大きさなどいくつかの点で大きく異なる．実際の熱処理では大なり小なり過冷が起こっているが，特に，加速冷却を行った場合には過冷度が大きくなるので，この相違点を十分に理解しておくことが大切である．

標準組織(図3.6)では初析フェライトや初析セメンタイト量はC量によって一義的に決まる．しかし，過冷されたオーステナイトから生成する場合には，同じC量でも変態温度が低くなるほど，初析フェライトや初析セメンタイトの量が減少し，過冷が大きければ共析組成からずれていても，全面がパーライト組織になる．過冷度が大きくなるほど，全面パーライトになるC濃度範囲は広くなるのである．このことは，図 3.25[4)]に示したように平衡状態図の A_3 線，A_{cm} 線を過冷オーステナイト域の低温側へ延長して考えると理解できる．つまり，過冷オーステナイトがフェライトにもセメンタイトにも同時に過飽和になるような範囲(領域3)に持ち来たされれば，$\gamma \rightarrow \alpha + Fe_3C$ 共析変態が起こるので(平衡状態図では，このような状況になるのは共析組成のS点の一点だけである)，亜共析鋼でも過共析鋼でも初析相は生成せず全面がパーライト組織になるわけである．レールやピアノ線で過共析鋼のパーライトを利用することがあるが，この場合オーステナイトから徐冷すると初析セメンタイトがオーステナイト粒界に網目状に出て脆くなる．これを避けるために，オーステナイトから冷却速度を大きくして領域3まで過冷し，その温度で変態させることにより，初析セメンタイト生成を抑えて全面パーライト組織を得ている．

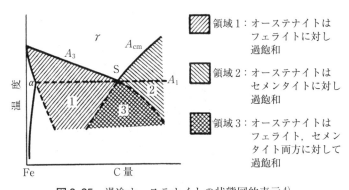

図 3.25　過冷オーステナイトの状態図的表示[4)]．

一般に，過冷されて変態温度が低くなるほど組織が微細になる．例えば，パーライト変態の場合には変態温度が低下するほどラメラ間隔が小さくなり，初析フェライトの場合には低温で生成するほど微細なフェライトになる．

初析相の形態も変態温度によって変化する．例えば，初析フェライトでは変態温度が高いときは等軸状を呈するが，変態温度が低くなると板状に成長し，ウイッドマンステッテン(Widmanstätten)組織になる．このような初析フェライトの形態の変化については第7章，7.1で述べる．初析セメンタイトも同様に高温では，オーステナイト粒界に沿って網目状に生成するが，低温になると粒内にウイッドマンステッテン状に生成する．

3.4　鉄鋼の焼入れと焼入性

3.4.1　焼入性とそれを支配する因子

鋼材を焼入れる場合，表面部は早く冷やされるが内部になるほど冷却速度が小さくなるので焼きが入りにくくなる．それゆえ，部品の中心部に焼きが入らない部分(未硬化芯)が生じることがある．大型のものでも内部まで完全に焼きが入るようにするには，図3.26に示すように，(a)試料内部の冷却速度を(1)から(2)に大きくする(冷却能の大きい冷却剤を用いる)か，(b)焼入性の大きい鋼を使用する，の2つの方法がある．(a)の方法が一般的であるが，焼入液の冷却能が大きくても焼入部品が大型になれば内部の冷却速度は小さくなり，また冷却速度が大きいと焼割れやゆがみの危険も大きくなる．このような場合には，冷却速度が遅くても焼きが入るように焼入性の大きい鋼を選択して焼入硬化を成功させるのである．

先述したように，焼入れとはオーステナイト状態からその鋼の上部臨界冷却速度以上で冷却し，マルテンサイト組織を得る処理である．実際の焼入れには，CCT線図に示される上部臨界冷却速度が焼入性の尺度になる．臨界冷却速度が小さい鋼ほど焼入性(hardenability)が大きい．つまり，焼入性の大きい鋼とはゆっくり冷却しても焼きが入る(マルテンサイト組織になる)鋼のことである．なお，焼入性のことを硬化能と呼ぶこともある．図3.26(b)に示したようにパーライト変態やフェライト変態のノーズ(鼻)が長時間側(右側)にある鋼ほど焼入性が大きい．

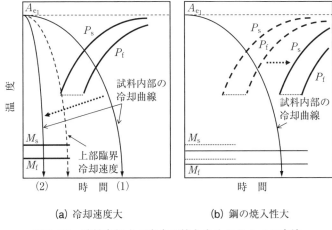

(a) 冷却速度大   (b) 鋼の焼入性大

図 3.26 試料内部まで完全に焼きを入れる2つの方法.

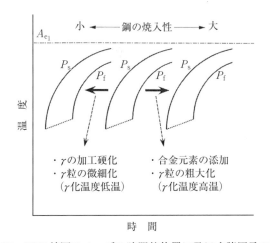

図 3.27 CCT 線図のノーズの時間的位置に及ぼす諸因子の影響.

CCT 線図に及ぼす諸因子の影響については，3.3.4で述べたように，合金元素，オーステナイト結晶粒径，オーステナイト化温度，オーステナイトの加工硬化，がある．これらをまとめると，**図 3.27**のようになる．合金元素の添加やオーステナイト粒の粗大化は焼入性を大きくし，微細なオーステナイト粒や加工硬化オーステナイトは焼入性が小さい(つまり，焼きが入りにくい)．

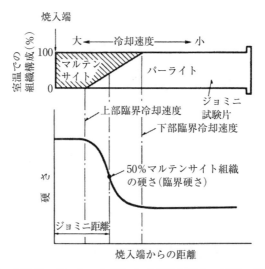

図 3.28 共析鋼のジョミニ曲線および変態組織との関係の説明図[4].

なお，ここで注意せねばならないことは，鋼の焼入性と焼入硬さを混同してはならないことである．焼入硬さはマルテンサイトの硬さのことであり，ほぼ C 量によって一義的に決まり，合金元素の影響はほとんどない（後の図 5.35 参照）．一方，焼入性はマルテンサイト組織のなりやすさの程度，つまり臨界冷却速度の大小を示すもので，マルテンサイトの硬さとは無関係である．焼入性は C 量よりもむしろ Mn, Cr, Mo, Ni, B などの合金元素によって大きく影響を受ける．

鋼材の焼入性の評価法としてはいくつかの方法があるが，一般にはジョミニ (Jominy) 試験 (JIS G 0561) が行われる．これは直径 25 mm，長さ 100 mm の丸棒試験片をオーステナイト化した後，噴水を試片の下端部に噴射し冷却する．その後，試片の側面を研磨してロックウェル硬さ計で硬さを測定する．焼入端からの距離と試片の硬さの関係を図示すると**図 3.28**[4]のようなジョミニ曲線（焼入性曲線）が得られる．焼入端からの距離が大きくなるほど冷却速度が小さくなるので，それに従って変態組織がマルテンサイトからパーライトやフェライトへと変化し，硬さが低下する．この大きな軟化の変曲点では約 50% マルテンサイト組織（このときの硬さを臨界硬さという）になっており，この位置までの距離をジョミニ距離 (Jominy distance) といい，焼入性の尺度になる．

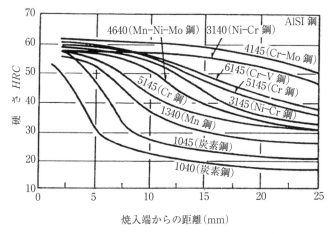

図 3.29　各種機械構造用鋼のジョミニ曲線[4].

ジョミニ距離が右側，つまり焼入端から長距離になる鋼ほど焼入性が大きい．図 3.29[4] に代表的な機械構造用鋼のジョミニ曲線の例を示す．合金元素の添加により，焼入性が大きくなっているのが分かる．

3.4.2　適切な焼入温度と冷却方法

オーステナイト域のどの温度から焼入れてもマルテンサイトは得られる．しかし，実際の焼入れ作業では，図 3.30[17] に示したように，亜共析鋼では A_{e_3} 点以上 30～50℃ 高い温度で，過共析鋼では A_{e_1} 点以上 30～50℃ 高い温度（オーステナイト＋セメンタイト 2 相域）に加熱保持し，焼入れる．焼入性から考えると図 3.27 に示したようにオーステナイト粒が大きいほど，つまりオーステナイト化温度は高い方が好ましい．それにもかかわらず，実際の焼入温度がオーステナイトの低温側にある理由は，マルテンサイトの靭性向上のためである．母相オーステナイト粒が細かいほど生成するマルテンサイトの靭性がすぐれているので，実際の焼入れでは，焼入性の点からは不利であるが，焼入温度を低くして微細なオーステナイトにしているのである．

焼入れの場合，急冷によって生じる変形や焼割れが問題になる．これは，マルテンサイト変態時に膨張を伴うからである．急冷により部品の内部と表面部に温度差が生じ，表面が先に M_s 点に達して変態し遅れて内部が変態するの

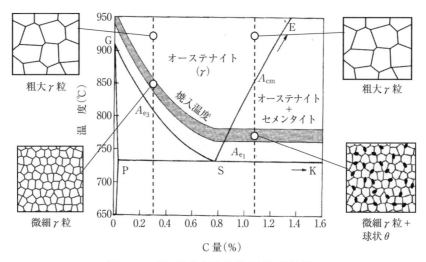

図 3.30 鋼の焼入温度と炭素量の関係[17].

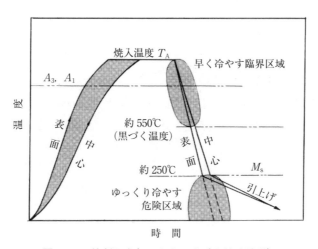

図 3.31 焼割れを起こさない上手な焼入法[17].

で,表面に引張応力が発生し,焼割れが起こるのである.それゆえ,冷却のコツは図 3.31[17]のように,焼入温度から約 550℃ までの温度域をできるだけ速く冷やし(この温度区間で拡散変態を起こさせないことが,急冷の目的),その後は逆に,割れ発生の原因となるマルテンサイト変態温度域(M_s点とM_f点の

3.5　2相域熱処理とその原理

表3.4　炭素鋼の組織変化による体積変化と長さの変化[1].

組　織　の　変　化	体積変化(%)	長さの変化
焼なまし(球状化)→オーステナイト	$-4.64+2.21(\%C)$	$-0.0155+0.0074(\%C)$
オーステナイト→マルテンサイト	$4.64-0.53(\%C)$	$0.0155-0.0018(\%C)$
焼なまし(球状化)→マルテンサイト	$1.68(\%C)$	$0.0056(\%C)$
オーステナイト→下部ベイナイト	$4.64-1.43(\%C)$	$0.0155-0.0048(\%C)$
焼なまし(球状化)→下部ベイナイト	$0.78(\%C)$	$0.0026(\%C)$
オーステナイト→フェライト＋セメンタイト	$4.64-2.21(\%C)$	$0.0155-0.0074(\%C)$

間)での表面と内部の温度差を小さくするように，なるべくゆっくり冷やすことである．具体的には，マルテンパー(martemper)(マルクエンチ(marquenching)とも言う)および引上げ焼入れ(interrupted quenching)が有効である．マルテンパー処理は M_s 点近傍の熱浴に焼入れ，部品の内外が一様にその温度になるまで等温保持し(ベイナイトの変態は開始せず)引上げて徐冷または空冷する方法である．引上げ焼入れは，部品を水または油に焼入れて，冷えすぎないように焼入浴から引上げて空冷する方法である．

熱処理時の割れやゆがみを考えるときには，変態時の体積変化量を知る必要がある．参考のために，種々の変態時の体積変化と膨張量を表3.4[1]に示しておく．

3.5　2相域熱処理とその原理

鋼の熱処理ではオーステナイト単相を出発組織とするのが一般的であるが，フェライト＋オーステナイト2相域を利用することにより，母相中に第2相をうまく分散させ，延性や靱性向上に好ましい組織を得ることができる．この方法は，成形加工用高強度薄鋼板のDP(dual phase)鋼や低温用鋼(9%Ni鋼)などで応用され成功をおさめている(図3.32)．

マルテンサイト組織またはフェライト＋パーライト組織を出発材としたときの2相域熱処理の原理を，Fe-Ni合金(Fe-Mn合金でも同じ)およびFe-C合金の状態図と関連して図3.33[18]に示す．Fe-高Ni合金の場合は焼入性がよく冷却速度が比較的小さくてもマルテンサイト変態を起こすので，主としてマルテンサイト組織が出発材として用いられる．この場合，2相域加熱によりラ

72　第3章　相変態と変態組織―鉄鋼の熱処理の基礎―

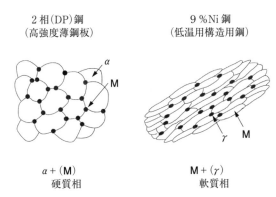

図3.32　2相域熱処理により得られる代表的な組織.

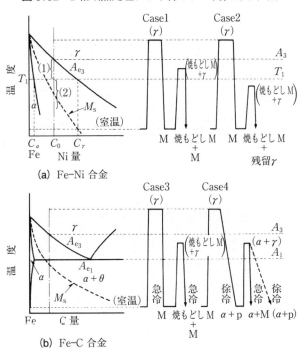

(a) Fe-Ni 合金

(b) Fe-C 合金

図3.33　2相域熱処理の原理の説明図[18].

スマルテンサイトのラス境界に沿ってNiが濃縮されたオーステナイトが微細に析出する．加熱温度が高くなるほどオーステナイト量は多くなるが，オーステナイト中のNi濃度は低下していく．この場合，2相域での加熱温度によっ

て室温で得られる組織が異なる．図3.33(a)において Ni 濃度 C_0 の合金を温度 T_1 に長時間保持すると，Ni 濃度が C_γ のオーステナイトが生成し，母相のマルテンサイトの Ni 濃度は C_α になる．オーステナイトの M_s 点は点線で示したように Ni 量増加とともに低下し，C_γ(Fe-Ni 合金では約29%Ni)の濃度で M_s 点は室温付近になる．それゆえ，T_1 以上 A_{e_3} 点までの間の温度域(1)で加熱した場合(Case 1)には，析出したオーステナイトは冷却中にマルテンサイト変態を起こし，室温では焼もどしマルテンサイト中にフレッシュマルテンサイトが分散した2相組織になる．一方，T_1 以下の温度に加熱保持すると(Case 2)，析出したオーステナイトは室温まで安定であり，室温では焼もどしマルテンサイト中に微細なオーステナイトが分散した組織になる．この Case 2 の熱処理が9%Ni 鋼などの低温用鋼に採用されている．Case 1 の処理は intercritical annealing，Case 2 の処理は intercritical tempering と呼ばれている[19]．

炭素鋼の場合には，図3.33(b)に示すように，A_{e_1}〜A_{e_3} 点間の加熱によりオーステナイトが一部生成する．この場合は，オーステナイト中の C 量は濃縮されても高々共析組成までであり，M_s 点が室温以上にあるため，オーステナイトがそのまま室温で安定に存在することはない．初期組織がマルテンサイトの場合(Case 3)は Fe-Ni での Case 1 と本質的には同じである．一方，フェライト＋パーライトが初期組織の場合(Case 4)には，パーライト部にオーステナイトが優先的に生成し，2相域ではフェライト地にオーステナイトが細かく分散した組織になる．このオーステナイトはその後の冷却により異なった組織になる．つまり，急冷すればマルテンサイトに，徐冷すればパーライトに，そして中間の速度ではベイナイトになる．マルテンサイトを得るにはオーステナイトの焼入性が問題になる．実用鋼にはある程度の合金元素が添加されているが，Mn や Ni などのオーステナイト生成元素は2相域での加熱時間が長ければオーステナイトに濃縮されるので焼入性が良くなる．Case 4 の熱処理によって軟らかいフェライト中に高 C の硬いマルテンサイト(わずかに残留オーステナイトが存在する場合もある)が均一に分散した2相組織が得られる．これが DP 鋼を得る基本的な熱処理である．

文 献

1) 梅本実:ふぇらむ, **3**(1998), 6091.
2) 西沢泰二:ふぇらむ, **1**(1996), 108.
3) C. S. Roberts: Trans. AIME, **197**(1953), 203.
4) 須藤一編:「鉄鋼材料」(講座・現代の金属学 材料編 4), 日本金属学会(1985).
5) 三島良直:ふぇらむ, **5**(2000), 304.
6) 梅本実, 土谷浩一:鉄と鋼, **88**(2002), 117.
7) 井上明久, 小倉次夫, 増本健:日本金属学会会報, **13**(1974), 653.
8) 日本鉄鋼協会編:「鉄鋼便覧(第3版) I 基礎」, 丸善(1981).
9) K. W. Andrews: J. Iron Steel Inst., **203**(1965), 721.
10) 石田清仁, 大谷博司:西山記念技術講座(161, 162回), 日本鉄鋼協会(1996), p. 29.
11) 佐藤知雄, 西沢泰二:日本金属学会誌, **19**(1955), 385.
12) Atlas of Isothermal Transformation and Cooling Transformation Diagrams, ASM(1977), p. 28.
13) 杉本孝一ほか:「材料組織学」, 朝倉書店(1991).
14) H. K. D. H. Bhadesia: Bainite in Steels(2nd ed.), Institute of Materials, London (2001), p. 173.
15) 邦武立郎:まてりあ, **36**(1997), 603.
16) 邦武立郎:「鋼の冷却変態と熱処理」, 住友金属テクノロジー(1993), p. 53.
17) 日本熱処理技術協会編:「熱処理ガイドブック」, 大河出版(2002).
18) 牧正志:日本金属学会会報, **27**(1988), 623.
19) J. W. Morris, Jr, J. I. Kim and S. K. Syn: Advance in Metal Processing, ed. by J. J. Burke et al., Sagamore Army Materials Research Proceedings(1978), p. 25.

第4章
マルテンサイト変態と焼もどし

4.1 マルテンサイト変態とその特徴

　鋼を焼入れると非常に硬くなる(焼入硬化)ことが古くから経験的に知られており，その実用的重要性のために，19世紀末に焼入鋼の研究が始まった．マルテンサイト(martensite)という名称は，当初，鋼を焼入れたときに現れる微細で硬い組織に対して付けられたものであるが，その後の研究で，マルテンサイトの特徴はその組織にあるのではなく，変態様式そのものにあることが明らかになり，鉄鋼に限らずTiやCuなど多くの非鉄合金でもこの種の変態が見出されるようになった．その結果，今日では，原子の拡散を伴わずに固相間で結晶構造が変化する変態のことをマルテンサイト変態(martensite transformation)と呼び，この変態によって生成した組織をマルテンサイトと呼んでいる．

　マルテンサイト変態は，「母相の隣り合う原子が別個に動くのではなく，互いに連携を保ちながらせん断変形的に移動し(1原子間距離以下)新しい結晶構造に変化する変態」のことで，無拡散(diffusionless)変態とかせん断(shear)変態ともいう[1]．パーライトや初析フェライトなどの拡散変態は原子が拡散できる高温でしか起こり得ないのに対し，マルテンサイト変態は原子が拡散しない低温でも起こるのが特徴である．

　鉄合金，非鉄合金を問わず，マルテンサイト変態に共通して見られる特徴として，
(1) 単相から単相への変態で組成の変化がない
(2) 変態により形状変化および表面起伏(surface relief)が生じる
(3) 母相とマルテンサイトの間に一定の結晶方位関係(crystallographic orientation relationship)がある
(4) 形態が板状の場合，母相の一定の結晶面(晶癖面(habit plane))に沿って生成する

(5) マルテンサイト中には高密度の格子欠陥(転位,双晶,積層欠陥など)が存在する

が挙げられる.ただし,このような特徴はマルテンサイト変態のみに現れるものではなく,(3)および(4)の結晶方位関係や晶癖面は固相変態に共通して見られる一般的特徴で,拡散変態や析出でも現れる.(2)の表面起伏(平滑な試料表面が変態による形状変化のために凹凸になる現象)は,マルテンサイト変態の特徴と一般に言われているが,原子の拡散を要する変態や析出の場合にも観察されており[2],必ずしもマルテンサイト変態のみに現れる特徴ではない.(5)の高密度の格子欠陥は,マルテンサイト変態にのみ現れる特徴である.

マルテンサイトは単相であるという(1)の特徴は重要である.鋼の基本となるFe-C合金では,高温のオーステナイトには多くのCが固溶できるのでオーステナイト単相(固溶体)になるが,低温のフェライトにはCがほとんど固溶しないので,室温ではフェライトとセメンタイト(Fe_3C)の2相組織になる.ところが,オーステナイトからフェライトへの変態が原子の拡散を伴わずせん断機構によって起こると,オーステナイトに固溶していたC(その他の合金元素も)がそのまま強制的に固溶したフェライトになる.これがマルテンサイトである.つまり,Fe-C合金のマルテンサイトはCが過飽和に固溶したフェライト単相のことであり,これは安定相ではないので平衡状態図には示されていない.このマルテンサイトを加熱(焼もどし)すると,炭化物が析出して,平衡状態図が示すフェライト+セメンタイトの安定な2相組織になる.

(2)のマルテンサイトに高密度の格子欠陥が存在する理由は次の通りである.図4.1(a)[1]に示すように,マルテンサイト変態により母相のABCD部がせん断機構による格子変形で結晶構造が変化し,外形がA′B′C′D′になる.しかし,このままでは周囲の母相と重なったり隙間ができることになる.そこで,実際には(b),(c)のようにすべりや双晶変形などの補足変形(これを格子不変変形(lattice invariant shear)という)が起こって変態後の外形が元とあまり変わらないようにする.このような補足変形がすべり変形で起これば転位が,双晶変形で起これば双晶がマルテンサイト内に多量に導入されることになる.

上述の(1)〜(5)の特徴は,鉄合金,非鉄合金のいずれのマルテンサイトに共通して見られる一般的特徴であるが,それ以外にFe合金のマルテンサイト

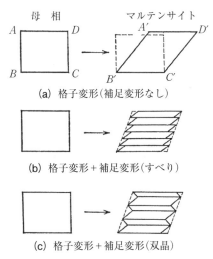

図 4.1 マルテンサイト変態時の補足変形[1].

には，変態速度が非常に大きい（例えば，レンズマルテンサイトでは，金属中を伝わる音波の 1/3 程度（1100 m/s）といわれている）とか，硬いという特徴がある．非鉄合金のマルテンサイトは一般に変態速度が遅く，また，マルテンサイトは強くなく，母相よりも軟らかい場合すらある．マルテンサイトが硬いのはCを含有する鋼に特有の性質で，Cが侵入型位置に過飽和に固溶しているためである．鋼のマルテンサイトは，一般に硬くて脆いと言われることが多いが，図 1.4 に示したようにマルテンサイトの硬さはC量依存性が非常に大きいのが特徴である．それゆえ，C量の多い中・高炭素鋼の焼入状態のマルテンサイトは非常に硬くて脆いので焼もどして使用されるが，低炭素鋼の場合にはそれほど硬くなく，焼入れたままでも十分に延性がある．

4.2 鉄合金マルテンサイトの結晶学，形態および内部微視組織

4.2.1 マルテンサイトの種類と結晶構造

　鉄合金の場合，母相のオーステナイト（γ）（fcc，面心立方格子）から次の3種類の結晶構造の異なるマルテンサイトが生成する．

　α' マルテンサイト：bcc（体心立方格子）または bct（体心正方格子，

body-centerd tetragonal)

εマルテンサイト：hcp(稠密六方格子)

fct マルテンサイト：fct(面心正方格子，face-centered tetragonal)

これらのうち，α'マルテンサイトは，Fe-C や Fe-Ni などの多くの鉄合金およびほとんどの実用鋼で生成する重要なマルテンサイトである．εマルテンサイトはオーステナイトの積層欠陥エネルギーの小さい合金で生成するもので，実用的に重要な Fe-Cr-Ni 合金(18-8 ステンレス鋼など)や Fe-Mn 合金で現れる．fct マルテンサイトは非常に珍しく，Fe-Pd および Fe-Pt 合金のみで見出されている．

C(および N)を含む鉄合金のα'マルテンサイトの構造は，低炭素では bcc 構造であるが，C 量が多くなると bcc 格子の 1 軸だけがごくわずかに伸びた bct 構造になる．bct 構造の軸比 c/a(格子定数 a と c の比)を正方晶性(tetragonality)という．bct 構造になる理由は，固溶 C が特定の限られた侵入型位置に存在するからである．C 原子の占める侵入型位置は，オーステナイト(fcc)中では図 4.2(a)[3]の ×，フェライト(bcc)中では図 4.2(b)の ×□△で示される位置である．これらの侵入型位置は 8 面体位置(octahedral site)と呼ばれる．bcc 格子のこの位置に C 原子が入ると，ひずみの異方性のために 1 軸方向だけが伸びる．すなわち，8 面体位置には ×□△で示される 3 群の等価な位置があ

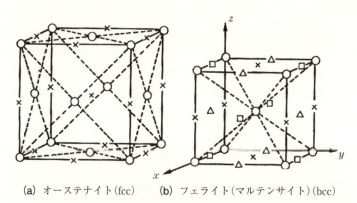

(a) オーステナイト(fcc)　　(b) フェライト(マルテンサイト)(bcc)

○ 鉄原子
×△□ 炭素原子の入り得る位置

図 4.2　オーステナイト(γ)とフェライト(α)またはマルテンサイト(α')中の C 原子の位置(8 面体の位置)[3]．

4.2 鉄合金マルテンサイトの結晶学,形態および内部微視組織

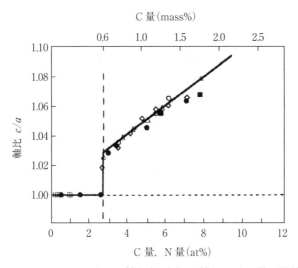

図 4.3 α' マルテンサイトの軸比 (c/a) と C 量および N 量の関係[4]．

り,各群はそれぞれ bcc 格子の z 軸,x 軸,y 軸を伸ばすことになる．C 原子が ×□△ の位置を無秩序に占めると bcc 構造となるが,マルテンサイトでは C 原子は 1 つの群の 8 面体位置に存在するので 1 軸だけが長くなり,bct 構造となる．このように,マルテンサイト中で C 原子が規則配列をしていることが,bct となる理由である．なお,ここに示した 8 面体位置は C 原子の入り得る位置を示しているもので,実際にはこれらのごく一部に分散して入っているにすぎない．

図 4.3[4] に示すように,Fe-C 合金のマルテンサイトでは,C 量が約 0.6%C 以上で bct になり,C 量の増加とともに,$c/a = 1.000 + 0.045 \times (\%C)$ に従って直線的に大きくなる[5]．0.6%C 以下で $c/a = 1$ (bcc 構造) になる理由として,低 C になると M_s 点が高温になるため,急冷しても冷却中にマルテンサイトの自己焼もどし (auto-tempering) が起こり,C が転位に偏析するか炭化物として析出するためと考えられている．ちなみに自己焼もどしを阻止するために M_s 点を室温以下に低くした Fe-高 Ni-C マルテンサイトでは 0.2%C 程度の低 C でも正方晶性を示すという報告がある[6]．

4.2.2 マルテンサイトの結晶学

fccの母相オーステナイト(γ)とbccまたはbctのマルテンサイト(α')の間には次の3つの結晶方位関係が知られている．

$(111)_\gamma // (011)_{\alpha'}$, $[\bar{1}01]_\gamma // [\bar{1}\bar{1}1]_{\alpha'}$：K-S関係（Kurdjumov-Sachs）

$(111)_\gamma // (011)_{\alpha'}$, $[1\bar{2}1]_\gamma // [0\bar{1}1]_{\alpha'}$：N-W関係（西山-Wasserman）

$(111)_\gamma \sim 1°(011)_{\alpha'}$, $[\bar{1}01]_\gamma \sim 2.5°[\bar{1}\bar{1}1]_{\alpha'}$：G-T関係（Greninger-Troiano）

K-S関係とN-W関係は，面平行関係は同じで方向平行関係がわずか5°16′の差しかなく，G-T関係はさらにその間にあり，3つの結晶方位関係の差は非常に小さい．マルテンサイトの形態は，通常，板状もしくはそれに近く，その板面が母相のある特定の結晶面に沿って生成する．その面を晶癖面といい，母相の面で表示される．鉄合金では，$\{111\}_\gamma$, $\{225\}_\gamma$, $\{259\}_\gamma$, $\{3\ 10\ 15\}_\gamma$が報告されている．

εマルテンサイトの場合には，$(111)_\gamma // (0001)_\varepsilon$, $[\bar{1}01]\gamma // [11\bar{2}0]_\varepsilon$（庄司-西山関係）の結晶方位関係があり，晶癖面は$\{111\}_\gamma$である．

なお，上述した結晶方位関係や晶癖面は標準的なものであって，実測値はそれから幾分ずれており，同じ試料でも個々のマルテンサイト毎にばらついている[7]．

4.2.3 マルテンサイトの形態と内部微視組織

鉄合金のα'マルテンサイトには図4.4[8]に示すように，ラス（lath），バタフライ（butterfly），レンズ（lenticular），薄板状（thin plate）の4つの形態（morphology）のマルテンサイトが存在し，それぞれの生成温度域が異なる．最も高温で生成するのはラスマルテンサイトで，低温になるにつれて，バタフライ，レンズ，薄板状と形態が変化する．図にはこれらのマルテンサイトの内部微視組織および晶癖面も示してある．ラスは，高密度の転位を含み，晶癖面は$\{111\}_\gamma \sim \{557\}_\gamma$であり，最も低温で生成する薄板状は内部組織が双晶，晶癖面は$\{3\ 10\ 15\}_\gamma$である．両者の中間の温度域で生成するバタフライやレンズは，内部組織や結晶学的特徴が，ラスと薄板状の両方の特徴を有している．

これらのマルテンサイトのうち，ラスマルテンサイトはほとんどの熱処理用鋼に現れ，実用的に最も重要である．一方，薄板状マルテンサイトは，他の形

4.2 鉄合金マルテンサイトの結晶学，形態および内部微視組織　　81

	ラス M	バタフライ M	レンズ M	薄板状 M
	(Fe–9%Ni–0.15%C)	(Fe–20%Ni–0.73%C)	(Fe–29%Ni–0.26%C)	(Fe–31%Ni–0.23%C)
内部組織	転位	転位双晶	転位双晶（ミドリブ）	双晶
晶癖面	$\{111\}_\gamma$ $\{557\}_\gamma$	$\{225\}_\gamma$	$\{259\}_\gamma$ $\{3\,10\,15\}_\gamma$	$\{3\,10\,15\}_\gamma$
M_s 点	高温 ←		→	低温

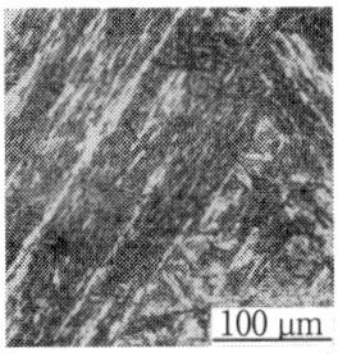

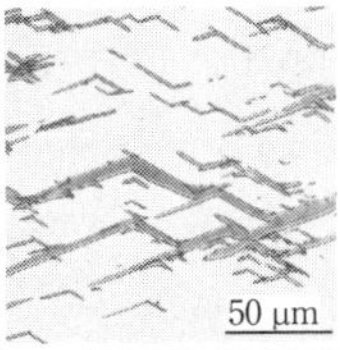

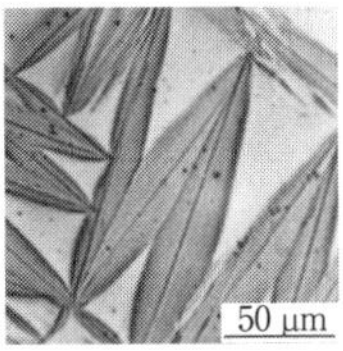

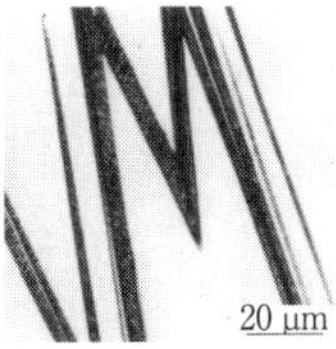

図 4.4 鉄合金の α' マルテンサイトの4つの形態（光顕組織）と組織の特徴[8].

態の α' マルテンサイトには見られない特異な変態挙動を示し，形状記憶効果（shape memory effect）を示すマルテンサイトとして重要である．これら4つの形態のマルテンサイトの内部微視組織，結晶学的特徴および変態挙動の特徴については，第7章，7.5で詳しく述べる．

なお，hcp 構造の ε マルテンサイトは薄板状で，内部には積層欠陥が存在する．Fe-Mn-Si 形状記憶合金はこのマルテンサイトに由来している．

4.2.4　実用的に重要な鉄合金のマルテンサイトと M_s 点

実用的に重要な鉄合金である Fe-C，Fe-Ni および Fe-Mn 合金の M_s 点およびマルテンサイトの種類や形態を図 4.5～図 4.7 に示す．いずれの場合も，合金元素量が増すにつれて M_s 点は低下し，それに伴いマルテンサイトの形態や種類が変化する．

実用鋼の基本となる Fe-C 合金（図 4.5[9]）では，C 量が 0～0.6% ではラスが，1.0～1.5% ではレンズマルテンサイトが，0.6～1.0% では両者が共存する．ただし，0.6～1.4%C の範囲ではバタフライマルテンサイトが生成するという報告[10]もあり，より詳細な研究が必要である．Fe-Ni 合金（図 4.6[11]）では，約 29%Ni 以下ではラスが，29～33%Ni で M_s 点が室温以下になりレンズが生成す

る．Fe-C，Fe-Ni 合金では α' マルテンサイトのみが生成するが，Fe-Mn 合金（図 4.7[12]）では 10%Mn 以下で α' マルテンサイト（ラス）が，15%Mn 以上で ε マルテンサイトが生成する．10～15%Mn では両者が混在し，この場合，最初の $\gamma \to \varepsilon$ 変態で生成した ε が $\varepsilon \to \alpha'$ という 2 段目の変態をする．

　Fe-Cr-Ni 合金はオーステナイト系ステンレス鋼の基本合金であるが，合金元素量がそれほど多くなければマルテンサイトが生成するようになり，Fe-Mn 合金と同様に，α' マルテンサイト（ラス）と ε マルテンサイトの両方が生成する．図 4.8[13] は Fe-Cr-Ni 合金の Cr:Ni＝5:3 の比率の種々の合金の変態

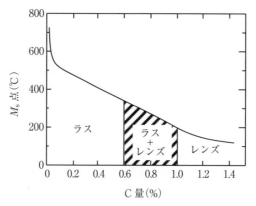

図 4.5　Fe-C 合金の M_s 点およびマルテンサイトの形態に及ぼす C 量の影響[9]．

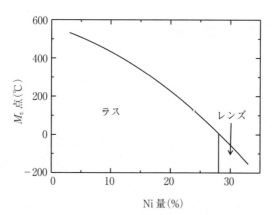

図 4.6　Fe-Ni 合金の M_s 点およびマルテンサイトの形態に及ぼす Ni 量の影響[11]．

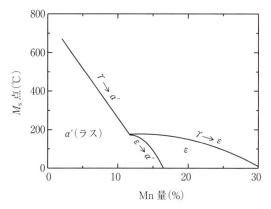

図 4.7 Fe-Mn 合金の M_s 点およびマルテンサイトの種類に及ぼす Mn 量の影響[12].

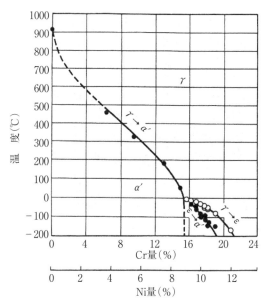

図 4.8 Cr:Ni=5:3 の組成の Fe-Cr-Ni 合金における ε マルテンサイトと α' マルテンサイトの変態領域[13].

点を示す. M_s 点は合金量が増えるにつれて低下し, Cr+Ni=24%(15%Cr, 9%Ni)以下では α' のみが生成し, それ以上の成分では ε と α' が生成する.

4.3 鉄合金マルテンサイトの変態挙動

4.3.1 マルテンサイト変態の駆動力と M_s 点

図 4.9(a)[14]に示す状態図を持つ A-B 2 元合金を例に，マルテンサイト変態の駆動力(driving force)について考える．図 4.9(b)は種々の温度における γ 相(母相)と α 相の自由エネルギー-組成曲線であり，この図には，拡散変態により α 相(γ と組成が異なる)が核生成するときの駆動力と，組成変化を伴わないマルテンサイト変態で α 相が生成するときの駆動力の，両方が示してある．

いま，組成 x_0 の合金を考える．γ 単相域(温度 T_1)から冷却して，$\gamma+\alpha$ 2 相

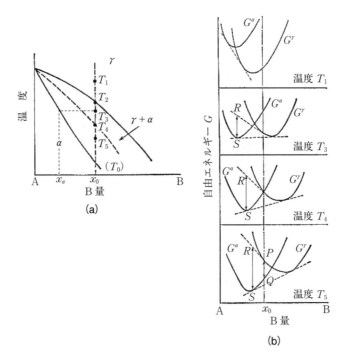

図 4.9 母相(γ)と組成の異なる α 相の核生成の駆動力(RS)および組成が変化しない変態の駆動力(PQ)の比較[14]．

域の温度 T_3 でフェライトが生成する場合には，x_0 より B 濃度の低い α 相(図 4.9(a)の x_α)の核を生成する駆動力(RS)は発生するが，母相 γ と同じ組成 x_0 の α 相の自由エネルギーは母相のそれよりは高い．さらに温度が低下すると，T_4 で同じ濃度 x_0 の γ と α の自由エネルギーが等しくなる．この温度を T_0 温度という．マルテンサイト変態の駆動力は温度 T_0(図では T_4)以下で発生する．温度 T_5 においては，x_0 より濃度の低い α 相の核を拡散によって生成する駆動力 RS と，濃度変化なしに x_0 の組成の α 相に変態する駆動力 PQ の両方が発生している．この PQ がマルテンサイト変態の駆動力である．一般に，同一温度では $RS > PQ$ であるが，温度が低くなると原子の拡散が困難になるため，拡散変態は起こり難くなり，代わりに拡散を必要としない変態が駆動力 PQ によって起こるようになる．なお，種々の組成の T_0 温度を状態図に書き込んだものを T_0 線(図 4.9(a))といい，マルテンサイト以外にベイナイト，マッシブ変態などを考えるときにも重要な温度になる．

図 4.10 は一定組成の γ 相(オーステナイト)および α' 相(マルテンサイト)の自由エネルギーと温度の関係を示す．T_0 温度以下でマルテンサイト変態の駆動力 ($\Delta G^{\gamma \to \alpha'}$)(オーステナイトとマルテンサイトの自由エネルギー差：図

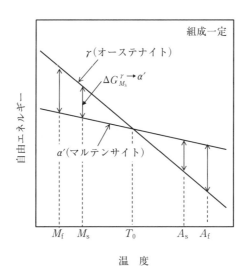

図 4.10 同じ組成の母相 γ(オーステナイト)と新相 α'(マルテンサイト)の自由エネルギーと温度の関係．

4.9の PQ)が発生し,その大きさは温度が低くなるほど大きくなる.拡散変態の場合は,少しでも駆動力が発生すると時間さえかければ必ず変態は起こるが,マルテンサイト変態の場合には,駆動力がある一定の大きさになるまで過冷されなければ変態が起こらない.それは,マルテンサイトが生成する時に,界面エネルギーや弾性ひずみエネルギーが発生したり,マルテンサイト内や周囲の母相で起こる塑性変形に余分なエネルギーを必要とするからである.このような変態に伴い発生する付加的エネルギーに打ち勝つだけの過剰なエネルギー(駆動力)が母相に蓄積される温度に達して初めて,マルテンサイト変態が開始する.この温度を M_s 点という.鉄合金では変態に必要な駆動力 ($\Delta G_{M_s}^{\gamma \to \alpha'}$) は 800〜1200 J/mol 程度と非常に大きく,T_0 と M_s 点の温度差も 150〜200℃ と大きい.

鉄合金では,図 4.5〜4.7 にも示したようにほとんどすべての元素は M_s 点を低下させる.例えば,M_s 点と合金元素量(mass%)の関係として,次の実験式が提唱されている [15].

$$M_s(℃) = 539 - 423 \times (\%C) - 30.4 \times (\%Mn) - 17.7 \times (\%Ni) \\ - 12.1 \times (\%Cr) - 7.5 \times (\%Mo) \tag{4.1}$$

4.3.2 速度論

オーステナイトを上部臨界冷却速度以上で冷却したとき,マルテンサイト変態は**図 4.11** に示すように,M_s 点で開始し,温度低下とともに刻々変態が進行し,M_f 点で完了する.マルテンサイト量は温度のみによって決まり,M_s 点と M_f 点の間の温度で保持しても変態は進行しない.それは,1つのマルテ

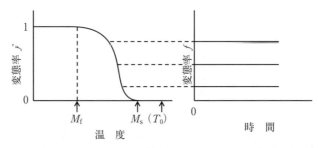

図 4.11 鉄合金マルテンサイトの冷却時および等温保持時の変態量の変化.

ンサイト晶が形成されるとその周囲の母相には弾性的なひずみが与えられ，さらに変態を起こすにはより大きな駆動力を必要とするためである．Fe-C合金および炭素鋼においてM_s点以下の温度T_qに冷却したときに生成するマルテンサイト量fは，次の式[16]が良く用いられる．

$$f = 1 - \exp(-1.10 \times 10^{-2}(M_s - T_q)) \qquad (4.2)$$

図4.11のように，変態量が温度だけに依存し，保持時間に依存しない変態を，アサーマル(athermal)型変態と言う(非等温型変態とも呼ばれる)．ただし，Fe-Ni-MnやFe-Cr-Ni合金などの一部の合金では，一定温度保持で変態が進行する等温マルテンサイト(isotheremal martensite)変態が起こる場合がある[17]．従来これらは例外的な変態と見なされていたが，最近，掛下[18]は非等温変態と等温変態の違いは本質的なものではなく，マルテンサイト変態は熱活性化過程で起こることが基本であると考えると，両者は統一的に説明できることを提唱している．

拡散変態の場合には，図2.20に示したように，新相が核生成し，それらがその後徐々に成長し大きくなって変態量が増していく．これに対しマルテンサイトの場合には，**図4.12**に示すように核生成後瞬時に最終の大きさに達し，その後はさらに冷却しても成長しない．つまり，式(4.2)で示した温度低下によるマルテンサイト変態量の増加は，新しいマルテンサイトが次々と核生成することで起こるのが特徴である．なお，図4.12はレンズマルテンサイトの生成を模式的に示したものであり，ラスマルテンサイトの生成の様相はこれとは異なる(後の図7.18参照)．

マルテンサイトを高温に加熱すると母相にもどる．これを逆変態(reverse

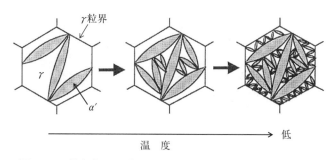

図4.12 鉄合金レンズマルテンサイトの変態の進行の様相．

transformation）といい，これが無拡散変態で起こる場合には，正変態の M_s 点，M_f 点と同様に，A_s 点，A_f 点という逆変態開始，終了の温度がある（図4.10）．

4.4 残留オーステナイトとその低減法

　高炭素鋼や合金鋼を焼入れした場合，室温で100%マルテンサイトにならずオーステナイトが一部残存する場合がある．これを残留オーステナイト（retained austenite）という．残留オーステナイトは，図1.4に示したように，焼入鋼の硬さを低下させるので高硬度を必要とする鋼では硬さ不足の原因になる．

　図4.11で示したように，マルテンサイト変態は M_s 点で開始し M_f 点で完了する．それゆえ，M_f 点が室温以上にある鋼の場合には焼入れによって室温で100%マルテンサイト組織になるが，M_f 点が室温以下にあるような鋼の場合には，室温で変態は完了せず未変態オーステナイトが残留することになる．これが，残留オーステナイトが生成する理由である．M_s 点や M_f 点はC量や合金元素によって変化する．**図4.13**[19)]はFe-C合金の M_s 点および M_f 点に及ぼすC量の影響を示す．M_s 点，M_f 点共にC量増加によって大きく低下し，約0.6%C以上で M_f 点は室温以下になる．それゆえ，**図4.14**[9)]に示すように高炭素鋼ほど残留オーステナイト量が多くなる．

　M_s 点はC以外に合金元素によっても低下する．式(4.1)で示したように，

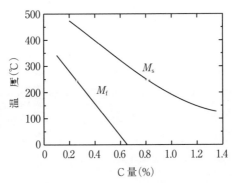

図4.13　Fe-C合金の M_s 点および M_f 点のC量による変化[19)]．

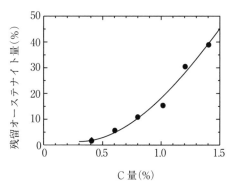

図4.14 Fe-C合金の焼入後の残留オーステナイト量とC量の関係[9]

C, Mn, Cr, NiなどがM_s点(したがってM_f点も)を大きく低下させる. それゆえ, 低合金低炭素鋼では残留オーステナイトはあまり問題にならないが, 高炭素合金鋼や浸炭処理鋼では残留オーステナイトがしばしば問題になってくる.

過共析鋼の焼入れは, 図3.30に示したように, 通常, A_{cm}点とA_1点の間の$\gamma + \theta$ 2相域から行われる. この場合, 焼入温度(オーステナイト化温度)が変わると同一鋼でもM_s点や残留オーステナイト量が変化する. **図4.15**[20]に, C濃度C_0の過共析鋼の場合についての変化を模式的に示す. オーステナイト化温度が高くなるほどセメンタイト量が減り, オーステナイト中の固溶C量が増していくので, M_s点が低下し, 焼入れ後の残留オーステナイト量が多くなる. 重要なことは, M_s点や残留オーステナイト量はオーステナイト中に固溶しているCや合金元素量によって決まるのであり, もしオーステナイトに炭化物(セメンタイトや合金炭化物)が存在していれば, 固溶しているCや合金元素の量が変わるので, M_s点や残留オーステナイト量が変化することになる. また, オーステナイト化温度(焼入れ温度)に加熱しても, 室温で存在していた炭化物がオーステナイトに溶け込むのにある程度の時間を要するので, 加熱時間が短いと(例えば, 高周波加熱のような場合)未溶解炭化物が存在していることがあるので注意せねばならない.

さらに, 図4.16[21]に示すように冷却速度によっても残留オーステナイト量は変化し, 冷却速度が小さいほど多くなる. つまり, 水焼入れよりも油焼入れ

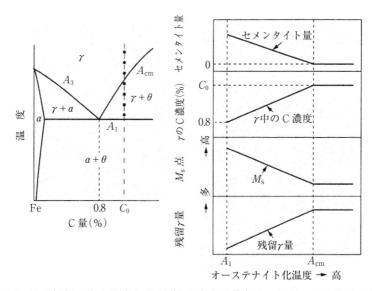

図 4.15 過共析鋼の焼入温度(γ化温度)の変化に伴うオーステナイト中の C 濃度, セメンタイト量, M_s 点および残留オーステナイト量の変化[20].

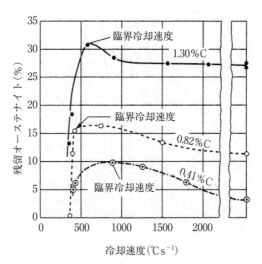

図 4.16 種々の炭素鋼の焼入れ後の残留オーステナイト量に及ぼす冷却速度の影響[21].

の方が残留オーステナイト量はやや多くなる．冷却を遅くすることでマルテンサイト変態が阻止されるわけで，このような現象をオーステナイトの熱安定化現象という．このような冷却中に起こる熱安定化現象(thermal stabilization)は，室温で保持することによっても起こる．

　残留オーステナイトを減らす方法には，(1)サブゼロ処理(subzero treatment)，(2)高温焼もどし，(3)ショットピーニング(shot peening)，がある．M_f 点が室温以下にあるため室温で残留オーステナイトが存在するのであるから，残留オーステナイトを減らすには，M_f 点以下の低温まで冷却すればよい．室温以下の低温に冷却する処理をサブゼロ処理または深冷処理という．ただし，焼入れ後室温で長時間放置しておくと残留オーステナイトの熱安定化が起こり，サブゼロ処理してもほとんど減少しない．それゆえ，サブゼロ処理は焼入れ後ただちに行うことが必要である．また，次節で述べる焼もどし第3段階以上の温度で焼もどしても残留オーステナイトは分解する．しかし，硬さが要求される鋼では，このような高温で焼もどすと軟化してしまうのでこの方法は採用できない．ショットピーニングを行うことにより材料表面に存在する残留オーステナイトが加工誘起マルテンサイトに変態し，残留オーステナイトを減らすことができる．ショットピーニングは表面が硬化するだけでなく，表面に圧縮残留応力が発生するので疲労強度の上昇に非常に有効な処理である．

　なお，工具のような高硬度を必要とする場合には残留オーステナイトは硬さ不足の原因となり好ましくないが，一方で，残留オーステナイトの存在によって鋼の延性，靱性，疲労強度が向上することもあり，残留オーステナイトを積極的に利用する場合もある．このことに関しては，第10章，10.2で述べる．

4.5 マルテンサイトの焼もどし

4.5.1 焼もどしによる組織変化

　マルテンサイトは，C量が少ない場合を除いて，焼入れたままでは一般に脆いので，そのままでは実用に供することはなく，焼もどし(tempering)をして使用される．焼もどしは，焼入鋼を A_1 点以下の適当な温度に加熱保持して，組織と性質を調整する処理である．

　前述したように，マルテンサイトはオーステナイト状態で固溶していたC

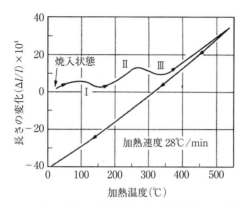

図 4.17 マルテンサイトの焼もどし温度上昇に伴う長さの変化(0.94%C 鋼)[22].

(合金元素も)がそのまま強制的に固溶された過飽和固溶体(C 過飽和のフェライト)であり,それを焼もどすと,平衡状態図が示すようにセメンタイトの析出が起こり,自由エネルギーの低い安定な組織に変化していく.

特殊な合金元素を含まない炭素鋼の場合,マルテンサイトの焼もどし過程は温度上昇とともに 3 段階からなる.**図 4.17**[22]は高炭素鋼(0.94%C)のマルテンサイトを焼もどしたときの温度上昇に伴う熱膨張曲線である.焼もどしの 3 段階に対応して収縮や膨張が起こる.各段階の組織変化をまとめると次のようになる(**図 4.18**).

(1) 第 1 段階(収縮):70〜150℃ の間でマルテンサイトから ε 炭化物($Fe_{2.4}C$)が析出する.基地は低炭素(0.25%C)マルテンサイトになる.

(2) 第 2 段階(膨張):230〜300℃ の間で,残留オーステナイトが低炭素マルテンサイトと ε 炭化物に分解する.高炭素鋼のように,残留オーステナイトが存在する場合にのみ起こる.

(3) 第 3 段階(収縮):250〜360℃ で起こり,ε 炭化物が母相に固溶し消滅するとともに,新しくセメンタイト(Fe_3C)が析出する.セメンタイトの析出によって,マルテンサイト中の固溶 C はほとんどなくなり,フェライト(C をほとんど含んでいない bcc 相)になる.ただし,もとのマルテンサイトの形状(ラス状)を維持しており,転位密度はまだかなり高い状態にある.

図 4.19 に Fe-0.2%C 合金の焼入れマルテンサイトと 700℃ で焼もどしたと

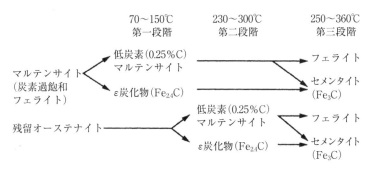

図 4.18 焼入炭素鋼の焼もどし過程.

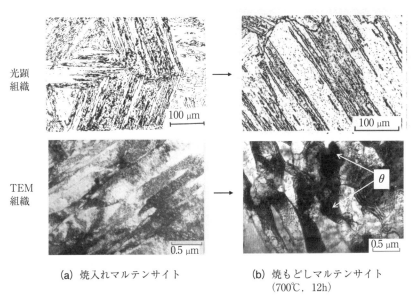

(a) 焼入れマルテンサイト　　(b) 焼もどしマルテンサイト
　　　　　　　　　　　　　　　　　(700℃, 12h)

図 4.19　Fe-0.2%C 合金の(a)焼入れマルテンサイトおよび(b)高温焼もどしマルテンサイト(700℃, 1h)の光学顕微鏡および透過電子顕微鏡組織.

きの光顕および電顕組織を示す．第3段階終了後，最初小さな板状析出物であったセメンタイトは，さらに高温で長時間保持されて大きく成長し球状化している．また，マルテンサイトの形状が回復によって徐々にくずれていき，転位密度も減少し亜結晶(サブグレイン)を形成している．ただし，マルテンサイ

トは高温で焼もどしてもほとんど再結晶は起こらないので，後述するパケットやブロック組織は，焼もどしによってもほとんど変化しない．

なお，図4.18の第3段階でマルテンサイトからフェライトへと呼び名が変わっているが，これは焼入れマルテンサイト（C過飽和フェライト）からセメンタイトが析出したので固溶Cがなくなり，状態図が示すフェライトになったためで，このことをマルテンサイト→フェライトと書いてあるのである．それゆえ，高温焼もどしされたときのフェライトは，図4.19(b)の光顕組織から分かるように，焼入れマルテンサイトの形態（ラス状）をそのまま維持している．つまり，第3段階以上の高温で焼もどしした場合，その組織は焼もどしマルテンサイトと呼ぶが，これは，マルテンサイトの形態と高密度の転位を引き継いだフェライトとセメンタイトの2相から成る組織のことである．

4.5.2 焼もどしによる機械的性質の変化

焼もどしには目的に応じて，低温焼もどしと高温焼もどしがある（図4.20）．一般に，硬さや耐摩耗性を必要とするときは高炭素鋼を用い低温で焼もどしを行う．一方，硬さなどは多少犠牲にしても靱性が要求されるような場合には，C量の低めの鋼を用い高温で焼もどす．炭素鋼，合金鋼いずれの場合も，焼もどしの際，約250～400℃の間では低温焼もどし脆性（300℃脆性）が起こるので，これを避けるために低温焼もどしは150～200℃で，高温焼もどしは約550℃以上 A_1 点以下の温度，たいていの場合は650℃近傍で行われる．

図4.21[23)]にC量の異なるマルテンサイトを種々の温度で焼もどしたときの硬さ変化を示す．200℃以下の低温焼もどしではマルテンサイトの硬さがほぼ維持されているが，400℃以上で高温焼もどしすると硬さは急激に低下し，硬さのC依存性も小さくなる．図4.22[24)]は，0.2%C炭素鋼マルテンサイトの焼もどしによる機械的性質の変化を示す．焼もどし温度が高くなるほど硬さおよび強さは低下し，延性や靱性が増す．低温焼もどしの段階では硬くて耐摩耗性に富むが靱性に乏しい．とくに，250～400℃の間では，伸びやしぼりに異常な低下が認められる．この温度範囲での焼もどしで弾性限が高くなるのも特徴である．

このような約300℃での焼もどしによる延性低下はシャルピ衝撃試験で顕著に現れ，図4.23[24)]に示すように衝撃値が著しく低下する．この現象を低温焼

低温焼もどし……　硬さや耐摩耗性を必要とする場合　　　……200℃以下
　　　　　　　　　(鋼の使用硬度が比較的高いことを望む)
　　　　　　　　　焼入れにより生じたマクロな残留応力の
　　　　　　　　　除去が目的
高温焼もどし……　硬さ(強さ)は多少犠牲にしても靱性　　　……400℃以上
　　　　　　　　　が要求される場合
　　　　　　　　　(強度と靱性を兼ね備えた状態を得る)

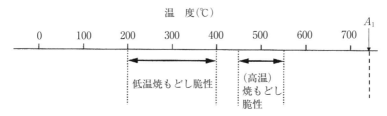

図 4.20　マルテンサイトの焼もどしと焼もどし脆性.

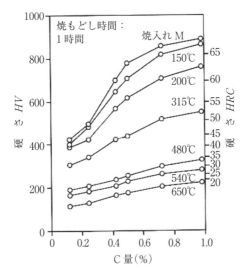

図 4.21　炭素鋼マルテンサイトの種々の温度での焼もどしによる硬さ変化[23].

もどし脆性(low-temperature tempering brittleness),または300℃脆性といい,炭素量の多少にかかわらず起こる.この原因としては,残留オーステナイトの分解(焼もどし第2段階)に加えて,300℃付近の焼もどしによる炭化物の

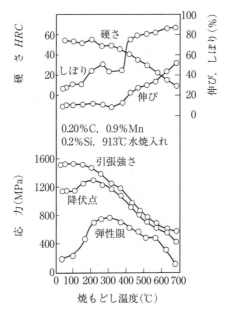

図4.22 0.2%C鋼の焼もどしに伴う機械的性質の変化[24].

遷移(焼もどし第3段階)と関係すると考えられている．この低温焼もどし脆性はSiを添加すると高温側へ移行することが知られている．この低温焼もどし脆化のため，通常，200〜400℃での焼もどしは行わないが，ばね鋼のように特に弾性限を高くしたいような特殊な場合に限って，この温度範囲で焼もどされることがある．

通常，靱性が要求される場合には，400℃以上の高温焼もどしが行われるが，焼もどし温度は多くの場合650℃付近で，少し強度が要求される場合には約550℃程度まで下げることもある．ただし，Ni, Cr, Mn, Siなどを含有した合金鋼では，500℃近傍での焼もどしで著しく脆化する場合があるので注意を要する．図4.24[24]はNi-Cr鋼を焼入れしたのち，400〜650℃の間の温度で焼もどしたときの衝撃値の変化を示す．実線は焼もどし後水冷したもの，点線は徐冷した場合の結果である．450〜550℃の間で焼もどすとその後急冷しても徐冷しても脆化する．550〜650℃での焼もどしの場合は，急冷材は脆化せず，徐冷材で脆化が起こる．このように焼入鋼を500℃付近で焼もどすか，この温度

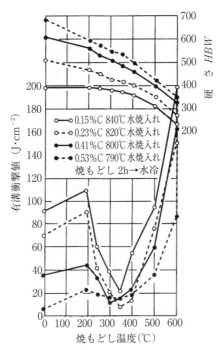

図 4.23 各種炭素鋼のマルテンサイトの焼もどしによる硬さ変化および衝撃値の変化[24].

域を徐冷することにより脆化する現象を高温焼もどし脆性,あるいは単に焼もどし脆性(temper brittleness)という.

　高温焼もどし脆性は炭素鋼ではほとんど起こらず,Ni,Cr,Mn などを添加した合金鋼において現れる現象である.焼もどし脆化した鋼の破面は旧オーステナイト粒界に沿った典型的な粒界破壊を示す.鋼中の P や Sb などの微量不純物が,500℃近傍の温度に加熱される間に旧オーステナイト粒界に偏析して,粒界破壊しやすくなるために起こる.この焼もどし脆化を防止するには,(1) 600℃以上での焼もどしではその後急冷する,(2)鋼中の P などの不純物を低減する,(3)0.2～0.5% 程度の Mo 添加する,などの方法がある.

　焼もどしにおいては,温度が重要な因子として取り上げられるが,保持時間についてはあまり考慮されていない.同一焼もどし段階の範囲内においては,

$$\lambda = T(\log t + C) \tag{4.3}$$

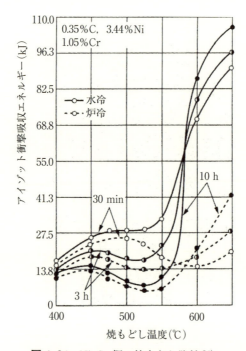

図 4.24　Ni-Cr 鋼の焼もどし脆性[24].

における焼もどし指数 (tempering parameter) λ の値が同じであれば，温度 (T：絶対温度) と時間 (t) が変化しても，ほぼ同じ焼もどし状態になり，同じ機械的性質が得られると考えてよい．ここに C は定数であり，t の時間の単位が時間 (h) の場合，$C = 21.3 - 5.8 \times$ (%C) がよく合うといわれており，低炭素鋼では 20 程度，共析鋼では 17 程度の値となる．しかし，この値がかなり変動しても結果にそれほど影響しないので，合金鋼の場合には，一律に $C = 20$ として整理する場合も多い．

　なお，式 (4.3) は一定温度で保持した場合のものであるが，連続加熱，冷却時の焼もどしに対して，その過程における焼もどし指数 λ を計算することで，特性を予測することができる[25].

4.5.3　焼もどし2次硬化

　4.5.1 では Fe-C 合金のマルテンサイトの焼もどし過程を述べたが，Mn,

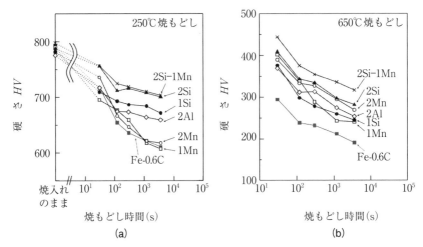

図4.25 Fe-0.6%C合金マルテンサイトの焼もどしによる硬さ変化に及ぼすSi, Al, Mn添加の影響[26]. (a) 250℃焼もどし, (b) 650℃焼もどし.

Si, Alなどの非炭化物生成元素を添加すると,焼もどし軟化抵抗が大きくなる.一例として,**図4.25**[26]にFe-0.6%C合金にMn, Si, Alを1〜2%添加した合金を250℃と650℃で焼もどしたときの硬さ変化を示す.250℃の低温焼もどしでは,SiやAl添加により軟化が抑制されている.これは,SiやAl添加によってε炭化物からセメンタイトへの遷移が遅らされるからである.一方,焼もどし温度が650℃と高い場合には,Mn添加材も大きな軟化抵抗を示すようになる.これは,Si, Al, Mn添加によってセメンタイトの粗大化が抑制されるためである.セメンタイトの粗大化が遅らされる理由は,本来フェライト中でのCの長距離拡散とFeの自己拡散によって律速されるセメンタイトの成長が,セメンタイト/フェライト間で合金元素が分配することで(表3.2参照),フェライト中の合金元素の長距離拡散で律速されるようになるためである.

Mo, V, Nb, Tiなどの炭化物生成元素が添加された合金鋼のマルテンサイトを,約550〜600℃付近で焼もどすと第4段階が起こり,セメンタイトが合金炭化物に置き換わる.この場合,セメンタイトが溶解し新たに合金炭化物が析出することにより,炭化物の遷移が起こる.合金炭化物の析出により硬化が起こり,これをマルテンサイトの焼もどし2次硬化(secondary hardening)という.**図4.26**(a)[27]はMo量の異なる0.35%C鋼を焼入れ後各温度で焼もど

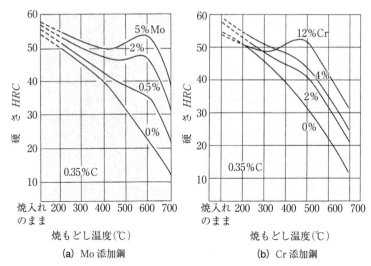

図 4.26 0.35%C 鋼のマルテンサイトの焼もどしによる硬さ変化に及ぼす Mo および Cr 添加の影響[27].

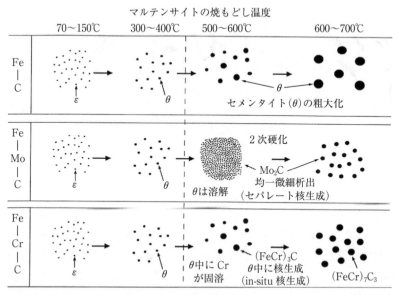

図 4.27 炭素鋼，Mo 添加鋼および Cr 添加鋼におけるマルテンサイトの焼もどし時の析出炭化物の比較.

表4.1 マルテンサイトの焼もどし過程に及ぼす合金元素の作用[3].

炭化物生成元素 (鋼中で独自の炭化物をつくりやすい元素)	Mo, V, W, Nb, Ta, Ti	セメンタイトに固溶しにくい. 2次硬化を起こす.
	Cr	セメンタイトにかなり固溶する. 焼もどし軟化抵抗は示すが2次硬化は起こしにくい.
非炭化物生成元素 (鋼中で独自の炭化物をつくりにくい元素)	Ni, Al	焼もどし過程にほとんど影響を及ぼさない.
	Si	第1～第3段階を高温側にずらし,軟化を遅らす働きがある.
	Mn	セメンタイトに固溶して耐焼もどし性を増す.
	Cu, Au	単独で析出する.そのため炭化物の析出そのものには影響を及ぼさないが,合金炭化物の分布や大きさに間接的に影響する.

したときの硬度変化を示す.Mo添加によって全体に軟化抵抗が大きくなるとともに,550～600℃でMo_2Cの析出のために2次硬化する.2次硬化が起こる理由は,**図4.27**の中段に示すように,Mo_2Cがセメンタイトとは別に新しく転位上に核生成(separate nucleation)する結果,粗大なセメンタイトが微細な合金炭化物に置き換わるためである.なお,Crも炭化物を作りやすい合金元素であるが,図4.26(b)[27]のように大きな軟化抵抗は示すが2次硬化は起こらない.これは,図4.27の下段に示すように,Crがセメンタイトにかなり溶け込めるため,セメンタイト中にCr_7C_3などの核が形成(in-situ nucleation)され,セメンタイトからCr炭化物に連続的に変化し,微細な合金炭化物にならないからである.

なお,18%Niマルエージ鋼やマルテンサイト系PHステンレス鋼では500℃近傍で焼もどすとFe_2Mo,Ni_3Tiなどの金属間化合物やεCu(fcc)相が析出して強化する.これをマルエージ(marage)という.**表4.1**[3]に鋼の焼もどしに対する各種合金元素の作用をまとめて示す.

文 献

1) 西山善次:「マルテンサイト変態」基礎編,丸善(1971).

2) 古原忠，牧正志：まてりあ，**36**(1997)，483.
3) 須藤一編：「鉄鋼材料」(講座・現代の金属学　材料編 4)，日本金属学会(1985).
4) O. D. Sherby, J. Wadsworth, D. R. Lesuer and C. K. Syn : Mater. Trans., **49**(2008), 2016.
5) C. S. Roberts : Trans. AIME, **197**(1953), 203.
6) P. G. Winchell and M. Cohen : Trans. ASM, **55**(1962), 347.
7) G. Miyamoto, N. Takayama and T. Furuhara : Scripta Mater., 60(2009), 1113.
8) 牧正志：まてりあ，**48**(2009), 206.
9) A. R. Marder and G. Krauss : Trans. ASM, **60**(1967), 651.
10) M. Umemoto, E. Yoshitake and I. Tamura : J. Mater. Sci., **18**(1983), 2893.
11) W. S. Owen et al. : High Strength Materials, ed. by V. F. Zackay, J. Willy & Sons, New York(1965), p. 167.
12) A. P. Gulyaev et al. : Met. Sci. Heat Treatment, **20**(1978), 179.
13) H. Schumman : Arch. Eisenhüttenwes, **40**(1969), 1027.
14) 杉本孝一ほか：「材料組織学」，朝倉書店(1991), p. 123.
15) K. W. Andrews : J. Iron Steel Inst., **203**(1965), 721.
16) D. P. Koistinen and R. E. Marburger : Acta Metall., **7**(1959), 59.
17) 掛下知行，山岸昭雄，遠藤将一：日本金属学会会報，**32**(1993), 591.
18) 掛下知行：まてりあ，**54**(2015), 218.
19) A. R. Troiano and A. B. Greninger : Metal Progress, **50**(1946), 363.
20) 日本熱処理技術協会編：「熱処理技術便覧」，日刊工業新聞社(2000), p. 59.
21) M. Cohen : Trans. ASM, **41**(1949), 35.
22) D. P. Antia, S. G. Fletcher and M. Cohen : Trans. ASM, **32**(1944), 290.
23) R. A. Grange, C. R. Hribal and L. F. Porter : Metall. Trans. A, **8A**(1977), 1775.
24) 須藤一，門間改三，浅田千秋：「鉄鋼 II」(新制金属講座新版材料編)，日本金属学会(1965).
25) 土山聡宏：熱処理，**42**(2002), 163.
26) G. Miyamoto, J. C. Oh, K. Hono, T. Furuhara and T. Maki : Acta Mater., **55**(2007), 5027.
27) E. C. Bain and H. W. Paxton : Alloying Elements in Steels, 2nd ed. ASM(1961).

第5章
鉄鋼の強化機構と各種変態組織の強靭化法

5.1 強度と延性・靭性の評価法

5.1.1 引張試験の応力-ひずみ曲線と引張特性

通常,材料の強度や延性などの機械的性質は丸棒または板状の試験片を用いた引張試験(ひずみ速度:10^{-3}～10^{-4}/s)によって評価される.図5.1[1)]は丸棒試験片を引張変形したときの変形の様相を示す.(a)のような試験片(平行部に定めた標点距離をl_0,断面積をA_0)を変形すると,荷重は増加し,平行部は(b)に示すように一様に伸びて標点距離がlとなり,断面積はAに減少する.さらに試験片を伸ばすと,(c)のように平行部の一部がくびれて細くなり,変

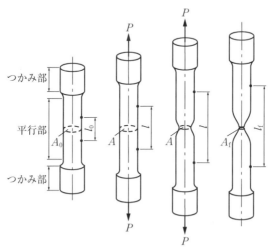

(a) 変形前 (b) 一様伸び (c) ネッキング発生 (d) 破断

図5.1 丸棒引張試験片の変形[1)].

形はこの部分に集中して起こる．この現象をネッキング(necking)という．ネッキング開始と共に荷重が低下し始め，さらに変形させると(d)のようにくびれの部分で破断する．

荷重 P を断面積で割ったのが応力(stress)であり，通常，次式のように P を初期断面積 A_0 で除した値が用いられる．この応力を公称応力 σ(nominal stress)と呼ぶ．

$$\sigma = \frac{P}{A_0} \tag{5.1}$$

また，ひずみ ε(strain)は次式で定義される．

$$\varepsilon = \frac{l - l_0}{l_0} = \frac{\Delta l}{l_0} \tag{5.2}$$

このひずみは，試験前の標点距離 l_0 を基準としているため，公称ひずみ(nominal strain)という．σ の単位は Pa($=$N/m^2)で鉄鋼材料の強度としては MPa (M：10^6)または GPa(G：10^9)が使われる．ひずみは百分率にして％で表すことも多い．

引張試験により公称応力-公称ひずみ曲線が得られるが，通常，これを単に応力-ひずみ曲線(stress-strain curve)と呼ばれている．本書でも，以降，公称応力-公称ひずみ曲線を，単に，応力-ひずみ曲線と呼んでいく．

図5.2[2)]に代表的な応力-ひずみ曲線の形を示す．(a)は連続降伏をする場合で，大部分の金属材料はこのような曲線を示す．(b)は降伏点降下(不連続降伏)を示す場合の図で，焼なまされた低炭素鋼で現れる．このような応力-ひずみ曲線は次の3つの領域から成っている．

(1) 弾性変形のみの領域：変形は除荷すると元の形状にもどる．応力とひずみの間に線形(比例)関係がある．比例定数(直線の傾き)をヤング率(Young's modulus)という．

(2) 一様な弾塑性変形の領域：図5.1(b)のように試験片平行部全体が一様に変形する．除荷すると弾性変形分が戻るが，永久変形(塑性変形)が残る．塑性変形が開始することを降伏(yielding)という．一般に，変形が進行するにつれて変形に要する応力が大きくなる．これを加工硬化という．

(3) 変形が局所化する塑性不安定領域：図5.1(c)に示すように平行部の一

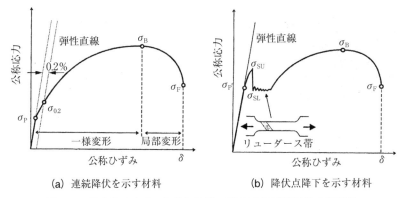

図 5.2 代表的な応力-ひずみ曲線の模式図と引張特性の定義[2].

部分にくびれ(ネッキング)が発生し，その後，この部分に変形が集中し破断に至る．

応力-ひずみ曲線から，機械的性質を特徴付ける下記のようなパラメーターが得られる．

比例限(σ_p)(proportional limit)：応力とひずみが比例する限度の応力．

降伏強さ(σ_s)(yield strength)：塑性変形が開始する応力．図 5.2(a)のような場合は降伏は徐々に生じるため正確な値を求めるのが難しく，便宜的に 0.2% の永久ひずみが生じるときの応力を降伏強さとして用いることが多い．これを 0.2% 耐力($\sigma_{0.2}$)(0.2% proof stress)という．一方，図 5.2(b)のように降伏の開始とともに荷重が減少する場合(降伏点降下)は降伏が開始する極大の応力を上降伏点(σ_{SU})(upper yield point)，荷重が下がった後の応力を下降伏点(σ_{SL})(lower yield point)という．

引張強さ(σ_B)(ultimate tensile strength)：最大荷重に対応する応力．

破断伸び(δ)(elongation)：破断時のひずみで，単に伸びと呼ばれることが多い．破断伸びは，ネッキング開始までの一様伸び(または均一伸び)(ε_u)(uniform elongation)とその後の破断に至るまでの局部伸び(ε_l)(local elongation)から成る．

$$\delta = \varepsilon_u + \varepsilon_l$$

しぼり(ϕ)(reduction in area)：図 5.1 のような円形断面の試験片に対し，

次式で求められる．

$$\phi = \frac{A_0 - A_f}{A_0} \times 100 (\%) \qquad (5.3)$$

ここに，A_0 は試験前の断面積，A_f は破断後の最小断面積である．

なお，引張強さ σ_B に対する降伏強さ σ_s の割合 σ_s/σ_B を降伏比（yield ratio）という．

図5.2(b)のように降伏点降下が起こる場合には，上降伏点後の変形は試験片平行部で不均一に起こり，一定応力（下降伏点）でリューダース帯（Luder's band）と呼ばれる変形帯が試験片内を移動し，全平行部を行きわたったとき下降伏点での変形が終わり，その後，一様変形が起こり加工硬化する．このときにリューダース帯の移動により生じる伸びを，降伏伸びあるいはリューダース伸び（λ_r）という．

なお，硬さ試験から材料の強度を推定することもできる．一般に，引張強さ（σ_B，この場合，単位は kgf/mm^2）とビッカース硬さ（HV）の間には，

$$\sigma_B = \frac{HV}{3} \qquad (5.4)$$

という関係がある．例えば，ビッカース硬さ $HV = 300$ の材料の引張強さは $100\,kgf/mm^2$，つまり約 $1000\,MPa$（$1\,GPa$）と見積もられる．なお，この様に硬さと引張強さの間に式(5.4)の関係が成り立つのは，炭素鋼や低合金鋼などの加工硬化の小さい材料の場合であり，オーステナイト鋼などの加工硬化の大きい材料の場合には，硬さ（HV）と0.2%耐力（$\sigma_{0.2}$）の間に式(5.4)のような関係が成り立つと報告されている．このように，材料の種類によって種々な換算式が提案されているが，一般的な硬さと強さの換算式としては8%変形応力を用いるのが妥当と考えられている[2]．

引張変形の進行とともに試験片平行部が伸びて断面積は刻々減少する．変形中の単位面積あたりに作用する力を正しく知るためには，荷重を試験前の断面積で除するのではなく，変形中に刻々変化する断面積で除する必要がある．この応力を真応力（true stess）という．同様に，ひずみに関しても標点間距離は刻々変化するので，真ひずみ（true strain）を以下のように定義する．

$$\varepsilon^* = \int_{l_0}^{l} \frac{dl}{l} = \ln \frac{l}{l_0} \qquad (5.5)$$

真ひずみのことを対数ひずみ(logarithmic strain)とも呼ぶこともある．試験片平行部の体積を一定($A_0L_0=AL$)と仮定すれば，ネッキング開始までの応力-ひずみ曲線は次式を用いて真応力(σ^*)-真ひずみ(ε^*)曲線に変換される．

$$真応力：\sigma^*=\frac{F}{A_0}=\sigma(1+\varepsilon) \tag{5.6}$$

$$真ひずみ：\varepsilon^*=\ln\left(\frac{L}{L_0}\right)=\ln(1+\varepsilon) \tag{5.7}$$

ひずみが小さい場合は，公称ひずみと真ひずみ，さらに公称応力と真応力はほとんど差がないので両者を区別して用いる必要はない．

真応力-真ひずみ曲線は次の n 乗硬化式で表すことが多い．

$$\sigma^*=K(\varepsilon^*)^n \tag{5.8}$$

ここで，K を強度係数，n を加工硬化指数(work hardening exponent)または n 値という．

5.1.2 シャルピ衝撃試験と延性-脆性遷移温度

材料の靱性評価の代表的方法は，シャルピ衝撃試験による衝撃吸収エネルギーと延性-靱性遷移温度，および破壊靱性(K_{1c})(fracture toughness)である．

通常の鉄鋼材料を種々の温度で衝撃試験をすると，高温では延性破壊であるが，ある温度以下の低温になると急に脆くなり脆性破壊するようになる．シャ

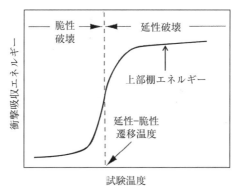

図 5.3 シャルピ衝撃吸収エネルギーと試験温度の関係．

ルピ衝撃試験(Charpy impact test)は，V形切欠き付の角状試験片を種々の温度でハンマーによって衝撃的に破壊し，そのときに費やされたエネルギーを測定する試験法である．衝撃吸収エネルギーと試験温度の関係は図5.3のようになる．延性破壊から脆性破壊に変わると吸収エネルギーが急激に減少し，その温度を，延性-脆性遷移温度($_vT_s$)(ductile-brittle transition temperature)という．室温で使用する材料の場合には，この遷移温度が室温以下でなければならない．また，延性破壊が起こるときの吸収エネルギーを上部棚(シェルフ)エネルギー(upper shelf energy)という．上部棚エネルギーは材料の延性と強度に依存する．靱化には，延性-脆性遷移温度の低下と，上部棚エネルギーの上昇，という2つの方向がある．

脆性破壊(brittle fracture)はへき開破壊(cleavage fracture)(bcc金属特有の現象)または粒界破壊(grain boundary fracture)で起こる．図5.4[1)]に脆性破壊と延性破壊の破面の走査電子顕微鏡(SEM, scanning electron microscope)組織を示す．脆性破壊の典型であるへき開破壊は，フェライトなどのようなbcc金属を低温で変形(特に高ひずみ速度で)したときに起こる破壊で，結晶粒内の{001}面に沿って起こる．破面は図5.4(a)に示すように結晶粒を単位とした

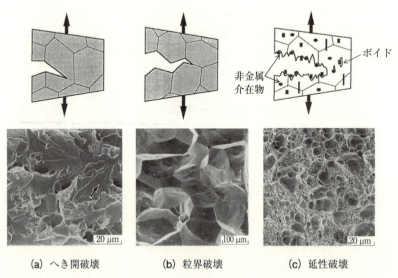

(a) へき開破壊　　　(b) 粒界破壊　　　(c) 延性破壊

図5.4　脆性破壊(へき開破壊，粒界破壊)と延性破壊の破面の走査電顕写真[1)]．

比較的平滑なへき開ファセット(cleavage facet)から成る．粒界破壊は結晶粒界に沿って割れる現象である．結晶粒界は，本来は変形や破壊の抵抗として働き粒界に沿って割れることはないが，粒界に不純物原子が偏析したり析出物が生成すると，粒内の塑性変形を伴わずに粒界が剝離分断することがある．これが粒界破壊で，図5.4(b)のような破面を呈する．延性破壊(ductile fracture)は，結晶粒内で塑性変形がかなり起こった後に，非金属介在物や析出物などの第2相を核としてボイド(void)が発生し，それらが連結することによって破断が起こる．このときの破面は図5.4(c)に示したように多数の小さなくぼみ模様で覆われ，このような破面をディンプル(dimple)破面という．くぼみの底には，通常，非金属介在物や析出物などの第2相が観察される．

5.2 強化機構

5.2.1 強化に対する2つの異なる方向

金属材料の塑性変形にはさまざまな様式があるが(後の図5.14参照)，通常おこるのは，転位によるすべり変形である．それゆえ，金属を強化するには，
(1) 欠陥の全くない結晶(完全結晶)にして，変形に寄与する転位を含まない金属をつくる．
(2) 結晶の中にできるだけ多くの不完全性(格子欠陥)を導入して転位の運動を妨げるようにする，
という全く異なる2つの方法が考えられる．

完全結晶を変形させるのに必要な応力を理想強度という．理想強度は原子同士の結合力を仮定すると，$G/10 \sim G/15$(Gは剛性率)程度になる．鉄の場合($G=81$ GPa)には，理想せん断応力を$G/15$とすると5.4 GPa程度となり，これは引張変形時の理想降伏応力になおすと10.8 GPaという大きい値になる．転位を全く含まない完全結晶の例として，蒸着やメッキ時に生成するひげ結晶(ウイスカー(whisker))がある．鉄のウイスカーは理想強度に近い強度を示すが，直径数μm，長さ数mm程度のものしかできず，そのままで使用することは現在のところ不可能である．

通常の材料は，十分に焼なました状態でも$10^{10} \sim 10^{12}/\mathrm{m}^2$程度の転位が存在し，このような転位を含んだ不完全結晶を熱処理によって転位のない完全な結

晶にすることは不可能である．そこで，逆に，結晶内にできるだけ多くの欠陥を導入して転位源の活動を抑えたり，転位の移動を抑制することによって強化するのが現実的な強化法である．

転位の運動を妨害する強化機構には，固溶強化，転位強化，粒界強化，粒子分散強化の4つがある[3,5]．実際の金属および合金が強化するときには，これら4つの強化機構が複合され，強度はそれぞれの強化機構による強化量の和になると一般に考えられている．これを強化機構の加算則という．ただし，厳密には加算則が常に成り立つとは限らないようである[4,5]．

5.2.2 固溶強化

一般に純金属は軟らかいが，合金になると硬くて強くなる．このように合金元素が固溶することにより強くなることを固溶強化(solid-solution strengthening)という．固溶強化の理由はいろいろあるが，主な理由は溶媒原子と溶質原子(合金原子)の原子半径の差により格子のゆがみが生じ，これに伴って発生する応力場が運動中の転位と相互作用を起こし，転位の運動を阻害することによる．固溶合金量が増すほど強化量は大きくなる．

溶質原子の固溶状態には，図2.6に示したように，溶媒原子と置き換わって

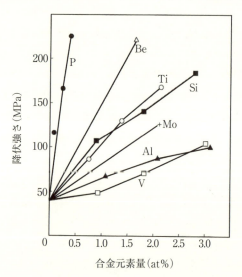

図5.5 フェライト(α)鉄の降伏強さに及ぼす置換型固溶元素の影響[6]．

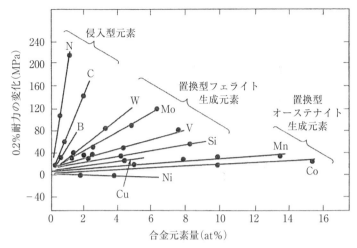

図 5.6 Cr-Ni オーステナイト系ステンレス鋼の 0.2% 耐力に及ぼす固溶元素の影響[6].

入る置換型と溶媒原子の格子の隙間の部分に入る侵入型の 2 通りがある．C や N などの侵入型原子の方が大きな格子のゆがみを生じるので，侵入型原子による強化作用は置換型原子に比べて格段に大きい．

図 5.5[6] にフェライト鉄中に種々の置換型合金元素が固溶したときの固溶強化の程度を示す．P や Si などが大きな固溶強化を示す．P は厚鋼板などでは靱性を劣化させるので嫌われるが，微量でもフェライトを大きく強化するので薄鋼板での強化に用いられることがある．フェライト中には侵入型元素である C はほとんど固溶しないので，C による固溶強化は期待できない．ただし，後述するように，マルテンサイト変態を起こさせると，フェライトに多くの C を強制的に固溶させることができ，その結果大きな固溶強化が得られる．図 5.6[6] は 18%Ni-10%Ni オーステナイト系ステンレス鋼に対する各種合金元素による固溶強化の程度を示す．オーステナイトには侵入型元素の N や C がかなり多量に固溶するので，強化に大きく寄与する．次いで置換型フェライト生成元素が強化に作用し，オーステナイト生成元素の強化作用は小さい．

5.2.3 転位強化（加工強化）

転位は応力場を伴っているので，転位同士は相互作用を起こし互いの運動を

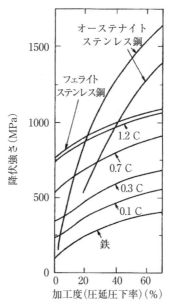

図 5.7　各種鉄鋼材料の降伏強さと圧延加工度の関係[7].

妨げあう．それゆえ，塑性加工によって高密度の転位を導入すると強化する．これを転位強化(dislocation strengthening)または加工強化(work hardening)という．加工強化した材料の降伏強さ σ_s は転位密度 ρ の関数であり，

$$\sigma_s = \sigma_0 + k\rho^{1/2} \qquad (5.9)$$

で表される．これをベイリー–ハーシュ(Bailey-Hirsch)の式という．ここに k は定数($k = \alpha G b$，G：剛性率，b：転位のバーガースベクトル)，σ_0 は転位強化以外の強化因子の総和である．この式より分かるように，転位密度が大きくなるほど変形に要する応力が大きくなる．

図 5.7[7]に種々の鉄鋼材料を室温で圧延したときの圧下率と降伏強さの関係を示す．いずれも圧延により強化しているが，特にオーステナイト系ステンレス鋼は加工硬化が大きいのが特徴である．また，加工する温度が高くなるほど，同じ加工度でも残留する転位の数が減るため，加工強化量が小さくなる．

5.2.4　粒界強化(細粒化強化)

実用金属材料のほとんどは多結晶体である．各結晶粒はそれぞれの方位が異

なるので，1つの結晶粒内をすべってきた転位は粒界を横切って隣の粒にそのまま移動していくことはできない．多結晶体の降伏が試料全体で起こるには，塑性ひずみが1つの結晶粒から隣の結晶粒へと次々に伝播する必要がある．図5.8のように，転位の移動は結晶粒界で止められ多くの転位が集積するので，粒界に応力が集中する．この応力集中が，隣の結晶内の転位源に作用してすべりを誘起するのである．このすべりによって発生する粒界での応力集中は，結晶粒が大きいほど大きくなるので，材料の降伏応力は粗大粒になるほど小さく

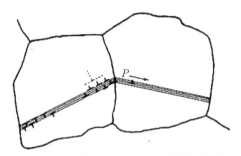

図5.8 結晶粒界でのすべりの伝播の様相．

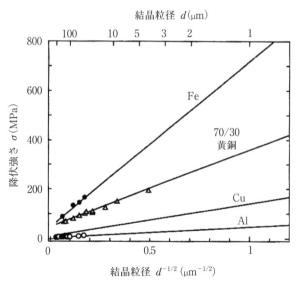

図5.9 種々の金属，合金の降伏強さと結晶粒径の関係（ホール-ペッチの関係）[8]．

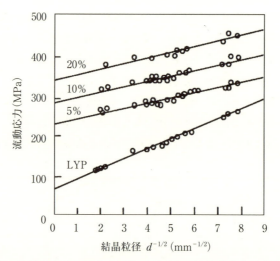

図 5.10 軟鋼の下降伏点(LYP)および各ひずみでの流動応力と結晶粒径の関係[9].

なる.

結晶粒径 d と降伏強さ σ_s との間には次の関係が成立する.

$$\sigma_s = \sigma_0 + kd^{-1/2} \qquad (5.10)$$

これはホール-ペッチ(Hall-Petch)の式と呼ばれる.ここで,σ_0 は単結晶の降伏強さ,k は定数である.**図 5.9**[8]は Fe,Cu,Al の降伏強さの結晶粒径依存性を示す.結晶粒が細かくなるほど σ_s が上昇し式(5.10)が成立しているが,金属によって k の値(直線の傾き)が異なる.これは k の値が剛性率の関数であることによる.Fe の k は Al などに比べて大きい.それゆえ,鉄鋼材料は,微細化による強化が効果的に起こる材料といえる.

なお,**図 5.10**[9]に示したように,ホール-ペッチの式は,降伏強さだけでなく流動応力(flow stress)(ある一定のひずみのときの変形応力)に対しても成立する.しかし,k の値(直線の傾き)は,降伏強さの場合に比べて流動応力の場合は小さくなる傾向がある.

5.2.5 粒子分散強化(析出強化)

過飽和固溶体を 2 相域の高温で時効処理し,合金炭化物や金属間化合物などを均一微細に析出させると,これらの析出物粒子が転位の運動の障害となって

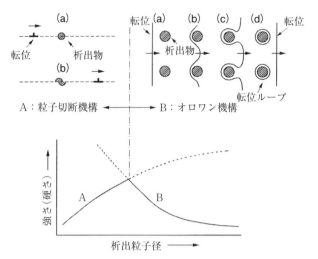

図 5.11 析出粒子の大きさと強さの関係(析出物量一定).

材料は強化する．これを粒子分散強化(particle dispersion strengthening)または析出強化(precipitation strengthening)という．移動する転位が析出粒子を通過する方法として，**図 5.11** の上部に示すように，(A)転位が析出物を切って進む方法(粒子切断機構)と，(B)析出物間を弓なりに張り出し，析出物の周りに転位ループを残して通過していく方法の2通りがある．後者をオロワン(Orowan)機構またはバイパス機構という．

析出物が非常に小さいときは粒子切断機構が働き，ある程度大きくなると転位はもはや析出粒子を切って進むことができなくなり，オロワン機構が起こるようになる．粒子切断機構の場合は，転位の運動に対する抵抗として析出粒子の周りの応力場を切る抵抗や析出粒子自体を切る抵抗などが主なものとなる．この場合，転位が粒子を切断して通り抜けるために必要な応力は，図 5.11 下図の A に示すように，析出粒子径の増大とともに大きくなる．一方，オロワン機構が働く場合の変形に必要な応力は，

$$\sigma = \frac{2Gb}{\lambda} \tag{5.11}$$

で示される．ここに，λ は粒子間距離，G は剛性率，b は転位のバーガースベクトルである．この式から分かるように，粒子間距離 λ が小さくなるほど粒

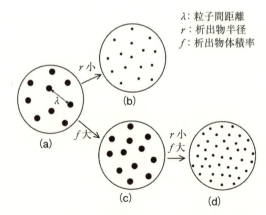

図5.12 析出物の分散状態と粒子分散強化量の関係.

子強化は大きくなる. λ は析出物の体積率 f と大きさ r の関数で, f が一定なら析出粒子径 r が大きくなるほど λ は大きくなる. それゆえ, 図5.11下図のBに示すように, 析出粒子径の増大とともに, 転位が通り抜けるのに必要な応力は小さくなる. 一般に, 時効時間が長くなったり時効温度が高くなると, 析出粒子が粗大化(オストワルド成長)するので λ が大きくなり硬さが低下していく. これを過時効(over aging)という.

図5.11に示したように, 粒子切断機構からオロワン機構に変化するときに粒子分散強化が最大になる[10]. 粒子切断機構からオロワン機構に遷移する臨界の粒子径は析出物の種類によって異なるが[11], いずれもnmのオーダーと非常に小さい. 例えば, フェライト中のTiCの場合には, 臨界粒子径は2～3nmであるという実測データが報告されている[12].

以上述べてきたように, オロワン機構が働く範囲で, 析出により大きな粒子強化を得るには, できるだけ粒子間距離 λ を小さくする必要があり, そのためには図5.12に示すように, (c)合金添加量を増やして析出物の体積率 f を大きくするか, (b)析出物の体積率が一定なら析出物半径 r を小さくせねばならない. (d)のように微細な析出物を多量に均一に分散させるのが最も効果的である.

5.2.6 各種強化機構の強化能力の比較および靭性との関係

上述のように強化機構には4つあるが, それぞれの強化能力はどの程度なの

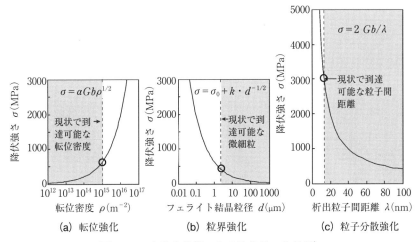

図 5.13 各強化機構による強化量の比較[13].

か，そしてこの強化能力をどの程度まで引き出しているのかを考えてみる．

固溶強化は，合金元素の固溶できる限度(固溶限)のため固溶量が制限されるので，本質的にそれほど大きな強化は望めない(ただし，後述する炭素鋼のマルテンサイトの場合は例外である)．図 5.13[13] は，固溶強化以外の(a)転位強化，(b)粒界強化，(c)粒子分散強化について，それぞれ式(5.9)〜(5.11)から導かれる強化量を比較したものである．強化量は，転位密度 ρ が大きくなるほど，フェライト粒径 d が小さくなるほど，また粒子間距離 λ が小さくなるほど，急激に強化量が大きくなる．つまり，いずれの強化機構も，本質的に大きな強化能力を有している．しかし，大切なことは，これらの強化能力を十分に使いこなしているかどうかである．これはひとえに，組織制御によってどの程度までの転位密度，結晶粒径，粒子間距離を得ることができるかにかかっている．つまり，強化は組織制御そのものなのである．

現在，実用鋼で得られている最高転位密度は $1\times10^{15}/m^2$ 程度，最も微細な結晶粒径は $5\,\mu m$ 程度である．これらの値は図 5.13(a)，(b)から分かるように，強度上昇が急激に大きくなり始めるあたりの組織状態にある．つまり，現状では，我々は，転位強化と粒界強化の本来有している能力を未だ十分に引き出していないのである．

一方，粒子分散強化(図 5.13(c))に関しては，微細析出物ならば粒子間距

表 5.1　各強化機構による最大強化量
（マルエージ鋼を対象とした場合）[14]

固溶強化	500 MPa
粒子分散強化	3000 MPa
粒界強化	600 MPa
転位強化	900 MPa

離は 15 nm 程度は比較的安易に得ることができ，大きい強化を現実として得ることができる．つまり，析出物による粒子分散強化はその強化能力を最大限に活用できる，現実的で最も有効な方法なのである．

表 5.1[14]は，バルク材で鋼の最高強度を示すマルエージ鋼（maraging steel）において，各強化機構の実際に達成し得る最高強化量を実験的に調べた結果である．粒子分散強化が最も強化量が大きく，現実的で重要な強化法であることが分かる．なお，マルエージ鋼とは C を含まず多量の Ni, Co, Mo を添加して，マルテンサイトから金属間化合物を析出させることによって強化を図った鋼で，強度-靱性バランスに優れた超強力鋼である．代表的な鋼種の組成は Fe-18%Ni-9%Co-5%Mo-0.6%Ti で，引張強さは 2.1 GPa，伸び 10% を示す[15]．

一般に，金属材料を強化すればするほど靱性が低下する．しかし，上述の 4 つの強化素機構のうち，結晶粒の微細化による粒界強化だけは，強度が上昇すると同時にシャルピ衝撃遷移温度が低温側に移行し，靱性が向上する．それゆえ，結晶粒の微細化は，優れた強度-靱性バランスを得るための最も基本的な方策である．

5.2.7　高温材料で利用できる強化機構

ここまでは，転位の運動によるすべりで塑性変形が起こる室温または低温での強度について述べてきたが，金属材料の塑性変形は，すべり以外にも様々な変形様式がある．図 5.14 は金属の変形様式と変形温度およびひずみ速度の関係を模式的に示すものである．ほとんどの場合はすべり変形が起こるが，低温高ひずみ速度では双晶変形が起こり，高温（融点（K）の約 1/2 以上の温度）低ひずみ速度の場合には粒界すべりや拡散による粘性的変形が起こるようになる．

双晶変形（twinning）は Fe のフェライトなどの bcc 金属を低温高速で変形し

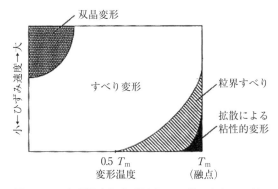

図 5.14 変形様式と変形温度,ひずみ速度の関係.

たときに起こるもので,双晶端の大きな応力集中によってへき開破壊の誘因になる.なお,オーステナイトのような fcc 金属では,bcc のような低温高速変形での双晶変形は起こらない.しかし,オーステナイトでも積層欠陥エネルギーが低い Fe-高 Mn や Fe-Cr-Ni 合金では,室温での通常の変形でも双晶変形が起こる場合がある.オーステナイトで双晶変形が起こると加工硬化が大きくなるという特徴を利用して,大きな一様伸びを得ているのが近年注目を浴びている TWIP 鋼である(第 10 章,10.3 参照).

高温変形とは,一般に,原子が拡散する温度での変形のことをいう.このような高温でも,熱間圧延のようにひずみ速度が大きい時は,普通のすべりで変形が起こる.しかし,高温での長時間使用中に小さな負荷で徐々に変形していくクリープ(creep)変形(ひずみ速度が非常に小さい)の場合には,粒界すべりが主な変形様式になる.それゆえ,耐熱鋼などの高温材料の強化法は,前述のすべりを対象にした4つの強化機構とは異なるので注意を要する.

主に粒界すべりによって変形が起こる場合のクリープ強度を上げるためには,結晶粒をできるだけ大きくして粒界面積を少なくして,粒界すべりを起こしにくくすることが必要である.それゆえ,高温材料では一般に結晶粒の微細化は好ましくない.むしろ,結晶粒界のない単結晶にするのが理想である.粒界すべりの抑制の次には,高温での転位によるすべりを起こりにくくして強化を図らねばならない.この場合,大きな転位強化も期待できない.なぜなら,冷間加工等によって転位密度を高くしておいても,高温での使用中に回復や再

結晶が起こり転位密度が低下するからである．

結局，高温材料の強化手段としては固溶強化と粒子分散強化(析出強化)が重要になる．特に粒子分散強化(析出強化)は有効である．実際，耐熱用 Ni 基超合金では種々の合金元素を多量に添加し，主として γ'-Ni_3Al を多量に析出させて強化している．ただし，析出物を高温材料の強化に利用する場合の問題点は，固溶限以上の温度になると析出物が固溶して消滅するので，析出強化が失われることである．これに対して，微細な酸化物を内部酸化や粉末冶金法によって均一に分散させて粒子分散強化を利用すると，高温でも固溶することがなく粗大化も起こりにくいので，高温強度を維持するのに適している．

5.3 マルテンサイト変態による強化

鋼のマルテンサイトは，(1)侵入型原子である C が過飽和に固溶し(固溶強化)，(2)高密度の転位が存在し(転位強化)，(3)組織が微細で(粒界強化)，(4)焼もどしにより微細な析出物が生成する(粒子分散強化)という，4つの強化機構をすべて含んだ組織である．これが，鋼のマルテンサイトが硬くて強い理由である．

焼入れ状態のマルテンサイトの硬さは C 依存性が非常に大きいのが特徴で，C 量が増すほど硬さは急激に上昇する．また，マルテンサイトを種々の温度で焼もどすと，全体的に硬さは低下し，C 依存性も小さくなっていく(図 4.21)．しかし，100~200℃の低温焼もどしでは，焼入れマルテンサイトの硬さをほぼ維持している．焼入材や低温焼もどし材の硬さの C 依存性が大きく，高 C で非常に硬い理由を考えてみる．

焼入れ状態のマルテンサイトの硬さが C 量増加によって著しく大きくなる理由は，C による固溶強化のためである．5.2.2 で述べたように，C はフェライト中にはほとんど固溶しないので，通常の拡散変態による熱処理では C によるフェライトの固溶強化はほとんど起こらない．しかし，図 5.15[16]の(c)に示したように，無拡散変態であるマルテンサイトの場合は，母相のオーステナイトで多量に固溶していた C が変態後もそのまま強制的にマルテンサイト中に固溶し，非常に大きな C 過飽和のフェライトになる．つまり，マルテンサイト変態は著しい過飽和固溶体を得る手段なのである．固溶強化能力が非常

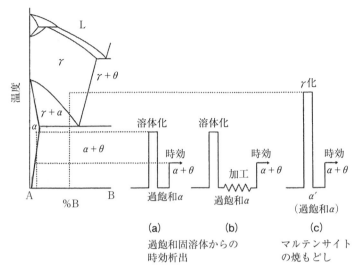

図 5.15 過飽和固溶体からの析出とマルテンサイトの焼もどしによる析出の比較[16].

に大きい侵入型元素のCが，マルテンサイト変態を経由することにより，本来溶け込むことができないフェライトに多量に固溶したため，非常に大きな固溶強化が出現したのである．これがC量増加によりマルテンサイトの硬さが著しく増加する理由である．

焼入れマルテンサイトを，200℃近傍で低温焼もどしを行うと，nmサイズの微細な鉄炭化物（ε炭化物）が多量に析出する．焼もどし第1段階では炭化物析出に伴ってマトリックスの固溶Cは約0.25%程度まで減少するので（図4.18），高炭素鋼において低温焼もどしで大きな硬度を維持するのは，主となる強化機構が炭化物による粒子分散強化（析出強化）によるためと考えられる．

粒子分散強化の場合，大きな強化を得るには，図5.12に示したように析出物の量をできるだけ多くするか，粒子径をできるだけ小さくすればよい．通常の溶体化処理後時効するAl合金などでは，溶体化温度での合金元素の固溶量に制限があるため，強化に利用できる析出物の体積率は大きくできない．そこで，少ない析出物でできるだけ大きな強化量を得るために，図5.15(b)のような析出物をできるだけ細かくする加工熱処理（時効前の過飽和固溶体の加工）が施される．これは，加工によって析出の優先核生成サイトになる転位を導入

し，均一微細な析出物を得ようとするものである．ところが，図5.15(c)のマルテンサイト変態の場合は，著しい過飽和固溶体であるのに加えて，変態によって高密度の転位が導入されているので，焼入れただけで図5.15(b)に匹敵する加工熱処理を施した状態になっている．このように，Fe-C合金のマルテンサイトは，多量の炭化物を均一微細に生成するための好ましい仕組みが自然に備わっており，強化機構の中で最も強化能力の大きい粒子分散強化を最大限に利用できる優れた変態組織なのである．これが，高Cマルテンサイトを低温で焼もどしたときに非常に高い硬度(強度)を示す理由である．

なお，鋼のマルテンサイトの強化機構に関しては複雑で未だ不明な点も多く，今でも多くの研究が行われている．マルテンサイトの強化機構に関する1990年代までの研究を知るには，文献[17, 18]の解説が参考になる．

5.4 複合強化

母相中に強い第2相を複合させることによって材料を強化することができる．これを複合強化という．このような複合強化材には，母相中に強い第2相が比較的多量に存在している2相組織鋼(例えば，フェライト＋パーライト鋼，フェライト＋マルテンサイト鋼，2相ステンレス鋼など)や，金属やプラスチックの基地中に繊維状の強化相を入れた繊維強化材または層状に入れた積層強化材などがある．

複合材の強度 σ_c は，一般に，

$$\sigma_c = \sigma_m V_m + \sigma_f V_f \quad (V_m + V_f = 1) \tag{5.12}$$

で表される．これを混合則(rule of mixture)(または複合則)という．ここに，σ は強度，V は体積分率であり，添字 c, m, f はそれぞれ複合材，基地，第2相(強化相)を意味する．

なお，種々の鉄系2相合金の降伏強さは，2相の降伏強さの比 C^* (硬質相の降伏強さ/軟質相の降伏強さ)が小さいときは式(5.12)の混合則が成り立つが，C^* が約3以上と大きい場合には混合則よりも低応力側にずれる傾向がある[19]．

5.5 延性および靱性向上の方法

5.5.1 延性の向上

　一般に，材料は強くなれば破壊に対する感受性が増し，延性や靱性が低下する．延性，靱性に富んだ材料を得るには，（1）破壊の源をできるだけなくし，（2）微視的なクラック先端の応力集中をできるだけ小さくする，ことが必要である．その具体的方法は，（1）高純度化と高清浄化，および（2）組織の微細化と第2相の均一微細分散化，である．（1）は製鋼での課題であり，（2）は本書で扱っている熱処理などによる組織制御で対応する課題である．

　不純物元素は破壊の源(起点)を増加させるので，延性や靱性を大きく劣化させる．高純度化によって非金属介在物や粒界偏析が減り，延性，靱性の向上に非常に有効である．

　延性の指標である伸びには一様伸びと局部伸びがあり，引張変形中のネッキングの発生を抑えれば一様伸びは大きくなる．試験片の一部で塑性変形が先行して断面積が減少しても加工硬化によってその部分が強化されれば塑性変形は他の弱い部分へ広がりネッキングは生じない．変形に伴う加工硬化と断面積減少の均衡によって塑性変形が安定に進行するので，加工硬化が大きいほど塑性不安定が起こりにくい．

　くびれの発生による断面積の減少量を $dA(>0)$，加工硬化によるくびれ部の変形応力(強度)の増加を $d\sigma^*(>0)$ とすると，くびれが進展するための条件は，$(\sigma^*+d\sigma^*)(A-dA) \leqq \sigma^* A$，となる．ここで，$\sigma^*$ は真応力であり，左辺はくびれ部を変形させるのに必要な力，右辺は非くびれ部を変形させるのに必要な力である．ここで $d\sigma^* dA$ は小さいとして無視すると，$dA/A = d\varepsilon^*$ (ε^* は真ひずみ)であるから，

$$\frac{d\sigma^*}{d\varepsilon^*} \leqq \sigma^* \tag{5.13}$$

となる．これが塑性不安定条件(くびれ発生条件)である．ここに，$d\sigma^*/d\varepsilon^*$ は加工硬化率(work hardening rate)と呼ばれる．引張変形中に $d\sigma^*/d\varepsilon^* = \sigma^*$ になったところで，くびれが発生することになる．

　図5.16に真応力-真ひずみ曲線と，加工硬化率-真ひずみ曲線を示す．変形

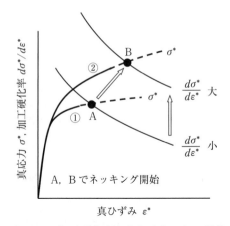

図 5.16 引張試験において，加工硬化率が大きくなると一様伸びが大きくなる説明図．真応力(σ^*)と加工硬化率($d\sigma^*/d\varepsilon^*$)が等しくなる交点 A，B でネッキングが開始する．

初期は $d\sigma^*/d\varepsilon^*$ の方が σ^* よりも大きいが，変形の進行に伴い σ^* は増加していくが $d\sigma^*/d\varepsilon^*$ は徐々に小さくなっていくので，あるひずみのところで両者が等しくなり，ここでネッキングが開始する．例えば，真応力-真ひずみ曲線①では，A 点でネッキングが開始する．曲線②のように加工硬化率($d\sigma^*/d\varepsilon^*$)が大きくなると，式(5.13)を満たすひずみが A 点から B 点へ移行し，一様伸びが大きくなる．なお，式(5.13)に式(5.8)を代入すると，

$$\varepsilon^* = n \tag{5.14}$$

となるので，n 値(式(5.8)の加工硬化指数)からも一様伸びを推定することができる．

要するに，一様伸びを大きくするには，加工硬化($d\sigma^*/d\varepsilon^*$ や n)を大きくすればよい．加工硬化を大きくする方法には，(1)積層欠陥エネルギーを小さくする，(2)フェライト組織の場合なら結晶粒径を大きくする，(3)析出物や硬質第 2 相を分散させる，(4)準安定オーステナイトの加工誘起マルテンサイト変態を利用する，(5)オーステナイトの双晶変形を利用する，などが挙げられる．(1)は変形中の交差すべりが起こりにくくなるからである．積層欠陥エネルギーはフェライトでは非常に大きいが，オーステナイトは一般に小さい．特に，オーステナイト系ステンレス鋼は積層欠陥エネルギーが小さいので図

5.7のように大きな加工硬化を示す．(3)はフェライト中に硬いマルテンサイトを分散させたDP(dual phase)鋼が典型的な例であるが，亜共析鋼の通常のフェライト＋パーライト組織でもパーライトの分率が増すほど加工硬化が大きくなる．(4)はTRIP鋼に，(5)はTWIP鋼にそれぞれ適用されており，いずれも大きな一様伸びが得られている．

局部伸びは，ネッキング開始から破断にいたるまでの伸びである．くびれ部では3軸応力状態になり，変形が進行すると図5.4(c)に示したようなボイドの発生が起こり，それらが成長，合体して破断する．この場合，非金属介在物がボイドの起点となる．これは介在物と基地とのなじみが悪く，変形中にその界面で剥離が起こるためである．局部伸びやしぼりは，介在物の体積率にほぼ逆比例して減少する．また，硬質第2相(例えばフェライト中のマルテンサイト)や大きな硬い析出物があれば，局部的に変形が不均一になり，それらの界面などでボイドが発生しやすくなる．それゆえ，局部伸びやしぼりの向上には，介在物を減らす(高清浄化)，母相と第2相の強度差を小さくする，大きな第2相をさけて単相組織にする，析出物は均一微細に分散さす，などが有効である．

5.5.2 靱性の向上

図5.3に示したように，フェライトなどのbcc金属では，変形温度が低くなると，延性破壊から脆性破壊へ変わる．延性から脆性への遷移の理由を説明したのが**図5.17**である．bcc金属では降伏強さの温度依存性が大きいのが特徴で，低温になると急激に降伏強度が大きくなる．一方，脆性破壊応力(へき開破壊応力または粒界破壊応力)は温度依存性がほとんどない．両者の交わる点Aの温度が遷移温度 $_vT_s$ で，これ以下の温度で応力をかけると材料が塑性変形する前に破壊する(脆性破壊)．固溶強化，粒子分散強化，多軸応力負荷や切欠きのような塑性変形の拘束，または高速負荷によって降伏強さ σ_s が上昇すると，点Aが高温側に移行，つまり遷移温度が上昇して脆性破壊が起こりやすくなる．また，結晶粒が粗大になったり不純物元素の粒界偏析が起こると，脆性破壊応力 σ_B が低下し，点Aが高温側に移行して遷移温度が上昇する．それゆえ，結晶粒の微細化と不純物の低減が遷移温度を下げる有効な手段である．なお，結晶粒が微細になると，脆性破壊応力も降伏強さも同時に上昇

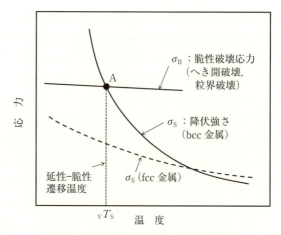

図 5.17 延性-脆性遷移温度の説明図.

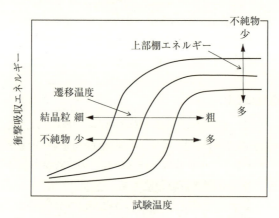

図 5.18 延性-脆性遷移温度および上部棚エネルギーに影響を与える因子.

するが,その粒径依存性が脆性破壊応力の方が大きいので,結晶粒微細化によって点 A(遷移温度)が低温側に移行するのである.なお,オーステナイトやアルミニウム合金のような fcc 金属では,一般に低温脆性は起こらない.それは,図 5.17 の点線で示したように fcc 金属の降伏強さの温度依存性が小さいので,低温になっても脆性破壊応力に達しないためである.ただし,粒界偏析などにより粒界破壊強度が著しく小さくなると,fcc 金属でも低温で脆性破

壊(粒界破壊)が起こるようになる.

図5.18に,シャルピ衝撃吸収エネルギー曲線に及ぼす諸因子の影響をまとめる.延性-脆性遷移温度は,結晶粒の微細化および不純物元素の低減により低温に移行する.また,延性破壊の上部棚エネルギーは,引張試験の局部延性と同様に非金属介在物の低減により上昇する.

なお,一般的には合金元素の添加によりフェライトやマルテンサイトの延性-脆性遷移温度は上昇するが,例外的にNiは遷移温度を低下させ低温靱性を改善することがよく知られている.Ni添加に伴う遷移温度の低下は,Ni添加による低温での固溶軟化,つまり転位易動度の上昇によると考えられている[20].

5.5.3 超高強度化を阻害する壁の打破

過去に鉄鋼材料の極限強度を最も精力的に追求したのは河部らの研究グループであろう[15,21].彼らは[14,22],実用鋼で最も強靱なマルエージ鋼を対象に特殊な加工熱処理を施して実験室的に最高強度4.4 GPaを得ているが,通常は3 GPa程度で強度が頭打ちになり,それ以上の強化はきわめて困難であることを示した.析出強化を最大限に利用したマルエージ鋼では,表5.1に示した各強化機構による強化量の総和は5 GPaに達するのに,なぜ3 GPa程度で強度が頭打ちになるのであろうか.これは,種々の強化機構を駆使して強度上昇を試みても,図5.19[22]に示すように,高強度になると材料が降伏する前にしば

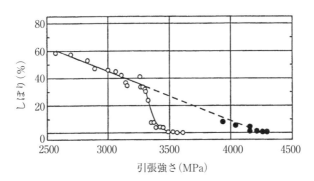

図5.19 マルエージ鋼における強度-延性バランスの最高値[22].○:溶体化時効処理材,●:加工熱処理 + 時効処理材

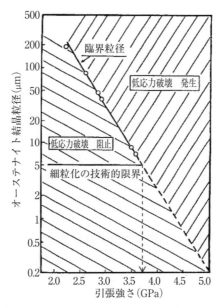

図 5.20 低応力破壊が発生する臨界オーステナイト粒径と引張強さの関係（マルエージ鋼）[14].

りを示さない低応力破壊が起こるようになり，強度上昇が制限を受けるためである．図 5.17 でいうと，σ_s が非常に大きくなり，$_vT_s$ が室温以上になったのに対応する．この壁を破る方法は，マルテンサイト変態前の母相オーステナイトの微細化にあることが河部[14,22]によって指摘されている．つまり，低応力破壊の開始は結晶粒径に大きく依存し，マルエージ鋼では図 5.20[14]に示すようにオーステナイト粒径が 5 μm 程度（現実に得られる最も細かい粒径）なら実際に得られる最高強度は 3.5 GPa 程度であり，たとえそれ以上強化（硬化）されても引張試験すれば塑性変形する前に脆性破壊を起こして強度が出ない．これが実用マルエージ鋼の最高強度が 3 GPa あたりで停まっている理由である．しかし，図 5.20 は，オーステナイト粒径を 2 μm 程度にできれば引張強さ 4 GPa が得られ，もし 0.5 μm の超微細オーステナイト粒が得られれば 4.5 GPa が達成されることを示唆している．マルテンサイト鋼において，析出強化を最大限に活用できるかどうかは，母相オーステナイト粒の微細化にある．

5.6 各種変態組織の強度と靱性を支配する因子

5.6.1 フェライト

フェライト組織においては結晶粒が変形や破壊の抵抗になり，個々のフェライト結晶粒がへき開破壊の破面単位になる．フェライト粒径(d)と降伏強さ(σ_s)およびシャルピ衝撃遷移温度($_vT_s$)は，共にホール-ペッチ型の関係が成り立ち，粒径が小さくなるほど強度が上昇し，遷移温度が低下する．

フェライトの細粒化によって降伏強さや遷移温度がどの程度変化するか，具体的な値を表5.2[23]に示す．通常の熱間圧延では組織は粗く，細かくても高々20 μm程度である．これを焼ならしすると10 μm程度のフェライト粒になる．また，後述するように，制御圧延・加速冷却により5 μm程度の微細なフェライトが得られる．フェライト粒が20 μmから10 μm，5 μmと細かくなるにつれて，降伏強さはそれぞれ約60 MPa，約140 MPa上昇し，遷移温度は約34℃，約80℃低下する．5 μmまで微細化しても強度上昇はそれほど大きくないが，元来，粗大フェライト粒は300〜400 MPaと強度が低いので，この程度の強度上昇でも重要な強化法になる．もしも，1 μmの超微細フェライト粒が得られれば，降伏強さは500 MPaも上昇し現在の2倍程度の強度になり，しかも極低温になっても脆性破壊が起こらなくなることが期待される．このことは，第9章，9.2.2で述べるように，実験室的には確かめられている．

フェライトの強化には粒界強化(細粒強化)以外の強化機構も利用されている．例えば，粒子分散強化(析出強化)としては，微量のVを添加し微細な合

表5.2 フェライト粒微細化に伴う降伏強さおよび延性-脆性遷移温度の変化[23]．

降伏強さ：$\sigma_y = \sigma_0 + k_y \cdot d^{-1/2}$ ($k_y = 20$ MPa/mm$^{3/2}$)
遷移温度：$_vT_s(℃) = -19 + 44(\%Si) + 700(\%N_{free}) + 0.26(\sigma_{ph} + \sigma_{wh} + \Delta) - 11.5(d^{-1/2})$

	$d=20$ μmとの差	
d(μm)	σ_y(MPa)	$_vT_s$(℃)
10	+ 59	−33.7
5	+141	−80.9
1	+489	−282.1

130　第5章　鉄鋼の強化機構と各種変態組織の強靱化法

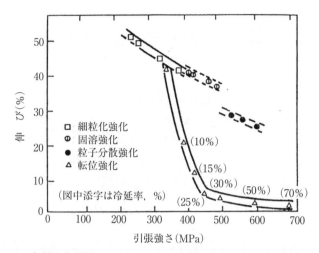

図 5.21　各種強化機構とフェライトの強度-延性バランス(冷延鋼板)[24].

金炭化物(V_4C_3)を析出させて強化を図る場合が多い．図 5.21[24]は冷延鋼板(フェライト組織)を種々な強化機構によって強化した場合の強度-延性バランスをまとめたものである．転位強化(加工強化)は比較的容易で効果的な強化手段であるが，延性の低下が著しい．なお，この図のデータは古いもので，最近では，析出強化を最大限に利用したものとして 3 nm 程度の微細な複合炭化物(($Ti, Mo)C$)を相界面析出させて，引張強さ 800 MPa，伸び 20% を示すフェライト単相の熱延鋼板が開発されている[25]．

5.6.2　フェライト + パーライト

図 5.22[26])に，C 量の異なる炭素鋼の焼ならし材(オーステナイトから徐冷)の伸び，引張強さ，硬さを示す．亜共析鋼のフェライト + パーライト組織の引張強さは，C 量とともにほぼ直線的に増加する．これは，図 5.22 の下部に示したように，C 量増加に伴ってパーライトの体積率が直線的に増加するためであり，フェライト + パーライト組織の引張強さは式(5.12)で示した混合則が成立している典型的な例である．伸びはパーライト量の増加に伴いほぼ直線的に大きく低下する．

図 5.23[1])はフェライト + パーライト組織の衝撃値に及ぼす C 量の影響を示

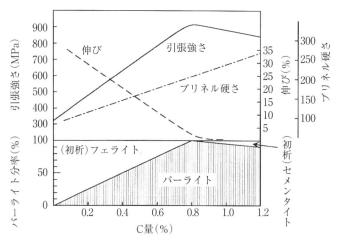

図 5.22 炭素鋼の焼ならし組織(標準組織)と機械的性質に及ぼす C 量の影響[26].

す．C 量が増しパーライト分率が増していくと，延性-脆性遷移温度が高温側に移行するとともに，上部棚エネルギーが大きく低下する．このように，フェライト + パーライト組織では，C 量を増して強いパーライトの量を増すことにより，容易に強度を上げることはできるが，延性や靱性の低下が大きいのが特徴である．

なお，フェライト + パーライト組織の例として，第3章の図3.5(a)，(b)で標準組織を示した．この組織は，オーステナイトの高温域で長時間保持する均質化処理(homogenizing treatment)を施した試料を用いて得られたものであり，フェライトとパーライトは均一に分布している．しかし，熱間圧延材などでは，しばしば**図 5.24**(a)[27]のように，フェライトとパーライトが一方向に伸びて層状に分布した組織を示す．このような組織をフェライトバンド(ferrite band)組織という．フェライトバンドが生成する理由は以下の通りである．連続鋳造で凝固の際に生じた不純物元素や合金元素のミクロ偏析が熱間圧延や鍛造により一方向に延ばされる．このような縞状偏析帯が存在する圧延材をオーステナイト域から徐冷すると，**図 5.25**[27]に示したように，A_3 点を上げるフェライト生成元素(例えば P)の偏析帯の部分に最初にフェライトが帯状に形成され，P が偏析していない部分，または Mn のように A_3 点を下げる元素(オーステナイト生成元素)が偏析している領域に C が集まって濃縮し，

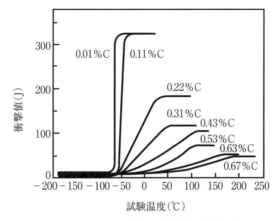

図 5.23　フェライト＋パーライト組織の衝撃遷移温度に及ぼす C 量の影響[1].

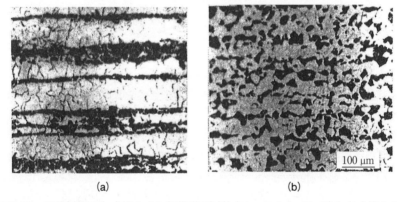

図 5.24　亜共析鋼の(a)焼なまし組織(炉冷材)(フェライトバンド)と(b)焼ならし組織(空冷材)の光顕写真[27]．黒い領域：パーライト，白い領域：フェライト．

最終的に(c)のようにこの領域にパーライトの帯が形成される．このようなフェライトバンドの生成は，均質化処理を施すと解消されるが，冷却速度を大きくすることによっても軽減できる．図 5.24(a)は徐冷したときの組織であるが，このような鋼でも，オーステナイト域から空冷程度もしくはそれ以上の速度で冷却すると，偏析帯からの C の排除が十分に行われず，図 5.24(b)のようにフェライトとパーライトが比較的均一に分布した組織になる．

5.6 各種変態組織の強度と靱性を支配する因子   133

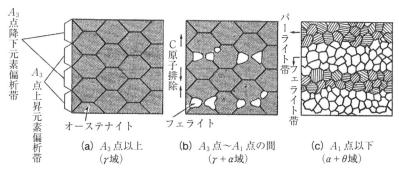

図 5.25 亜共析鋼のフェライトバンドの形成の説明図[27].

5.6.3 パーライト

　オーステナイトからの共析変態により生じるパーライトは，図 1.8 に示したようにフェライトとセメンタイトの層状組織(ラメラ組織)である．このパーライトの光学顕微鏡組織は図 5.26[28] に示すような，特徴的な領域から構成されている．元のオーステナイト粒からいくつかのブロック(block)が生成し，さらにブロック内にはいくつかのコロニー(colony)がある．ブロックはフェライトの結晶方位が同じ領域(変態途中のノジュール(nodule)(図 6.31 参照)に対応する)である．ブロック内のコロニーはフェライトの結晶方位が同じで，しかもセメンタイトのラメラの配向が同じ領域である．パーライトの機械的性質を支配する組織因子としては，ラメラ間隔以外に，ブロックが重要である．

　パーライトの強度を決める最も大きな因子はラメラ(lamellar)間隔(通常 0.1〜0.3 μm 程度)であり，ラメラ間隔が小さくなるほど強度が大きくなる．図 5.27[29] は共析鋼のパーライトの 0.2% 耐力とラメラ間隔の関係を示しており，0.2% 耐力はラメラ間隔の $-1/2$ 乗に比例している．合金元素の添加によっても，パーライトの強度が上昇する．その効果を図 5.28[30] にまとめて示す．C 量が増すとセメンタイト量が増し，Cr 添加によりラメラ間隔が小さくなり，Si 添加によりフェライトが固溶強化し，V 添加によりフェライト中に VC が析出し，いずれも強度が上昇する．

　一方，パーライト組織の延性や靱性を支配する最も重要な組織因子はブロッ

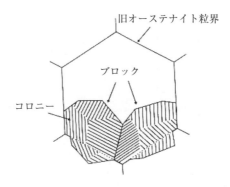

図 5.26 パーライトの光顕組織の組織構成[28].

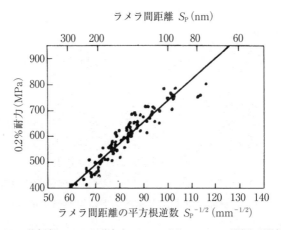

図 5.27 共析鋼の 0.2% 耐力とパーライトのラメラ間隔の関係[29].

クであり，ブロックが微細になるほど，延性，靱性が向上する．一例として，図 5.29[28] にしぼりとパーライトブロックの大きさの関係を示す．しぼりはブロックサイズの $-1/2$ 乗に比例して大きくなっている．なお，ラメラ間隔やパーライトブロックの微細化法に関しては，第 6 章，6.5 で述べる．

パーライト組織は，硬鋼線，ピアノ線の基地組織としても重要であり，これらは冷間加工 (強伸線) して強化した線材である．オーステナイト化の後，約 550℃ に保った鉛浴で等温変態させて微細パーライト組織を得る．この処理を鉛パテンティング (patenting) という (鉛浴の代わりに塩浴 (ソルトバス) を用い

5.6 各種変態組織の強度と靱性を支配する因子　135

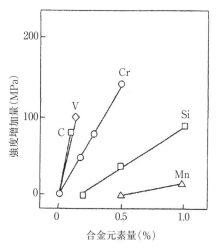

図 5.28 パーライトの強度の上昇に対するCおよび合金元素の影響[30].

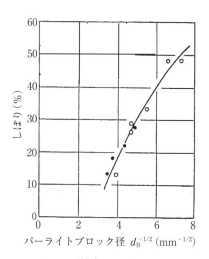

図 5.29 パーライトの延性(しぼり)とブロック径の関係[28].

たり，送風冷却したり熱湯を用いる場合もある)．次いで，80〜98%の強い冷間伸線加工を行う．これによってパーライト中のセメンタイトは全体に引抜方向に繊維状に並び，大きく強化する．図5.30[31]に共析パーライト鋼とフェラ

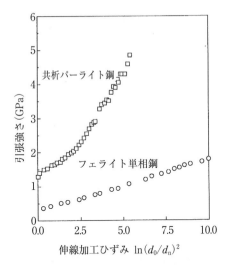

図 5.30 共析パーライト鋼およびフェライト単相鋼の伸線加工率と引張強さの関係[31].

イト単相鋼の伸線加工率(真ひずみ)と引張強さの関係を示す．パーライトはフェライトに比べて強化が大きく，特に強加工になると強度上昇が著しく大きくなるのが特徴である．このように微細パーライトを出発材として強伸線加工を施すことにより，細線ではあるが，ピアノ線で約 3 GPa，スチールコードで約 5.7 GPa という，鉄鋼材料で最高強度が得られている(図 1.5)．

5.6.4 ベイナイト

ベイナイトの強さは，変態温度と C 量によって変化する．図 5.31[29, 32]は低 C 低合金鋼(0.25%C)の連続冷却により生成したベイナイトの引張強さと 50% 変態温度の関係を他の変態組織(フェライト + パーライトやマルテンサイト)と比較して示したものである．ここで，50% 変態温度とは，連続冷却時に変態量が 50% になるときの温度である．ベイナイトの引張強さは，変態温度の低下に伴いほぼ直線的に上昇している．図 5.32[33]は，低 C 鋼において種々の温度での等温変態により生成したベイナイトの引張強さと伸びに及ぼす C 量(0.06～0.2%)の影響を示す．引張強さは C 量増加に伴い直線的に上昇し，変態温度が低いほど高強度になる．伸びは C 量の増加，変態温度の低下とともに

5.6 各種変態組織の強度と靱性を支配する因子

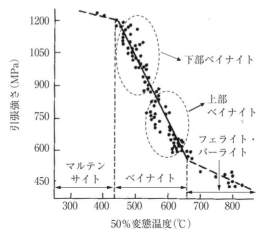

図 5.31 ベイナイト鋼（C量 0.25%）の引張強さに及ぼす 50% 変態温度の影響 [29, 32]

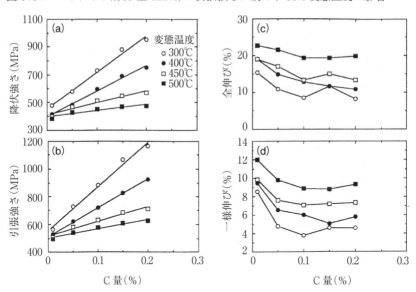

図 5.32 低炭素鋼ベイナイトの降伏強さ，引張強さと伸びに及ぼすC量と変態温度の影響 [33].

小さくなっている．

なお，図 5.31 では高温で生成するフェライト＋パーライトはベイナイトよりも強度が低くなっているが，これはフェライトが多い低 C 鋼のためである．

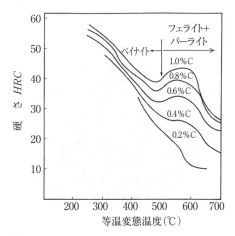

図 5.33 種々の炭素鋼のベイナイトおよびフェライト + パーライト組織の硬さに及ぼす C 量および変態温度の影響[34].

C 量が増してパーライトの分率が多い場合には，変態温度が低いと微細パーライトになり強くなるので，ベイナイトよりも強度が大きくなる．その様相を示すのが**図 5.33**[34]であり，ベイナイトおよびそれより高温で生成するフェライト + パーライトの硬さに及ぼす変態温度と C 量の影響を示してある．これより，ベイナイトは常にパーライトよりも強い (硬い) とは限らないことが分かる．

ベイナイト組織の引張強さは通常，高くても 1.5 GPa 程度であるが，最近，高 C 鋼 (例えば，Fe-0.8%C-1.6%Si-1.9%Mn-1.3%Cr-0.3%Mo-0.1%V) を非常に低温 (125℃ 近傍) で長時間保持することにより，引張強さ 2.5 GPa，伸び 10% 程度という，ベイナイトでは今まで得られていなかった高強度のベイナイト鋼が開発されている[35].

ベイナイトは変態温度が低下すると，約 550℃ を境にして上部ベイナイトから下部ベイナイトに変化するが，図 5.31 に示したように，強度はベイナイトの種類の遷移に関係なくほぼ直線的に上昇する．しかし，**図 5.34**[29, 36]に示すように，シャルピ衝撃遷移温度は低炭素鋼での上部ベイナイトと下部ベイナイトで大きく異なるのが特徴である．低温で生成する下部ベイナイトは，強度が高いにもかかわらず遷移温度が低く，上部ベイナイトに比べて優れた強度-靱

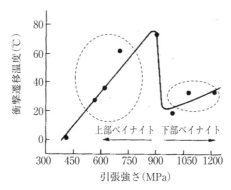

図5.34 ベイナイト鋼(C量 0.25%)の衝撃遷移温度と引張強さの関係[29,36].

性バランスを有している．なお，ここでのベイナイトの上部，下部の呼び名は，第3章，図3.14に示した共析鋼の場合とは異なっているので注意してほしい．上部と下部のベイナイトの呼び名が混乱していることについては，第7章，7.4.1で詳しく述べる．

なお，ベイナイトの靱性を支配する組織因子はラスマルテンサイトと同じであるので，次のマルテンサイトのところで併せて述べる．

5.6.5 マルテンサイト

マルテンサイトの硬さや強さはC量と焼もどし温度によって決まり，C量が多いほど，または焼もどし温度が低いほど，マルテンサイトは強くて硬い．**図5.35**[27,37)]に炭素鋼および合金鋼の焼入れマルテンサイトの硬さを示すが，硬さはC量によって一義的に決まり合金元素の影響はほとんどない．焼入用鋼に合金元素を添加する主な理由は，焼入性を大きくするためである．

焼入れマルテンサイトの硬さはC量依存性が非常に大きく，高C鋼では非常に硬くて脆いが，低C鋼ではそれほど硬くなく延性もある．**図5.36**[38)]はC量が0.05〜0.3%の焼入れマルテンサイトの0.2%耐力，引張強さ，および伸びを示す．強度はC量が増すほど大きく上昇しているが，伸びはほとんど変わらないのが特徴的である．**図5.37**[39)]は0.2〜0.5%Cの機械構造用鋼(Cr-Mo鋼(41xx)，Ni-Cr-Mo鋼(43xx))を150℃で焼もどしたときの，強度および延性を示す．C量が増すほど強度が大きくなり，延性は低下している．ただし，一

140   第5章　鉄鋼の強化機構と各種変態組織の強靱化法

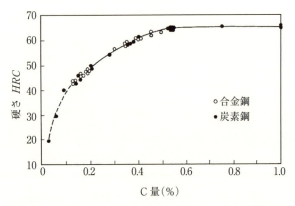

図 5.35　マルテンサイトの硬さに及ぼすC量の影響[27,37]

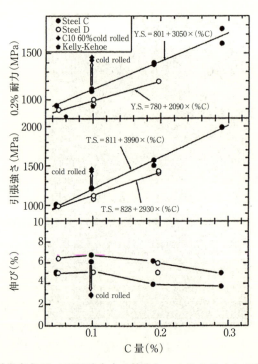

図 5.36　低炭素(0.05～0.3%C)合金の焼入れマルテンサイトの引張性質[38].

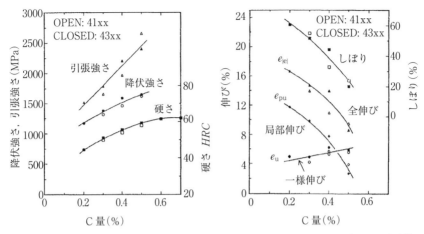

図 5.37 機械構造用鋼の低温焼もどし(150℃)マルテンサイトの強度および延性に及ぼす C 量の影響. Cr-Mo 鋼(41xx 系), Ni-Cr-Mo 鋼(43xx 系)[39].

様伸びは C 量が増すほど大きくなっているが,これは C 量が増すほど加工硬化が大きくなるためである.

鋼のマルテンサイトには種々の形態のものがあるが,大半の実用熱処理用鋼に現れるマルテンサイトはラス(lath)状を呈する.ラスマルテンサイトは極めて細かい(幅が 0.1〜0.2 μm 程度)組織であるが,個々のラス晶がフェライト組織のような1つの結晶粒としての作用を持たない.それは,ラスマルテンサイトはほとんど同じ結晶方位(同じバリアント(variant))のものが多数隣接して生成する傾向があり,これらのラスが合体した境界は小角粒界になるからである.

光学顕微鏡では,個々のラスは細かいのでその1つ1つを識別することはできないが,特定の配列をして生成するために,図 5.38(a)のように平行な白黒のコントラストを示す特徴的な組織(パケットやブロック)が観察される.この組織に対応する低炭素鋼のラスマルテンサイトの組織構成を模式的に示したのが図 5.38(b)である.パケットやブロックの本性については,第7章,7.5.2 で説明する.ラスマルテンサイト組織の靱性を支配する基本的組織単位は,同じ結晶方位のラスの集団から成るブロックである.これがフェライト組織における結晶粒に対応する組織単位(有効結晶粒)であり,ブロックが微細に

142　第5章　鉄鋼の強化機構と各種変態組織の強靱化法

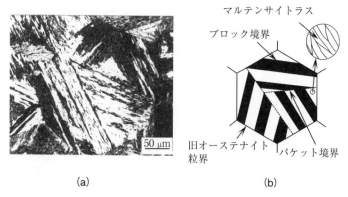

図5.38　Fe-0.2%C ラスマルテンサイトの(a)光顕組織と(b)組織構成の模式図[40].

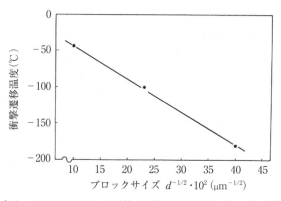

図5.39　焼もどしマルテンサイトの延性-脆性遷移温度とブロックサイズの関係[41].
Fe-0.12%C-0.5%Mn-0.2%Si-1.0%Cr-0.4%Mo, 600℃, 1h 焼もどし.

なるほどシャルピ遷移温度が低温に移行し, 靱性が向上する. 一例として, 図5.39[41]に低炭素鋼の高温焼もどし(600℃, 1h)マルテンサイトの結果を示す. ブロック径の $-1/2$ 乗と遷移温度に直線関係が見られる. なお, ブロックの大きさは, パケットやオーステナイトの大きさと関係があるので, 遷移温度をパケットや旧オーステナイト粒径で整理しても, 通常, 図5.39のような関係が見られる. なお, ベイナイトの組織も, 図5.38に示したラスマルテンサイト

5.6 各種変態組織の強度と靭性を支配する因子

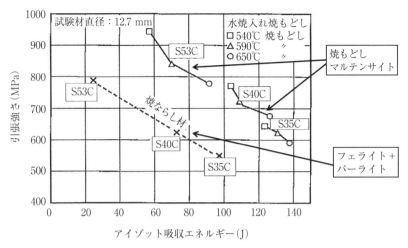

図5.40 機械構造用炭素鋼の焼ならし材(フェライト + パーライト)と焼入れ焼もどし材(焼もどしマルテンサイト)の強度-靭性バランスの比較[42].

と同じようにパケットやブロックがあり,これらが靭性を支配する基本的組織単位になる.

通常,炭素鋼のマルテンサイトは焼もどして使用されるが,第4章,図4.21で示したように,550～650℃の高温で焼もどすと大きく軟化し,同じC量の空冷材(フェライト + パーライト組織)とほぼ同じレベルの硬さ(強度)になる.同じ程度の強度レベルになるのに,焼ならし処理ではなく焼入れ焼もどし処理を施すのは,マルテンサイトの方が靭性に優れているからである.フェライト + パーライト組織で強度を上げるためにC量を増加すると,急激に靭性が悪くなることは図5.23で述べた.**図5.40**[42]は中・高炭素鋼の焼入れ焼もどし材(焼もどしマルテンサイト)と空冷した焼ならし材(フェライト + パーライト)の強度-靭性バランスを比較したものである.同じ強度レベルで比較すると,焼もどしマルテンサイトの方が格段に靭性に優れていることが分かる.マルテンサイトの靭性が優れているのは,組織が微細(ブロックが微細)で析出物(セメンタイト)が均一に分散しているからである.

以上,本節では各種変態組織の機械的性質を支配する因子について述べてきたが,各単相組織鋼の降伏強さや伸びなどの機械的性質を推定するために,多

くの実測値データを重回帰分析して求めた回帰式がこれまでに多く提案されている．それらの主な回帰式は文献[43]に，また，日本鉄鋼協会の共通試験で得られた各単相組織や種々の複相組織の回帰式は文献[44]にまとめられており，参考になる．

文　献

1) 日本材料学会編：「改訂機械材料学」，日本材料学会(2000)．
2) 友田陽：ふぇらむ，**4**(1999), 536．
3) 高木節雄：ふぇらむ，**13**(2008), 304．
4) 高木節雄：西山記念技術講座(第198回)，日本鉄鋼協会(2009), p.75．
5) 加藤雅治：西山記念技術講座(第199回)，日本鉄鋼協会(2009), p.39．
6) F. B. Pickering, 藤田利夫ほか訳：「鉄鋼材料の設計と理論」，丸善(1981)．
7) ステンレス協会編：「ステンレス鋼便覧(第3版)」，日刊工業新聞社(1995)．
8) 辻伸泰：鉄と鋼，**88**(2002), 359．
9) R. Armstrong, I. Codd, R. M. Douthwaite and N. J. Petch : Phil. Mag., **7**(1962), 90．
10) 木村宏編：「材料強度の原子論」(講座・現代の金属学　材料編3)，日本金属学会(1985)．
11) 高木節雄：「鉄鋼の析出制御メタラジー最前線」，析出制御メタラジー研究会報告書，日本鉄鋼協会(2001), p.69．
12) Y. Kobayashi, J. Takahashi and K. Kawakami : Scripta Mater., **76**(2012), 854．
13) 牧正志：ふぇらむ，**3**(1998), 781．
14) 河部義邦：鉄と鋼，**68**(1982), 2595．
15) 河部義邦：日本金属学会会報，**14**(1975), 767．
16) 牧正志：ふぇらむ，**13**(2008), 544．
17) 津崎兼彰：「鉄鋼の高強度化の最前線」鉄鋼の高強度化研究会報告書，日本鉄鋼協会(1995), p.77．
18) G. Krauss : Mater. Sci. Eng., **A272-275**(1999), 40．
19) 友田陽，田村今男：鉄と鋼，**67**(1981), 439．
20) 前野圭輝，田中将巳，吉村信幸，白幡浩幸，潮田浩作，東田賢二：鉄と鋼，**98**(2012), 667．
21) 河部義邦ほか：金属材料技術研究所研究報告書5(1984), p.42．
22) 河部義邦：ふぇらむ，**4**(1999), 662．

23) F. B. Pickering : Proc. of Int. Sympo. on Toward Improved Ductility and Toughness, Climax Molybdenum Co., Kyoto (1971), p. 9.
24) 武智弘：日本金属学会会報, **23**(1984), 896.
25) Y. Funakawa, T. Shiozaki, K. Tomita, T. Yamamoto and E. Maeda : ISIJ Int., **44** (2004), 1945.
26) 杉本孝一ほか：「材料組織学」, 朝倉書店(1991).
27) 須藤一編：「鉄鋼材料」(講座・現代の金属学　材料編4), 日本金属学会(1985).
28) 高橋稔彦, 南雲道彦, 浅野厳之：日本金属学会誌, **42**(1978), 70.
29) W. C. Leslie；幸田成康監訳：「レスリー鉄鋼材料学」, 丸善(1985), p. 175.
30) 高橋稔彦：ふぇらむ, **6**(2001), 942.
31) 田代均：まてりあ, **35**(1996), 1177.
32) K. J. Irvine and F. B. Pickering : J. Iron Steel Inst., **187**(1957), 292.
33) 塩谷和彦, 斉藤良行：「変形特性の予測と制御部会」報告書, 日本鉄鋼協会(1994), p. 282.
34) 邦武立郎：「鋼の冷却変態と熱処理」, 住金テクノロジー(2001), p. 64.
35) F. G. Caballero, H. K. D. H. Bhadeshia, K. J. A. Mawella and D. G. Jones : Mater. Sci. Tech., **18**(2002), 279.
36) K. J. Irvine and F. B. Pickering : J. Iron Steel Inst., **201**(1963), 518.
37) J. I. Burns, T. L. Moore and R. S. Archer : Trans. ASM, **26**(1938), 1.
38) 友田陽, 青山誠, 竹中正鋭, 倉富英昭, 谷本一郎：日本機械学会論文集(A編), **62**(1996), 1605.
39) G. Krauss : ISIJ Int., **35**(1995), 349.
40) 森戸茂一, 牧正志：まてりあ, **40**(2001), 629.
41) T. Inoue, S. Matsuda, Y. Okamura and K. Aoki : Trans. JIM, **11**(1970), 36.
42) 田中良平：熱処理, **50**(2010), 286.
43) 梅本実：鉄と鋼, **81**(1995), 157.
44) 吉永日出男編：「変形特性の予測と制御部会」報告書, 日本鉄鋼協会(1994).

第6章
相変態および再結晶による結晶粒微細化

6.1 結晶粒微細化の方法

　結晶粒が小さくなるほど室温での強度が上昇し，しかも同時に靱性が向上するので，構造用材料では結晶粒微細化は最も重要な組織制御である．種々のプロセスで得られている結晶粒のおおよその大きさを図6.1に示す．通常の鉄鋼材料の実用プロセスで得られる結晶粒は10〜100 μmの大きさであり，最も細かい結晶粒は加工熱処理(TMCP)による5 μm程度(フェライト組織)である．一方，超微粒子の焼結やメカニカルミリングなどの特殊なプロセスにより，ナノサイズの超微細粒が得られるが，形状に制限があるため大型構造材料の作製は難しい．近年，加工熱処理の限界に挑戦して1 μm程度，また超強加工法を駆使して0.1 μm程度の超微細粒組織を得る新しい試みが盛んになっている．本章では，熱処理や加工熱処理による結晶粒微細化の原理について述べ，その応用例として代表的な加工熱処理である制御圧延・加速冷却

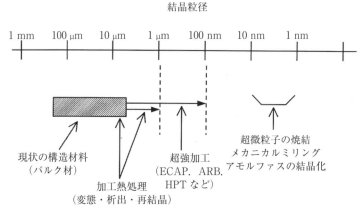

図6.1　種々の方法により得られる結晶粒の大きさ．

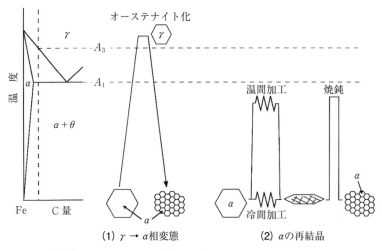

図 6.2 低炭素鋼において熱処理により微細なフェライトを得る 2 つの方法.

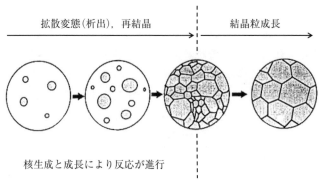

図 6.3 相変態,再結晶における核生成・成長による反応の進行,およびその後の結晶粒成長.

(TMCP)を取り上げ,組織制御の原理がどのように利用されているかを示す.1 μm またはそれ以下の超微細粒創製に関しては,第 9 章および第 11 章で述べる.

熱処理によって結晶粒を細かくする方法には,相変態を利用する方法と再結晶を利用する 2 つの方法がある.例えば,低炭素鋼のフェライトを微細にする

には，図6.2のように，(1)一度オーステナイト域に加熱した後，適当な条件で冷却して変態を利用する方法と，(2)冷間または温間で加工した後 A_1 点以下の温度で焼なまし(焼鈍)(annealing)て再結晶を利用する方法がある．

このような拡散変態や再結晶は，図6.3に示したように新相の核生成とその後の成長によって反応が進行していき，反応完了後さらに高温で保持すると結晶粒成長が起こる．それゆえ，微細な結晶粒を得るには，反応完了直後の組織をできるだけ細かくする方策を施し，さらに，その後の結晶粒成長を抑制する仕組みを講じる必要がある．

6.2 熱処理，加工熱処理による結晶粒微細化の原理

6.2.1 相変態，再結晶，結晶粒成長の駆動力

固相反応が起こるには駆動力(driving force)が必要である．駆動力の源は，相変態や析出の場合は母相と新相の化学自由エネルギー差，再結晶の場合は加工により導入された蓄積エネルギー，結晶粒成長は粒界エネルギーである．

相変態や析出の場合，新相の核生成の駆動力は図4.9で説明したように冷却時に状態図の変態点を切った温度(図4.9の組成 x_0 の合金なら温度 T_2)から発生し，その大きさは過冷度 ΔT(状態図で示されている変態温度と実際に変態が起こった温度の差)の関数である．図4.9(b)の RS で示したように，温度が低くなり過冷度が大きくなるほど核生成の駆動力が大きくなる．例えば，Fe-0.2%C 合金での初析フェライト変態の核生成の駆動力は，ΔT が 20℃のときには 30 J/mol，$\Delta T = 100$℃では 250 J/mol 程度になる．

再結晶の駆動力は，加工に要したエネルギーの一部が材料内に取り込まれた蓄積エネルギー(stored energy)であり，その大半は転位のひずみエネルギーという形で蓄積される．それゆえ，駆動力 ΔG_v は転位密度の関数として，次式で表される．

$$\Delta G_v = \rho G b^2 V_m \tag{6.1}$$

ここに，ρ は転位密度，G は剛性率，b は転位のバーガースベクトル，V_m はモル体積である．転位密度は，焼なまし状態では 10^{10}〜$10^{12}/m^2$ 程度であるが，室温で強加工すると 10^{14}〜$10^{15}/m^2$ 程度になる．Fe では $G = 81$ GPa，$b = 0.25$ nm，$V_m = 7.1$ cm^3/mol(物質1モルの体積 V_m は原子量/密度であるか

ら，Fe の場合には，55.85/7.86＝7.1 cm³/mol）なので，ρ が $5 \times 10^{14}/m^2$ のときの再結晶の駆動力は，18.0 J/mol になる．

結晶粒成長の駆動力 ΔG_{gb}(J/mol) は次式で与えられる．

$$\Delta G_{gb} = \frac{2\sigma V_m}{R} \tag{6.2}$$

ここに，σ は粒界エネルギー，R は結晶粒半径，V_m はモル体積である．このような粒成長の駆動力は，湾曲した粒界の曲率中心の方向に働き，粒径 R の関数で細粒になるほど大きくなる．平滑な粒界($R = \infty$)では粒界移動の駆動力は生じない．Fe の σ＝700 mJ/mol，V_m＝7.1 cm³/mol とすると，結晶粒径 10 μm では 1.0 J/mol，100 μm では 0.1 J/mol と見積もられる．この値は，再結晶や相変態の駆動力に比べてかなり小さい．

図 6.4[1]は鉄鋼に現れる各種固相反応の駆動力のおおよその大きさを比較したものである．マルテンサイトからのセメンタイト析出の核生成の駆動力は非常に大きく，マルテンサイト変態，フェライト変態(拡散変態)の核生成，再結晶，結晶粒成長の順で駆動力がほぼ 1 桁ずつ小さくなる．組織制御の観点からは，駆動力の小さい反応ほど制御しやすい．つまり，結晶粒成長や再結晶は制

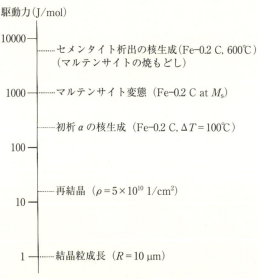

図 6.4　鉄鋼の各種固相反応の駆動力の比較[1]．

御しやすい現象であり，比較的容易に反応を遅らすことができ，時にはこれらの反応を阻止することも可能である．

6.2.2 相変態および再結晶の核生成

（a） 臨界核の大きさ

核生成には駆動力が必要であるが，駆動力が発生しても核生成はすぐに起こらない．なぜなら，母相中に新相が生まれると，界面が形成されるため界面エネルギーが発生したり，周囲をひずませてひずみエネルギーが発生するので，これらが核生成の障害になるからである．

母相中に半径 r の球形の新相が生成した場合の自由エネルギーの正味の変化量 Δg を考えると，次のようになる．

$$\Delta g = \frac{4}{3}\pi r^3 \Delta G_{\mathrm{v}} + 4\pi r^2 \sigma \quad (6.3)$$

ここに，ΔG_{v} は新相ができることによる単位体積あたりの自由エネルギー差（核生成の駆動力），σ は単位面積あたりの界面エネルギーである．ここでは簡単のために新相生成に伴い発生するひずみエネルギーは無視している．ΔG_{v} は核生成の駆動力（負の値）でその分だけ Δg を下げるが，σ（正の値）は Δg を増加させるので核生成の抑止力として作用する．Δg の粒子径 r による変化は図 6.5 のようになる．r が小さいうちは Δg は上昇するが，ある値で最大値を示した後急激に減少していく．これは，r が小さいときは表面積の項(式(6.3)の右辺の第 2 項(正))の寄与が大きく，r が大きくなると体積の項(式(6.3)の

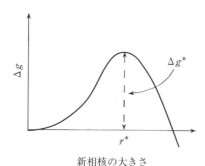

図 6.5 新相核の大きさと自由エネルギー変化の関係．

右辺の第1項(負))の寄与が大きくなるためである．Δg が最大になる粒子径 r^* を臨界半径(臨界核の大きさ)という．r^* よりも小さいものが局所的濃度のゆらぎによって一時的に形成されても，それが成長するには Δg を増加させねばならず，これは熱力学的に不可能で，Δg の減少方向すなわち r の減少方向に向かい消滅するので核に成り得ない．これをエンブリオ(embryo)という．一方，r^* より大きい場合には，その後成長した方が Δg の減少をもたらすので，安定な核(nucleus)となる．また，r^* のときのエネルギー増加量 Δg^* を核生成のための活性化エネルギー(activation energy)という．

臨界核の大きさ r^* および核生成のための活性化エネルギー Δg^* は式(6.3)を微分することによって得られ，次のようになる．

$$r^* = -\frac{2\sigma}{\Delta G_v} \tag{6.4}$$

$$\Delta g^* = \frac{16\pi\sigma^3}{3\Delta G_v^2} \tag{6.5}$$

r^* および Δg^* はともに核生成の駆動力 ΔG_v が大きいほど小さくなる．

図6.4の駆動力を用いて臨界核の大きさ r^* (半径)を見積もると，マルテンサイトの焼もどし時のセメンタイト析出で約2 nm，初析フェライト変態で約50 nm，再結晶で0.5 μm 程度となる．同じ核生成でも，駆動力の違いにより臨界核の大きさが非常に異なっている．

(b) 優先核生成サイト

母相から新しい相が核生成する場合，母相のあらゆる場所で均一に核が生成する均一核生成(homogeneous nucleation)と，母相の特定の場所で優先的に核生成が起こる不均一核生成がある．現実はほとんどの場合，不均一核生成(heterogeneous nucleation)である．

不均一核生成が起こるときの優先核生成サイトは，相変態の場合は母相の格子欠陥である．具体的には，結晶粒界，転位，および介在物(析出物)の界面，である．このような欠陥が核生成のための優先場所になるのは，核と母相との間の界面エネルギー σ を減らすことによって Δg^* を小さくすること，および欠陥上に核が生成するとこれらの欠陥が消滅するのでその分だけ Δg が減少す

るからである.

　再結晶は,回復組織の中からひずみのない新しい結晶粒が発生し,それらが界面の移動によって成長することによって進行する.再結晶に先立って起こる回復は再結晶の核発生の準備段階として重要な意味を持つ.回復組織から生まれる再結晶核は,(1)ひずみのない(転位を含まない)領域であること,および(2)周囲との方位差が大きいこと(15度以上の大角),の2つの条件を満たさねばならない.前者は再結晶の駆動力の発生と関連し,後者は再結晶核の界面の易動度と関連する.界面が移動するには,大角であることが必要であり,小角粒界は一般に移動する能力がほとんどない.

　再結晶核が発生する優先核生成サイトは,変形が集中した不均一変形領域である.回復によって形成されるサブグレインはすべて前者の条件を満たすが,ほとんどのサブグレインは再結晶の核にはならない.その理由は,通常,隣接するサブグレイン間の方位差は数度と小さく,後者の条件を満足しないからである.後者の条件を満たす周囲と大角をなすサブグレインは,局所的方位差が大きくなる不均一変形領域で形成されるからである.具体的には,結晶粒界近傍,粒内の変形帯(または遷移帯),および比較的大きな介在物(約1μm以上)や第二相の周囲,などが優先核生成サイトになる.

　相変態(析出)と再結晶の優先核生成サイトと駆動力をまとめると表6.1のようになる.

(c) 核生成速度

核生成速度 I は母相の単位体積中で単位時間に生まれる核の数を表し,式

表6.1 相変態・析出および再結晶の優先核生成サイトと駆動力.

	相変態・析出	再結晶
核生成サイト	格子欠陥 (結晶粒界 転位(積層欠陥) 第2相(介在物)界面)	不均一変形領域 結晶粒界近傍 粒内の変形帯 比較的大きな第2相 粒子の近傍
駆動力	化学自由エネルギー差 (過冷度)	蓄積エネルギー (主として転位密度)

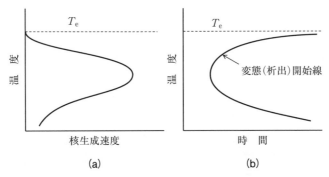

図 6.6 （a）核生成速度 I および（b）変態（析出）開始時間の温度依存性．

(6.5)の Δg^* を用いて次式で与えられる[2]．

$$I = N\beta Z \exp\left(-\frac{\Delta g^*}{RT}\right) \tag{6.6}$$

ここに，N：核生成サイトの密度，β：臨界核に原子が新たに1個付着する頻度（拡散係数 D と関連），Z：Zeldovich 因子である．

図 6.6 は核生成速度 I の温度依存性を示す．温度が低くなると駆動力 ΔG_v が大きくなるため式(6.5)の Δg^* が小さくなり，式(6.6)の $\exp(-\Delta g^*/RT)$ の項が急激に大きくなる．一方，温度が低下すると拡散係数 D が小さくなり，頻度因子 β が急激に減少する．よって，両者の積である核生成速度 I は，図 6.6(a) のようにある温度で最大になる．ある一定量の核生成が起こることで変態開始が観察できるならば，変態開始時間は核生成速度 I の逆数に比例するので，図 6.6(b) のような C 曲線の温度依存性を示す．これが，図 3.14 のように TTT 線図で変態開始線が C 曲線になる理由である．

式(6.6)より，核生成速度 I を大きくする方法として，（1）核生成サイトの密度 N を大きくする，および（2）Δg^* を小さくする，つまり駆動力 ΔG_v を大きくするか界面エネルギー σ を小さくする，が挙げられる．

6.2.3 相変態および再結晶の成長速度

初析フェライト変態のように，母相と組成（通常，結晶構造も）が異なる新相が成長する場合には，溶質原子の拡散によって成長速度が決まる．Fe-C 合金

のオーステナイトからの初析フェライト変態を例にとる．図6.7に示すようなC量がC_0の合金について，オーステナイト単相域から$α+γ$2相域の温度Tに急冷し，その温度で等温保持したとき，板状のフェライト相が生成したとする．このとき，成長途中にあるフェライトの$α/γ$界面のC原子の濃度分布は図6.8のようになる．フェライト相のC濃度は図6.7に示した$C_α$であり，$α/γ$界面では$C_γ$のC濃度のオーステナイト相と平衡状態を保っている．この

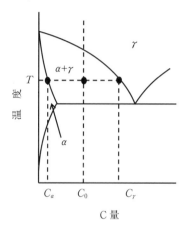

図6.7 Fe-C合金の2相域での$α$と$γ$のC濃度．

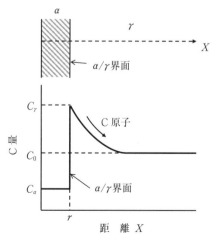

図6.8 Fe-C合金のフェライト成長途中の$α/γ$界面でのC濃度プロファイル．

界面からC量がC_0と少ないオーステナイト内部へCが拡散によって流れ込むことによって，フェライト相が成長していく．このように，一定温度Tでγからαが生成する場合に，α/γ界面でフェライトとオーステナイトが状態図の示すC_αとC_γ(図6.7)の濃度で平衡を保っている状態を，局所平衡(local equilibrium)が成り立っているという．局所平衡が成立している場合の，フェライト粒の厚さrおよび成長速度$G(=dr/dt)$と保持時間tの間には次式が成立する．

$$r = \alpha t^{1/2} \quad \left(\alpha = \sqrt{\frac{D_\gamma (C_\gamma - C_0)^2}{(C_\gamma - C_\alpha)(C_0 - C_\alpha)}}\right) \tag{6.7}$$

$$G = \frac{dr}{dt} = \alpha t^{-1/2} \tag{6.8}$$

ここに，αは parabolic rate constant と呼ばれるもので，Cのオーステナイト中の体拡散係数D_γおよび過冷度(駆動力に対応)によって変化する．すなわち，フェライト相の大きさrは$t^{1/2}$に比例し，成長速度は$t^{-1/2}$に比例する．

再結晶では，母相(加工組織)と新相の間に組成や結晶構造の変化はない．このような場合の再結晶粒の成長速度Gは，界面の易動度Mおよび再結晶の駆動力ΔG_Vの積で示される．

$$G = M \Delta G_V \tag{6.9}$$

それゆえ，再結晶の場合は，一定温度で保持したときの成長速度は，時間tに依存せず一定である．

易動度Mは，純金属の場合は大きい．しかし，不純物元素や合金元素を含む場合には，ドラッグ効果によってMは著しく小さくなる(後述の式(6.17)，(6.18)を参照)．なお，相変態の核生成，成長に関する詳細については，文献[2],[3],[4]，再結晶に関しては，文献[5],[6]が参考になる．

6.2.4 反応速度式

図6.3に示したような核生成，成長による反応の場合，ある一定の温度での反応率fと保持時間tの間には次式のAvramiの式が成立する．

$$f = 1 - \exp(-kt^n) \tag{6.10}$$

ここに，nは時間指数，kは温度の関数で一定温度なら定数である．

いま，ある一定温度において球形の核が均一に生成し(均一核生成)，核生成

速度 I および成長速度 G が時間 t に対し一定であると仮定すると,一定温度下での反応率 f と保持時間 t の間には次式が成立する.

$$f = 1 - \exp\left(-\frac{\pi}{3} I G^3 t^4\right) \tag{6.11}$$

これを,Johnson-Mehl-Avrami の式という.

実際には,不均一核生成が起こったり,I や G が t によって変化する場合が多くあり,そのような場合には式(6.10)の n の値がさまざまに変化する[7]が,いずれも f は I と G によって影響を受け,これらが大きくなるほど反応が速く起こる.

6.2.5 相変態および再結晶の完了直後の結晶粒径

新相の核生成と成長によって反応が進行する場合,相変態または再結晶の完了直後の粒径は,核生成速度 I と成長速度 G によって決まる.例えば,反応が式(6.11)に従って起こる場合には,反応完了直後の平均粒径 d は次式で示される[8].

$$d = 0.906 \left(\frac{G}{I}\right)^{1/4} \tag{6.12}$$

この式は,反応が完了したときに単位体積中に生成した核の数(つまり,最終的な結晶粒の数)を計算で求めることにより導出される.

式(6.12)より,結晶粒径 d を小さくするには,I を大きくするか G を小さくすればよい.I と G がともに変化しても,G/I が同じなら d に変化はない.それゆえ,微細な結晶粒を得るには,

(1) 核生成サイトの密度 N の増大(I を大きくする),
(2) 駆動力 ΔG_v の増大(I を大きくする),
(3) 界面の易動度 M の減少(G を小さくする),

を図ればよい.このうち,易動度 M は鋼の不純物や合金元素によるソリュートドラッグ効果(後述)によって小さくなり,鋼の組成によってほぼ決まっていると考えてよい.それゆえ,現実の熱処理や加工熱処理での結晶粒微細化は,主として核生成速度 I を大きくする上記の(1)および(2)の方法によって達成されている.

具体的な微細化法の例として,低炭素鋼のオーステナイト→フェライト変態

でのフェライト粒微細化法をまとめると，**図6.9**[9)]のように，①母相オーステナイトを細粒にする，②オーステナイトに高密度の転位を導入する(加工硬化オーステナイト)，③オーステナイト粒内に比較的大きな(約1μm以上)介在物や析出物を分散させる，④冷却速度を大きくする，の4つの方法がある．ここで，①〜③はフェライト変態の核生成サイトを多くする方法であり，④は過

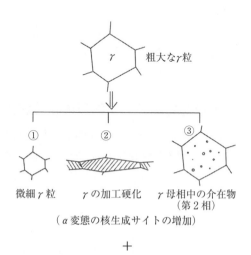

図6.9 $\gamma \rightarrow \alpha$ 変態における4つのフェライト粒微細化法[9)]．

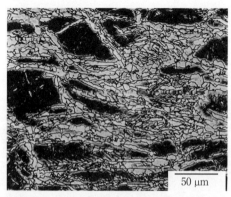

図6.10 加工硬化オーステナイトから生成した初析フェライト(光顕組織)．

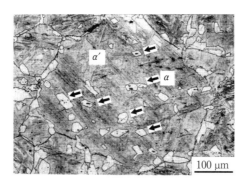

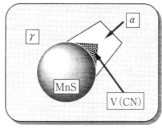

図6.11 オーステナイト粒内の析出物(MnS＋V(CN)複合析出物)上に核生成した初析フェライト(光顕組織)[10]．Fe-0.2%C-2%Mn-0.047%S-0.3%V-0.011%N，680℃，0.6 ks 保持後急冷．

冷度を大きくして核生成のための駆動力を大きくする方法である．これらの中で，②のオーステナイトの加工硬化がフェライト粒微細化に最も効果がある．**図6.10**は加工硬化オーステナイトからのフェライト生成途中の組織であり，オーステナイト粒内の変形帯に沿って微細なフェライトが多数生成しているのが分かる．また，**図6.11**[10]は③の例で，析出物上に生成したフェライトがオーステナイト粒内に多数観察される．

再結晶により微細粒を得る場合も，核生成サイトの密度および駆動力を大きくすることが必要である．それゆえ，微細な再結晶粒を得る方法としては，①初期粒径を小さくする，②加工度を大きくする，③加工温度を低くする，④比較的大きい介在物または第2相を分散させる，などが挙げられる．ここで，①，④は核生成サイトを増加させ，③は主として駆動力(加工硬化量すなわち転位密度)を大きくする方法である．②の加工度は，核生成サイトの密度と駆動力(転位密度)の両方を増加させるので，再結晶粒の微細化に最も重要な因子

である.

6.3 結晶粒成長とその制御法

6.3.1 結晶粒成長の速度式

結晶粒の成長速度 G は, 式(6.9)で示した再結晶の成長速度と同様に, 粒界の易動度 M および粒界移動の駆動力 ΔG_{gb} の積で示される.

$$G = M \Delta G_{gb} \tag{6.13}$$

駆動力 ΔG_{gb} の式(6.2)より, 結晶粒の半径を R とすると,

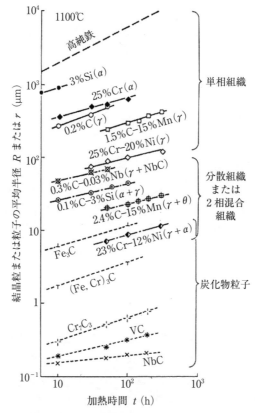

図 6.12 種々の鉄鋼材料の1100℃における結晶粒成長と炭化物の粗大化[11].

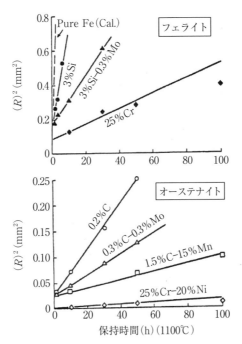

図 6.13 フェライトおよびオーステナイト単相鋼における結晶粒成長の比較[11].

$$G = \frac{dR}{dt} = M\frac{2\sigma V_\mathrm{m}}{R} \tag{6.14}$$

となり，M は R によって変化しないとすると，この式を積分することにより，

$$R^2 - R_0^2 = kt \quad (k = 4\sigma V_\mathrm{m} M) \tag{6.15}$$

となる．ここに，R_0 および R は，$t=0$ および時刻 t 後の結晶粒半径である．なお，R_0 は仮想的な値(粒成長が定常的に進行し始めたときの結晶粒半径)であって，現実の初期粒径とは必ずしも一致しない．$R \gg R_0$ の場合，

$$R = kt^{1/2} \tag{6.16}$$

で表される．

結晶粒成長速度は，鋼の種類や合金元素によって大きく異なる．一例を，図6.12[11]，図6.13[11]に示す．図6.12 は種々の鋼についての1100℃で等温保持時の結晶粒成長の測定データをまとめたものである．この図には，各種炭化物粒子の粗大化も合わせて示してある．単相組織の粒成長は速く，炭化物が存在

する分散組織や比較的多量の第2相を含む2相組織では粒成長が遅い．また，図6.13のように，単相組織の場合，オーステナイト組織の方がフェライト組織よりも粒成長が遅い．

6.3.2 結晶粒成長に及ぼす合金元素および析出物の作用

（a） 溶質原子のソリュートドラッグ効果

合金元素を添加したり不純物元素が含まれていると，結晶粒成長が遅くなる．その作用には，図6.14に示すように，(a)固溶(不純物)原子によるソリュートドラッグ効果(引きずり効果)と(b)析出物によるピン止め効果，の2通りがある．

ソリュートドラッグ効果(solute-drag effect)は固溶している合金原子や不純物原子が粒界に偏析し，粒界はこれらの原子を引きずりながら移動することになり，粒界移動速度が小さくなる現象である．ソリュートドラッグ効果によって式(6.13)で示した易動度 M が小さくなる．純金属および不純物を含む場合の M はそれぞれ次式で示される[11]．

$$純金属の場合：M = \frac{D_{gb}}{\lambda RT} \tag{6.17}$$

$$合金元素(不純物)原子を含む場合：M = \frac{D_X}{\lambda RT} \cdot \frac{1}{(K_{gb}-1)^2 X} \tag{6.18}$$

ここに，D_{gb}：粒界拡散係数，λ：粒界が移動するときの原子が動くべき距離

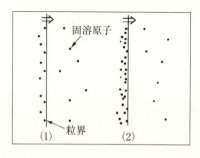
(a) ソリュートドラッグ効果

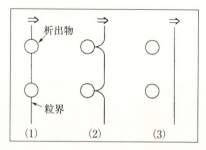
(b) ピン止め効果

図6.14 固溶原子および析出物によるソリュートドラッグ効果とピン止め効果．

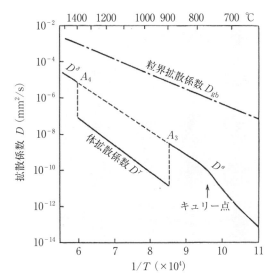

図 6.15 純鉄の自己拡散における体拡散係数と粒界拡散係数の温度依存性の比較[11].

(約 1 原子間距離),D_X:合金(不純物)原子の体拡散係数,K_{gb}:粒界への合金(不純物)原子の平衡偏析係数,X:合金(不純物)原子のバルク濃度,R:ガス定数,である.

粒界移動速度は,純金属では粒界拡散によって,合金(不純物)元素を含む場合には偏析原子の体拡散によって律速される.図 6.15[11] の純 Fe の自己拡散係数から分かるように,粒界拡散係数は体拡散係数よりも大きいため,純金属では粒界移動が速く起こり,すぐに粗大粒になる.粒界拡散係数は fcc のオーステナイトでも bcc のフェライトでも同じである.しかし,体拡散係数はフェライトにおけるよりもオーステナイトの方が小さいため,ソリュートドラッグ効果はオーステナイト相で顕著に起こる.その結果,図 6.13 に示したように,オーステナイト組織はフェライト組織よりも一般に結晶粒成長が遅いのである.

(b) 分散粒子による粒界のピン止め効果

粒界移動に対する析出粒子(介在物)によるピン止め効果(pinning effect)は,

実際の組織制御でしばしば利用される重要な現象である．粒子が分散した組織 1 mol あたりのピン止め力の総和 ΔG_{pin} は，

$$\Delta G_{\text{pin}} = \frac{3\sigma V_{\text{m}} f}{2r} \tag{6.19}$$

で与えられる．ここに，σ：析出物の界面エネルギー，V_{m}：モル体積，f：析出物の体積率，r：析出物の平均半径，である．析出物の量 f が多いほど，または析出物の平均サイズ r が小さいほど，ΔG_{pin} が大きくなる．いま，オーステナイト中に半径 2.5 nm の微細な Nb(CN) 粒子が体積率 0.03% で均一に析出しているとすると，ピン止め力は $\sigma = 700 \text{ mJ/m}^2$，$V_{\text{m}} = 7.1 \text{ cm}^3/\text{mol}$ として，$\Delta G_{\text{pin}} = 0.9 \text{ J/mol}$ 程度と見積もられる．

ピン止め力は粒界の移動方向と逆方向に働くので（**図 6.16**），このときの粒界移動速度 G は粒界移動の駆動力（ΔG_{gb}）からピン止め力（ΔG_{pin}）を差し引いて，次のように表すことができる[11]．

$$G = M(\Delta G_{\text{gb}} - \Delta G_{\text{pin}}) \tag{6.20}$$

析出物によるピン止め力の値はそれほど大きくないが，図 6.4 に示したように結晶粒成長の駆動力も小さいため，粒成長に対して析出物は大きな抑制効果を示す．

析出物が分散してピン止め力 ΔG_{pin} が働いているときの，粒成長の様相は**図 6.17**のようになる．図 6.17(a) に示すように，粒界移動の駆動力 ΔG_{gb} は結晶粒半径 R の増大と共に減少していき，ついにはピン止め力 ΔG_{pin} と等しくなり，図 6.17(b) のように半径 R^* で粒成長が停止し，それ以上保持しても粒成長は起こらない．析出物の平均半径 r と量 f が決まれば，粒成長が停止するときの結晶粒半径 R^* は次式の Zener の式[11]で予測できる．

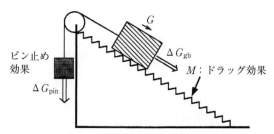

図 6.16 粒界移動速度に対するドラッグ効果とピン止め効果の作用[11]．

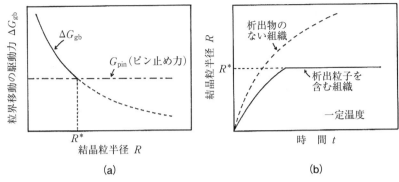

図6.17 析出物が存在する場合の結晶粒成長の様相.

$$R^* = \beta \frac{r}{f} \quad \left(\beta = \frac{4}{3} \sim \frac{4}{9}\right) \tag{6.21}$$

βの値は,研究者によって異なるが,$\beta=4/9$が実験結果と比較的良く合うようである.例えば,オーステナイト中に半径2.5 nmのNb(CN)が0.03%の体積率で分散していれば,$\beta=4/9$とすると$R^*=4\,\mu$m程度となる.このように,析出物の分散は結晶粒の成長を抑え,微細粒を維持するのに非常に有効である.

ただし,高温に長時間保持すると,析出物自身が粗大化(オストワルド成長)するので,それに伴ってピン止め力が低下し,R^*も徐々に大きくなっていく.析出物のオストワルド成長は,**図6.18**[11)]に示すようなLifshitz-Wagnerの式に従う.粗大化速度を支配する1つの因子は固溶度(C_0)であり,固溶度の小さい炭窒化物ほどオストワルド成長しにくく,高温長時間保持しても微細である.その代表的なのが図6.18に示したようにNbCであり,その他にTiC,TiN,AlNなども固溶度が小さく微細に分散する特徴を持っているので[12)],粒界のピン止めには有効である.

西沢ら[13)]は,多くの研究者が使う式(6.21)を理論的に再検討して新しい次式を提案し,析出物の量が少ない場合に実験結果を良く説明できると報告している.

$$R^* = \beta \frac{r}{f^{2/3}} \tag{6.22}$$

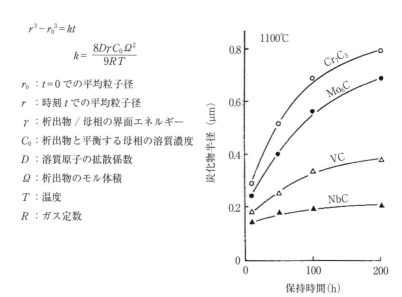

$r^3 - r_0^3 = kt$

$k = \dfrac{8D\gamma C_0 \Omega^2}{9RT}$

r_0：$t=0$ での平均粒子径
r：時刻 t での平均粒子径
γ：析出物／母相の界面エネルギー
C_0：析出物と平衡する母相の溶質濃度
D：溶質原子の拡散係数
Ω：析出物のモル体積
T：温度
R：ガス定数

図 6.18　析出物のオストワルド成長のLifshitz-Wagnerの式と各種炭化物のオーステナイトでの粗大化挙動(1100℃保持)[11].

なお，結晶粒成長に関しては文献[11),14),15)，析出物のオストワルド成長に関しては文献[12)が参考になる．

6.3.3　異常粒成長とその抑制法

(a)　ピン止め粒子が作用している場合の異常粒成長

通常，正常粒成長(normal grain growth)をしている結晶粒組織では，結晶粒径の分布は比較的小さく，平均粒径の2倍以上の粒はほとんどない．異常粒成長(abnormal grain growth)(2次再結晶(secondary recrystallization)と呼ばれることもある)は，初期結晶粒中に平均粒径の2倍以上の粒径を持つ粒が存在すると，それが優先的に成長する現象である[14)．このような条件が発現するのは，鋼のオーステナイト化処理を例にとると，次の2つの要因が考えられる．

（1）図6.17(b)のように，析出粒子のピン止め効果によって正常粒成長が阻止されている状態の組織を，より高温に保持した場合，局部的に析出物の溶解が起こり粒界のピン止めがはずれるため，平均粒径の2倍以上の大きな結晶

粒になる．

（2）オーステナイト化処理や浸炭処理時の$\alpha \to \gamma$変態直後のオーステナイト組織が不均一で粒径分布が大きい場合には，平均粒径よりもかなり大きな結晶粒が混在するようになる．

それゆえ，オーステナイト化処理や浸炭処理時の異常粒成長を抑制するには，オーステナイト中の炭窒化物の存在状態と初期オーステナイト組織の調整が問題になる．

図6.19[16]は，オーステナイト化処理時の加熱温度とオーステナイト粒径の関係を示したものである．特別な合金元素を添加していない普通の鋼(C-Mn

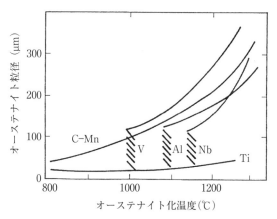

図6.19　オーステナイト粒径に及ぼすオーステナイト化温度および微量合金元素の影響[16]．

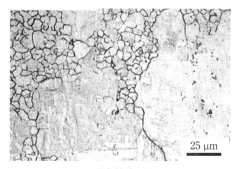

図6.20　オーステナイトの異常粒成長による混粒組織(光顕組織)．

鋼)では，温度の上昇とともにオーステナイト粒径は単調に増大する(正常粒成長)．一方，V，Al，Nb，Ti などの炭窒化物生成元素を含む鋼では，オーステナイト化温度が上昇しても炭窒化物のピン止め効果のために粒成長が起こらなくなり(図 6.17 の R^* で)，微細粒が維持される．しかし，さらに温度を上げていくと，ある特定の温度(図中にハッチを入れた温度)で，**図 6.20** のように一部のオーステナイト粒が異常粒成長を起こし著しい混粒組織を示すようになり，その後全面が粗大粒組織になる．これは VC，AlN，Nb(CN)，TiN などによるピン止め効果のために粒成長が阻止されていたのが，ある温度以上になるとこれら析出粒子がオーステナイト中に固溶して消失する結果，特定の粒が急激に成長したものである．図 6.19 から分かるように，異常粒成長が開始する温度(これを粗大化温度という)は，合金元素によって異なる．TiN や Nb(CN) はオーステナイトの高温域まで安定に存在するので，粗大化温度は高く，高温まで微細オーステナイト粒を維持するのに有効である．

以上のように，オーステナイト粒の粗大化抑制を図る場合，利用する析出物としては AlN，NbC，Ti(CN) などがあるが，これらを有効に利用するには，種々の工程を経て製造された最終製品の熱処理時(例えば浸炭部品の場合には，最終の浸炭熱処理時)にオーステナイト中に細かく均一に析出物を分散させることが大切である．このような状態になるように，加熱前の炭窒化物の分散状態を整えておくことが重要で，素材の製造条件および二次加工条件を最適に設定する必要がある．

初期組織の観点から見て，異常粒成長抑制に好ましい条件として，(1) $\alpha \rightarrow \gamma$ 変態直後の初期オーステナイト粒径があまり細かくないこと，および(2) オーステナイト粒度分布ができるだけ小さいこと，が挙げられる．冷間鍛造などの冷間加工を施すと，浸炭処理やオーステナイト化処理時に粗大化温度が低下し，混粒や粗大粒が発生しやすくなる傾向がある．これは，冷間加工によって $\alpha \rightarrow \gamma$ 変態直後のオーステナイト粒が微細になるためである．また，初期オーステナイト粒の分布は，加熱前の変態組織によっても影響を受ける．前組織がフェライト＋パーライトのときがオーステナイトの粗大化温度が高くて好ましいが，フェライト＋ベイナイトではオーステナイト粒が微細化するため，またフェライト＋パーライト＋ベイナイトの場合はオーステナイト初期組織が不均一になるため，ともに粗大化温度は低くなり好ましくないという報

告がある[17].

（b） ひずみ誘起粒界移動による異常粒成長

通常，冷間でも熱間でも強加工を施すと，その後の高温保持で再結晶が起こり結晶粒は微細化する．しかし，加工度が 10～15% 程度以下と小さい場合には，その後の高温保持で一部の既存粒が異常に大きくなり，混粒組織を呈するようになる．例えば，低炭素鋼の連鋳スラブの粗圧延のように，高温で 15% 程度以下の低ひずみ圧延を施すと圧延後に巨大オーステナイト粒が部分的に生成し，著しい混粒組織になることが知られている[18]．この現象は弱加工によってひずみ誘起粒界移動が起こるためである．

ひずみ誘起粒界移動（strain-induced boundary migration）は，粒界を挟む両側の結晶粒内の転位密度に差がある場合，この転位密度差を駆動力として既存の粒界が高密度転位粒側へ張り出していく現象である．このような既存粒界の張り出しは，弱加工材の再結晶粒核生成機構であるバルジング（bulging）機構[5]として重要である．強加工を施すと，粒界を挟む両側の転位密度差に大きな差が生じないため，ひずみ誘起粒界移動は起こらない．

6.4 制御圧延・加速冷却（TMCP）によるフェライト粒微細化

6.4.1 制御圧延・加速冷却の概要

加工熱処理（TMCP，thermomechanical control process）にはさまざまなものがあるが（後の表 9.1 参照），最も工業的に成功したのが制御圧延・加速冷却であり，最近では，TMCP といえば制御圧延・加速冷却（controlled rolling and accelerated cooling）を指すことが多い．そこで，本書でも，制御圧延・加速冷却を TMCP と呼ぶことにする．

TMCP の骨子は，鋼の成分，加熱温度，圧延条件，冷却条件を最適に制御し，熱間圧延のままで微細な組織（例えば，低炭素鋼の場合にはフェライト組織）を得，高強度と高靱性を兼ね備えた非調質高張力鋼を得ることにある[18),19),20)]．通常の熱間圧延材は組織が不均一で粗いので，均一な微細粒を得るには，図 6.21 に示すようにオーステナイトの低温域に再加熱した後空冷する．この処理を焼ならし（焼準）（normalizing）といい，低炭素鋼のフェライト

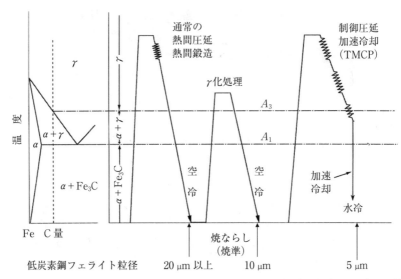

図 6.21　低炭素鋼における通常の熱間圧延と制御圧延・加速冷却(TMCP)の比較.

で約 10 μm 程度まで微細になる．ところが，TMCP は熱間圧延のまま(非調質)で約 5 μm の微細フェライト組織になり，引張強さ 600 MPa，シャルピ衝撃遷移温度 −80℃ 以下というような優れた強度‐延性バランスを有する低合金高張力鋼(HSLA 鋼，high-strength low-alloy steel)が得られる．

現行の TMCP の工程を金属学的観点から見ると，図 6.22[21] に示すような 4 つの段階，つまり，再結晶オーステナイト域圧延，未再結晶オーステナイト域圧延，$(\alpha+\gamma)$ 2 相域圧延，および加速冷却からなっている．ただし，2 相域圧延は現状ではあまり行われていない．この各段階に，図 6.9 に示したフェライト粒微細化原理が巧みに組み入れられている．つまり，第 1 段階(再結晶オーステナイト域圧延)では，1200〜1300℃ でのスラブ加熱によって粗大になったオーステナイト粒が圧延と再結晶の繰り返しにより微細化し(図 6.9 の①)，第 2 段階(未再結晶オーステナイト域圧延)で転位や変形帯を含む加工硬化状態のオーステナイトを得(図 6.9 の②)，第 4 段階の加速冷却によりできるだけ低い温度でフェライト変態を起こさせるようにしている(図 6.9 の④)．

これらのうちで，フェライト粒の微細化に最も有効なのは，第 2 段階の 900〜950℃ あたりでの圧延により加工硬化オーステナイトを得ることである．

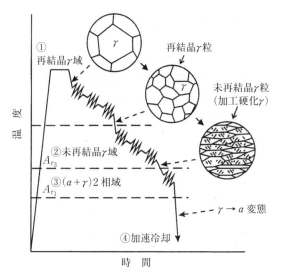

図 6.22 低炭素鋼の TMCP（制御圧延・加速冷却）の 4 つの段階と各段階における組織[21]．

ただし，熱間圧延としてはかなりの低温である 950℃ であっても，通常の炭素鋼では圧延後ただちに再結晶が起こり，図 6.9 の②の加工硬化状態を維持するのは一般に困難である．第 2 段階の加工硬化オーステナイトを得るためには，オーステナイトの再結晶温度を上昇させる必要がある．そのために，TMCP 鋼では Nb や Ti などの強炭窒化物生成元素が微量添加（マイクロアロイ）されている．オーステナイト中に微細析出する炭窒化物によるピン止め効果や固溶 Nb によるドラッグ効果で，再結晶が起こりにくくなるからである．加速冷却では，フェライト粒の微細化に加えて，ベイナイトやマルテンサイトなどの低温変態生成物を一部生成させることによって，より高強度を図る場合もある．

なお，図 6.21 に示した焼ならし処理は，オーステナイトの低温域に加熱し微細なオーステナイト粒を得た後空冷するもので，図 6.9 の①の原理を利用する最も基本的なフェライト微細化法である．

また，図 6.9 の③の方法は，現行の TMCP ではほとんど利用されていないが，大入熱溶接部の靱性改善や機械構造用非調質鋼の靱性向上のために利用されている[22),23),24]．大きな加工を施すことができないプロセスにおける結晶粒

微細化法として今後重要になる方法である．

6.4.2 熱間加工組織

熱間圧延や熱間鍛造などの高温での加工においては，変形中に加工硬化と同時に回復や再結晶による軟化が起こる．変形中に起こる回復，再結晶を動的回復，動的再結晶という．それゆえ，オーステナイトの熱間加工時の組織制御を考える際には，まず，動的再結晶が実際に起こっているかどうかを検討する必要がある．動的再結晶についての詳細やその出現条件，微細化に対する作用については第11章，11.1 でまとめて述べる．

図 6.23[25] は，0.16%C-1.4%Mn-0.03%Nb 鋼を厚板圧延に対応するひずみ速度(14/s)で1パス圧下を施したときの，オーステナイトの加工組織に及ぼす圧延温度と1パス圧下率の関係を示す．図中に斜線で示した領域，つまり1150〜1300℃という非常に高温で1パス大圧下を加えたときのみ動的再結晶が起こっている．つまり，通常行われる1200℃近傍の温度で1パス圧下率10〜30%程度の圧延では動的再結晶は起こらず，圧延直後は加工硬化オーステナイト状態にあると考えてよい．この加工硬化オーステナイトは圧延パス間

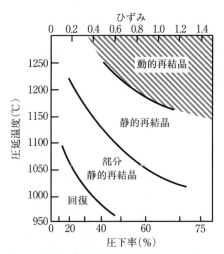

図 6.23　熱間圧延組織に及ぼす圧延温度と1パス圧下率の影響[25]．
ひずみ速度 14/s，Fe-0.16%C-1.4%Mn-0.03%Nb．

6.4 制御圧延・加速冷却(TMCP)によるフェライト粒微細化   173

の保持中に静的再結晶(6.2で述べた通常の再結晶のことであるが,ここでは動的結晶と区別するために,静的再結晶と呼んでいく)を起こし,スラブ(slab)加熱で粗大になったオーステナイト粒が多パス圧延の間に徐々に微細化する.これが,制御圧延の第1段階(再結晶オーステナイト域圧延)である.

ただし,加工硬化オーステナイトの静的再結晶が起こると常に細粒化するとは限らない.図6.24に多パス熱間圧延時の静的再結晶の進行の様相とパス間時間の関係を示す.図の上部に示したように,圧延により伸長した加工硬化オーステナイトがその後の保持により静的回復→静的再結晶→粒成長と進行していく.図中(2)のように静的再結晶が完了した直後に次の圧延に入ると結晶粒は微細化するが,(1)のようにパス間時間が再結晶進行速度に比べて相対的に長い場合には,粒成長が起こってから次の圧延に入るので,結晶粒は粗大化する.さらに,図の(3)に示したようにパス間時間が短いと,静的再結晶が起

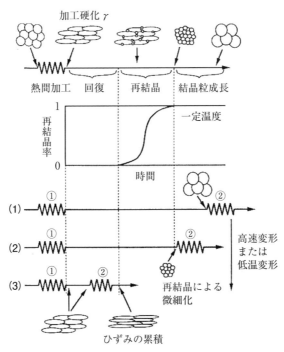

図6.24 多パス熱間圧延時の静的再結晶挙動と圧延パス間保持時間の関係.

こる前に加工硬化状態(静的回復状態)が維持されたまま次の圧延に入る．このときには前段圧延での加工硬化を引き継ぐために，ひずみの累積が起こる．このような状況で圧延が続くと，高温で1パス圧下率が小さくても，多パス圧延によって次々とひずみが蓄積されていき，あたかも1パス大圧下圧延のようになり，動的再結晶が起こる可能性がある[26),27)]．この代表的な例が，変形速度が大きくパス間時間が非常に短い線材圧延である[26)]．

6.4.3 Nb添加によるオーステナイトの静的再結晶の抑制

Nbを微量添加した鋼では，熱間圧延後の静的再結晶が約950℃以下の温度で著しく抑制され，加工硬化状態すなわち未再結晶オーステナイトが得られる．これが制御圧延の第2段階である．図6.25[18)]は50%熱間圧延後の静的再結晶の開始，終了時間に及ぼす加工温度，Nb添加の影響を示す．Alキルド鋼や0.02%V添加鋼に比べ，0.028%Nb添加鋼では静的再結晶の開始，終了が大きく長時間側に移動している．

Nb添加により熱間圧延後の静的再結晶が遅らされる理由は，図3.11(a)のFe-C-Nb状態図から分かるように，高温でのスラブ加熱時にオーステナイト中に固溶していたNbが，温度低下に伴いNbの固溶度が減少するため，圧延後の保持中(または圧延中)にNb(CN)として微細に析出するためである．スラブ加熱後，熱間圧延を施さずに冷却する場合には，通常，冷却中にオーステ

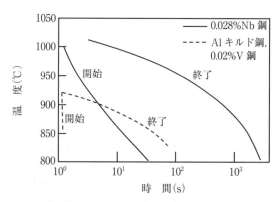

図6.25 1パス50%圧延後の静的再結晶開始および終了時間に及ぼす加工温度とNb添加の影響[18)]．

6.4 制御圧延・加速冷却(TMCP)によるフェライト粒微細化

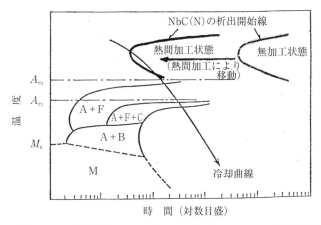

図 6.26 Nb鋼のCCT線図とオーステナイトの加工によるNb炭化物析出開始線の変化(加工促進析出の説明図)[28].

ナイトでのNb(CN)の析出は起こらないのに,熱間圧延によって析出が起こるようになることから,この現象は,加工促進析出またはひずみ誘起析出と呼ばれている.この現象は図6.26[28]に示すように,オーステナイト中でのNb(CN)の析出開始線は無加工状態では長時間側にあるため通常の冷却速度では析出が起こらないが,オーステナイトに加工を施すと析出開始線が短時間側に移行し,冷却中に析出が起こるのである.熱間圧延によりNb(CN)の析出開始線が短時間側に大きく移行するのは,加工により導入された転位が優先析出サイトとなるため,析出の核生成速度が大きくなり析出が早まったためである.

Nb(CN)がオーステナイト中に均一微細に析出することによって再結晶が遅らされるのは,加工によって導入された転位が析出物によってピン止めされ回復が遅くなること(再結晶の核生成が遅くなることに対応する),および再結晶界面の移動の際,析出物によるピン止め効果を受けて成長速度Gが小さくなるためである.式(6.19)に示したようにピン止め力ΔG_{pin}は析出物の量が多いほど,または析出物のサイズが小さいほど大きくなる.ただし,前述したように,半径2.5 nmのNb(CN)粒子が体積率0.03%で均一に析出している場合,ピン止め力は約1 J/molと見積もられ,この値は再結晶の駆動力ΔGに比べて小さい.それゆえ,析出物による再結晶抑制作用のすべてをピン止め効果で説

明するのは無理があるように思われる．固溶 Nb による回復の抑制も一因であろう[29]．

析出物による再結晶抑制効果を十分に発揮させるには，できるだけ均一微細に析出させてピン止め力を大きくすることが肝要である．このためには，連鋳時のスラブの冷却中に生成した粗大な炭窒化物を一度オーステナイト中に固溶させ，その後圧延加工によって導入した転位上に再析出させることが必要である．Nb をオーステナイトに完全に固溶させるには図 3.11(a)(Fe-C-Nb 状態図)から分かるように，かなりの高温に加熱しなければならない．Nb 添加鋼の制御圧延でスラブ加熱温度が通常 1250℃ 程度と高くなっているのはこのためである．

熱間圧延中にオーステナイトの静的再結晶と炭窒化物の析出が同時に起こる場合には，両者の競合により再結晶や析出の kinetics が大きく影響をうける．図 6.27(a)，(b)は再結晶および析出の開始線を模式的に示したものである．再結晶開始線は保持温度の上昇とともに単調に短時間になるのに対し，析出開

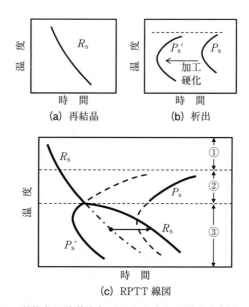

図 6.27 過飽和固溶体を加工したときの再結晶と析出の競合．
(a)再結晶開始線図，(b)析出開始線図，(c)再結晶-析出-温度-時間線図(RPTT 線図)．

始線はある温度でノーズを示すC曲線になる(Nb(CN)の場合,ノーズは900℃近傍にある).析出開始線は図6.26でも示したように,オーステナイトの母相の加工硬化によって短時間側に移行する.再結晶と析出が同時に起こるとき,つまり過飽和固溶体を加工したときには,図6.27(c)のようになる.図中の領域①では再結晶のみが起こる.再結晶オーステナイト域圧延はこの領域での圧延である.領域②では再結晶が先に起こり,その後,析出が主として再結晶粒界上で起こる.領域③では再結晶が開始する前に析出が起こる.この場合は,析出物によるピン止め効果のために,再結晶が著しく遅らされる.制御圧延の第2段階(未再結晶オーステナイト域圧延)はこの領域での圧延である.

6.4.4　加工硬化オーステナイトからのフェライト変態

　加工硬化状態のオーステナイトから変態させるのが,微細なフェライト粒を得るための最も有効な方法である.オーステナイトの加工によるフェライト粒の微細化は,6.2.5で説明したように,核生成速度Iが大きくなることに起因している.加工硬化オーステナイトでIが増加するのは,核生成サイトの密度Nが増大することによる.つまり,加工によって,(1)結晶粒が伸長することにより,単位体積あたりのオーステナイト粒界面積が増す,(2)単位オーステナイト粒界面積あたりの核生成速度そのものが増す,(3)オーステナイト中の焼鈍双晶境界が核生成サイトとして働くようになる,および(4)加工により導入された変形帯が核生成サイトになる,が挙げられる[30].未再結晶オーステナイト域圧延での加工度が大きいほど,これらの核生成サイトが増すため,フェライト粒微細化効果が大きくなる.

　なお,加工硬化オーステナイトからの変態の場合,フェライトの核生成速度が大きくなる結果,変態の開始が早くなり,CCT線図(TTT線図も)の変態開始線が短時間側に移行する.その結果,図6.28に示したように,一定の冷却速度で冷却した場合,加工硬化オーステナイトではA_{r_3}点が上昇する.変態点の上昇は,組織微細化の観点からは好ましくない.例えば,パーライト変態の場合のセメンタイト層間隔は変態温度によってほぼ一義的に決まるので,共析鋼で未再結晶オーステナイト域圧延を施すと変態温度が上昇して,かえってラメラ組織が粗くなり軟化することがある.このような場合には,次に述べる

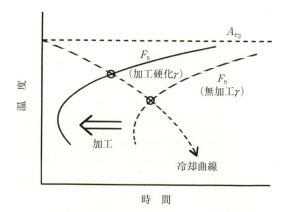

図 6.28 オーステナイトの加工硬化によってフェライト変態温度が上昇する説明図.

加速冷却を併用する必要がある．また，鋼の焼入れという観点から見れば，加工硬化オーステナイトでは臨界冷却速度が大きくなるため，焼入性が低下し好ましくない．熱間圧延後の直接焼入れの場合に留意すべき点である．

6.4.5 オーステナイト→フェライト変態に及ぼす加速冷却の効果

制御圧延後の加速冷却の効果は低 C 鋼の CCT 線図との関係で図 6.29 のように示される．冷却速度を大きくするとフェライト変態開始温度 (A_{r_3}) が低下し，さらにパーライト変態に代わってベイナイトが生成するようになる．A_{r_3} 点が低下するほどフェライト粒は微細になる．その理由は，A_{r_3} 点の低下につれてオーステナイトの過冷度 $\Delta T (= A_{e_3} - A_{r_3})$ が増し，これに伴ない変態の駆動力 ΔG が増大するためである．

変態温度の低下は，核生成速度 I および成長速度 G の増減に対し 2 つの相反する作用を及ぼす．つまり，温度が低下すると，駆動力 ΔG が増し I および G を大きくするように働くが，一方，拡散速度が小さくなるため I および G を小さくするようにもなる．それゆえ，I, G ともにある温度で最も大きい値を示す．ここで大切なことは，I の最大になる温度の方が G が最大になる温度よりも低温にあることである．それゆえ，変態温度が低くなるほど G/I が小さくなり，その結果として式 (6.12) から分かるようにフェライト粒径が小さくなるわけである．ここに，過冷度を大きくする意義がある．

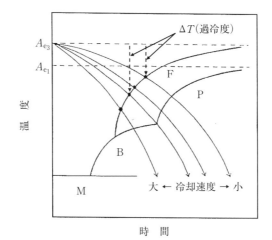

図 6.29 制御圧延後の加速冷却により過冷却が大きくなる説明図.

さらに，変態温度が低くなるとフェライトの核生成時の臨界サイズが小さくなる点も，微細粒を得るためには重要である．臨界核の大きさは式(6.4)に示すように駆動力が大きくなるほど，つまり変態温度が低くなるほど小さくなる．

6.5 パーライト組織の微細化

パーライトの強度を支配するラメラ間隔は，変態温度と合金元素によって一義的に決まり，オーステナイト粒径には依存しない．その一例を，図6.30[31]に示すが，変態温度が低下するほどラメラ間隔は小さくなり，Cr添加により全体に細かくなっている．

Zener[32]はラメラ間隔 λ に関し，パーライト変態の駆動力がすべてフェライト/セメンタイト界面エネルギー形成に使われ，パーライトの成長速度が最大になる条件で λ が決まると考え，次式を導いた．

$$\lambda = \frac{4\sigma T_E}{\Delta H \Delta T} \quad (6.23)$$

ここに，σ はフェライト/セメンタイト界面エネルギー，T_E は共析変態温度 (A_{e_1}：727℃)，ΔH は単位体積あたりのパーライト変態の潜熱，ΔT は過冷度 ($T_E - T$(実際の変態温度))，である．ラメラ間隔 λ は過冷度 ΔT に逆比例，

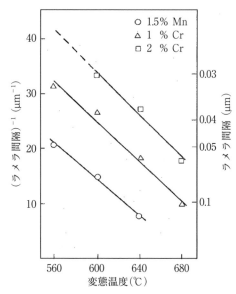

図 6.30　共析鋼パーライトのセメンタイトラメラ間隔に及ぼす変態温度および Cr 添加の影響[31].

つまり変態温度 T が低くなるほど，$1/\lambda$ が直線的に大きくなる．

合金元素のうち，Mn や Ni のようにオーステナイトを安定にする元素は A_{e_1} 点を下げるので，同じ温度で比較すれば Fe-C 合金よりもラメラ間隔は大きくなる．一方，Cr, Si, Mo のようなフェライト生成元素は A_{e_1} 点を上げ，変態駆動力を大きくする結果，ラメラ間隔を小さくする．

パーライトの靭性を支配する基本的組織単位はパーライトブロックである．図 6.31 はパーライト変態の初期段階の組織である．光顕組織で黒く見える塊状組織はパーライトノジュールと呼ばれ，元のオーステナイト粒界上に優先的に生成している．ノジュールは走査電顕組織に示すように，セメンタイト方位の異なるいくつかの領域(コロニー)から成っている．つまり，このノジュールが成長合体したのが，図 5.23 に示した，パーライト組織のブロック(パーライトの中のフェライトの結晶方位が同じ領域)である．このように，パーライトノジュールは初析フェライトと同様に核生成・成長によって変態が進行していくので，変態完了後のブロック径は式(6.12)で表され，その微細化法は図 6.9

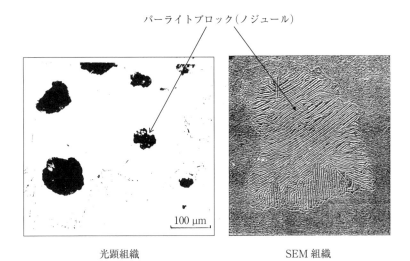

図 6.31 パーライト変態途中のオーステナイト粒界に生成したパーライトノジュールの光顕および走査電顕組織．Fe-0.61%C，550℃，5 s 保持後焼入れ．

で示したフェライトの微細化法と同じ4つの方法が適用できる．

6.6 マルテンサイト組織の微細化

ラスマルテンサイトの靱性を支配する有効結晶粒はパケットまたはブロックである．それゆえマルテンサイト組織の微細化とはパケット（またはブロック）を微細化することである．パケットを微細にする方法をまとめると，図6.32[33]のようになる．つまり，(1)母相オーステナイトを微細にする，(2)冷却速度を可能な限り大きくする[34]，(3)変態前にベイナイト変態を一部起こさせて母相オーステナイト粒を分割する[35]，などの方法がある．

この中で，(1)のオーステナイト粒の微細化が最も効果的な方法である．それゆえ，実際の焼入処理では，微細なオーステナイトを得るために，図3.30に示したようにオーステナイト化温度が低く設定されているのである．図6.33[36]は Fe-0.2%C 合金および種々の合金元素を 1% 程度添加した合金の，オーステナイト粒径とパケットサイズの関係を示す．両者は直線的な関係を示

182　第6章　相変態および再結晶による結晶粒微細化

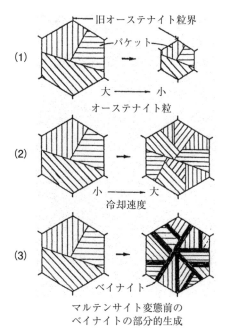

図6.32　ラスマルテンサイトのパケットの微細化法[33].

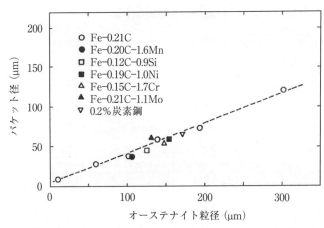

図6.33　低炭素ラスマルテンサイトのパケットサイズとオーステナイト粒径の関係[36].

し，オーステナイト粒が細かくなるほど，パケットが小さくなる．また，1%程度の合金元素添加では，ほとんど影響はない．

なお，マルテンサイトラスそのものの大きさは，(1)〜(3)の方法によってもほとんど変化しない．

6.7 母相オーステナイトの微細化

変態前の母相オーステナイト粒を微細にしておくことは，いずれの変態においても微細組織を得るための基本となる重要なことである．図6.19で述べたように，通常の鋼では，オーステナイト粒径はオーステナイト化温度の上昇とともに単調に増大するが，微細な炭窒化物によるピン止め効果を利用することにより，粒成長が止められ微細なオーステナイト粒を維持することができる．

オーステナイト粒微細化のための熱処理法には，図6.34に示すような，(1)オーステナイトの加工(熱間加工)→再結晶，および(2)フェライト→オーステナイト逆変態，の2通りがある．(1)の熱間圧延後の静的再結晶による微細化の程度は冷間加工材の再結晶に比べて小さく，現時点では微細粒として約10〜20 μmのオーステナイト粒が得られる程度である[37]．

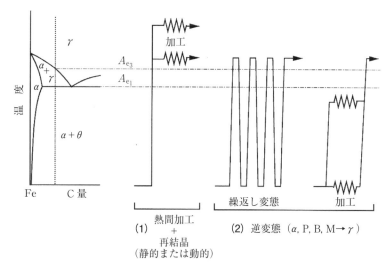

図6.34 オーステナイト粒の微細化法．

（2）の繰り返し変態を利用する方法は，オーステナイトの微細化に非常に有効である．A_{e_3} 点直上と室温の間で急速加熱・急速冷却を繰り返すと 2〜3 μm のオーステナイト粒が得られることは古くから知られているが[38]，急熱・急冷ができない場合にはそれほど顕著な細粒化は起こらず，高々 10 μm 程度である．変態組織を加工した後オーステナイト化すると，オーステナイト粒はより効果的に微細化する．低・中炭素鋼において焼もどしマルテンサイトを 80% 冷間圧延した後オーステナイト化すると 0.9 μm のオーステナイト粒が得られている[39]．また，準安定オーステナイト系ステンレス鋼においてオーステナイトを室温で強加工してほぼ 100% の加工誘起マルテンサイト組織にしたのち加熱することにより，0.2〜0.5 μm の超微細オーステナイト粒が得られている[40]．

文　献

1)　牧正志：西山記念技術講座（第 177, 178 回），日本鉄鋼協会(2002), p. 5.
2)　榎本正人：「金属の相変態」，内田老鶴圃(2000).
3)　H. I. Aaronson and J. K. Lee : Lecture on the Theory of Phase Transformatins, TMS-AIME(1979).
4)　榎本正人：鉄と鋼，**70**(1984), 1648.
5)　Recrystallization and Related Annealing Phenomena, ed. by F. J. Humphreys et al., Pergamon(1995).
6)　古林英一：「再結晶と材料組織」，内田老鶴圃(2000).
7)　梅本実：熱処理，**26**(1986), 194.
8)　梅本実，田村今男：日本金属学会会報，**24**(1985), 262.
9)　牧正志：金属，**71**(2001), 771.
10)　T. Furuhara, J. Yamaguchi, N. Sugita, G. Miyamoto and T. Maki : ISIJ Int., **43**(2003), 1630.
11)　西沢泰二：鉄と鋼，**81**(1984), 1984.
12)　佐久間健人：日本金属学会会報，**20**(1981), 247.
13)　T. Nishizawa, I. Ohnuma and K. Ishida : Mater. Trans. JIM, **38**(1997), 950.
14)　M. Hillert : Acta Metall., **13**(1965), 227.
15)　邦武立郎，大谷泰夫，渡辺征一：日本金属学会会報，**21**(1982), 589.

16) G. R. Speich, L. J. Cuddy, C. R. Gorden and A. J. DeArdo : Phase Transformations in Ferrous Alloys, ed. By A. R. Marder et al. TMS-AIME (1984), p. 341.
17) 玉谷哲郎，井口誠，佐藤紀男，坪田一一：熱処理，**37**(1997)，356.
18) 田中智夫：日本金属学会会報，**17**(1978)，104.
19) Thermomechanical Processing of High Strength Low Alloy Steels, ed by I. Tamura et al., Butterworths (1988).
20) 小指軍夫：「制御圧延・制御冷却」(叢書鉄鋼技術の流れ第1シリーズ4)，日本鉄鋼協会(1997).
21) 牧正志：日本金属学会会報，**27**(1988)，623.
22) 大橋徹郎，為広博，高橋学：まてりあ，**36**(1997)，156.
23) 植森龍次：ふぇらむ，**14**(2009)，472.
24) 榎本正人：ふぇらむ，**14**(2009)，587.
25) C. Ouchi, T. Sampei, T. Okita and I. Kozasu : The Hot Deformation of Austeniste, AIME (1977), p. 316.
26) 矢田浩，松津伸彦，松村義一，宮永治郎：鉄と鋼，**70**(1984)，2128.
27) J. J. Jonas : Mater. Sci. Eng., **A184**(1994), 155.
28) 牧正志，田村今男：日本金属学会会報，**19**(1980)，59.
29) S. Yamamoto, C. Ouchi and T. Osuka : Thermomechanical Processing of Microalloyed Austenite, ed. by A. J. DeArdo et al., TMS-AIME (1981), p. 613.
30) 田村今男：鉄と鋼，**74**(1988)，18.
31) 高橋稔彦：CAMP-ISIJ，**12**(1999)，389.
32) C. Zener : Trans. AIME, **167**(1947), 550.
33) 牧正志：鉄と鋼，**81**(1995)，N547.
34) 津崎兼彰，牧正志：日本金属学会誌，**45**(1981)，126.
35) Y. Ohmori, H. Ohtani and T. Kunitake : Met. Sci., **8**(1984), 357.
36) T. Maki, K. Tsuzaki and I. Tamura : Trans. ISIJ, **20**(1980), 207.
37) C. Ouchi and T. Okita : Trans. ISIJ, **24**(1984), 726.
38) R. A. Grange : ASM Trans. Quart., **59**(1966), 26.
39) 飴山恵，松村直己，時実正治：熱処理，**28**(1988)，233.
40) 高木節雄：鉄と鋼，**80**(1994)，N530.

第 2 部
応用編

第 7 章　鉄鋼の各種変態組織

第 8 章　変態生成物のバリアント

第 9 章　鉄鋼の加工熱処理

第 10 章　加工誘起マルテンサイト変態と TRIP

第 11 章　鉄鋼の超微細粒形成のための新しい原理

第7章
鉄鋼の各種変態組織

7.1 フェライト

7.1.1 初析フェライトの形態

　亜共析鋼の初析フェライトは実用鉄鋼材料において最も頻繁に現れる重要な組織である．初析フェライトの生成温度は冷却速度が大きくなるにつれて低くなり，それに伴って形態(morphology)が変化する．図7.1[1])はオーステナイト粒界および粒内に生成する初析フェライトを形態によって分類したものである．代表的なのが，粒界アロトリオモルフ(grain boundary allotriomorph)とウイッドマンステッテン(Widmanstätten)フェライトである．塊状のイディオモルフ(idiomorph)もあるが，生成頻度はそれほど多くない．図7.2にFe-0.18%C合金の(a)粒界アロトリオモルフと(b)ウイッドマンステッテンフェ

	分類	形態
γ粒界	アロトリオモルフ	
	イディオモルフ	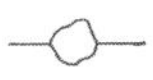
	ウィッドマンステッテン（サイドプレート）	1次 2次
γ粒内	イディオモルフ	
	ウィッドマンステッテン（粒内プレート）（アシキュラー）	

図7.1　オーステナイト粒界および粒内に生成する初析フェライトの形態の分類[1]．

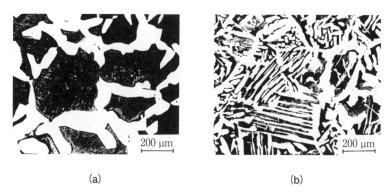

図 7.2 オーステナイト粒界に核生成した初析フェライトの光顕組織 (Fe-0.18%C).
(a) 粒界アロトリオモルフ α (780℃変態), (b) ウイッドマンステッテン α (730℃変態).

ライトの光顕組織を示す.なお,この組織の試料は初析フェライト変態途中で焼入れているので,黒く見える領域はマルテンサイトである.

　粒界アロトリオモルフは,高温で過冷度が小さいときにオーステナイト粒界に生成するフェライトで,軸比(アスペクト比)が通常 1/2〜1/3 程度のレンズ状を呈する.粒界を挟むオーステナイトの一方側と結晶方位関係(K-S 関係)を有しておりその界面は整合界面であるが,もう一方のオーステナイトとは特定の結晶方位関係を持たず界面は非整合である(後の第 8 章,図 8.7 参照).この非整合界面の移動によって成長し,最終的には等軸(equiaxed)フェライト(ポリゴナル(polygonal)フェライトとも呼ばれる)になる.

　変態温度が低くなり過冷度が大きくなると,板状のウイッドマンステッテンフェライトが生成する.これらには,オーステナイト粒界から直接に生成する 1 次と,先に生成した粒界アロトリオモルフの界面から粒内に向かって突き出すように成長する 2 次ウイッドマンステッテンフェライトがある.これらは,サイドプレート(side plate)やアシキュラー(acicular)フェライトとも呼ばれる.このタイプのフェライトはオーステナイトとの間に K-S 関係を持って生成する.形態が板状になるのは,変態温度が低温になるほど変態に伴うひずみエネルギーが大きくなるので(周囲の母相の塑性変形による緩和が起こり難くなるため),このひずみエネルギーをできるだけ小さくするためである.

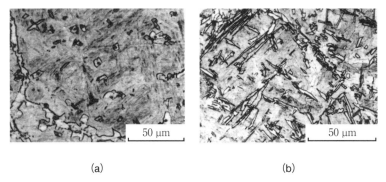

図7.3 オーステナイトの析出物(MnS+V(CN))上に核生成した粒内フェライトの光顕組織(Fe-0.2%C-2%Mn)[2]. (a)粒内イディオモルフ(600℃変態), (b)粒内プレート(アシキュラーα)(550℃変態).

初析フェライトは,通常,オーステナイト粒界で核生成するが,粒内に介在物や析出物があるとそれらを核生成サイトとして,イディオモルフやウイッドマンステッテン(粒内プレート)フェライトが粒内で生成するようになる.図7.3[2]にその一例を示す.これは,MnS+V(CN)複合析出物を核として生成した(a)粒内イディオモルフ(intragranular idiomorph)と(b)粒内プレート(intragranular plate)の光顕組織である.高温で生成する粒内イディオモルフは,析出物との結晶方位関係を優先するため母相とは特定の結晶方位関係を持たないのが特徴で,オーステナイトに対して整合性が悪くなり形状が等方的な塊状になる[2].一方,低温で生成する粒内プレートは十分なフェライト変態の駆動力があるため,介在物や析出物からの結晶学的拘束の影響を受けずに生成することができ,フェライトはオーステナイトとK-S関係を持ち整合性良く生成して板状の形状を示す.異相界面上に核生成した変態生成物の結晶学に関しては,文献[3]の解説が参考になる.なお,図7.3(b)の粒内プレートはしばしばアシキュラー(acicular)フェライトと呼ばれ,特に介在物を含む粗大γ粒から急速に冷却したとき(例えば,溶接の熱影響部)によく現れる組織である.Bhadeshiaは,このアシキュラーフェライトは粒内の介在物上に核生成したベイナイトであると考えている[4].

7.1.2 極低炭素鋼の連続冷却変態組織

一般構造用鋼は溶接して用いることが多い．特に溶接の大入熱化に伴い，溶接熱影響部（HAZ, heat affected zone）の靱性低下が顕在化する可能性があることから，C量の一層の低減が図られている．低C化していくと一般に強度が低下していくので，高強度を得るには変態温度を低くして強度の大きい低温変態生成物を利用しなければならない．極低C鋼になると炭化物の生成がほとんどないので，フェライトとベイナイトの組織的な区別は難しくなる．さらに，溶接のような連続冷却中に生成する組織は，変態温度が時間の経過に伴って刻々変化するため種々の変態組織が混在し，組織の解釈が大変難しくなる．

日本鉄鋼協会ベイナイト調査研究部会では，極低Cを含む種々のC量の鋼の連続冷却変態組織について調査研究した[5),6)]．表7.1[6),7)]はその研究部会の成果としてまとめられたフェライトの形態に基づく（極）低炭素鋼の変態組織の分類である．この表では，変態温度が高温のものから順に表示してあり，最も高温で生成するポリゴナルフェライトから一番低温で生成するマルテンサイトまで含まれており，種類が多く複雑である．なお，表中のウイッドマンステッテンフェライトは極低炭素鋼では通常見られない．図7.4[6)]に連続冷却により

表7.1 （極）低炭素鋼の変態組織の分類[6),7)].

記号	定義	特徴
α_p	ポリゴナルフェライト	等軸の多角形形状．γ粒界を越えて成長． ほぼ再結晶状態（転位密度が低い）．
α_q	擬ポリゴナルフェライト	複雑な形状．γ粒界を越えて成長． ほぼ回復状態（転位密度低い，ただしα_pより多い）．
α_w	ウイッドマンステッテンフェライト	ラスまたは板状．極低炭素鋼では通常見られない． ほぼ回復状態（転位密度低いが，α_pより多い）．
α_B	グラニュラーベイニティックフェライト	マクロに塊状に見えるベイニティックフェライトの集団からなる中間変態組織（Z_w）． 転位組織を含むが，回復の進行のため個々のラスの形状がわかりにくい．旧γ粒界が保存されている．
α_B^0	ベイニティックフェライト	微細なラスの集団で炭化物析出を伴わない． 転位密度が高い．旧γ粒界が保存されている．
α_m'	マルテンサイト	転位密度が高い．旧γ粒界が保存されている．

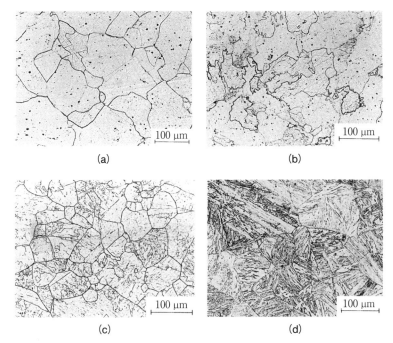

図 7.4 極低炭素鋼の連続冷却変態組織(光顕組織)[6].
(a) ポリゴナルフェライト(α_p)
　Fe-0.002%C-0.23%Si-1.76%Mn-0.034%Nb-0.0011%B, 冷却速度 =0.5℃/s
(b) 擬ポリゴナルフェライト(α_q)
　Fe-0.004%C-0.62%Si-0.7%Mn-0.0027%Nb-0.0027%B, 冷却速度 =2℃/s
(c) グラニュラーベイニティックフェライト(α_B)
　(a) と同じ鋼, 冷却速度 =1.5℃/s
(d) ベイニティックフェライト(α_B^0)
　Fe-0.045%C-0.33%Si-2.66%Mn-1.55%Cr-0.06%V-0.017%Ti, 冷却速度 =16℃/s

生成した極低炭素鋼の代表的な変態組織を示す.

古原[7]は, 表7.1の分類を変態機構の観点から, 次のように要約している. ポリゴナル(polygonal)フェライトとそれより少し低温で生成する擬ポリゴナル(quasi-polygonal)フェライトは, ともに転位密度が低く, γ粒界を超えて成長することから, 拡散によって起こる初析フェライト変態の生成物であり, 両者は本質的には同じものである.

グラニュラーベイニティック(granular bainitic)フェライトとベイニティッ

ク(bainitic)フェライトは，ともにフェライト形状はラス状の上部ベイナイト（次節参照）であり，本質的には同じものと考えられる．グラニュラーベイニティックフェライトは，炭化物やMA(Martensite/Austenite constituent)などの第2相がほとんどないため，パケットやブロックが一塊となって光学顕微鏡レベルでマクロには塊状に見えているだけである．NbやMoなどのマイクロアロイ元素が添加されていると，焼入性が大きくなりMAの生成も多くなるので，ベイニティックフェライトとしての形態がより明瞭になる．

なお，"ベイニティックフェライト"という呼び名もよく用いられるが，これもベイナイトなのかフェライトなのか不明で紛らわしい呼び名である．これはベイナイト変態生成物のことである．ベイナイトは通常フェライトとセメンタイトから成る組織であり，そのうちのセメンタイトを除いたフェライトのことをベイニティックフェライトと呼んでいるのである．混乱を避けるために，形状に重点を置いてベイナイトプレートとかベイナイトラスと呼ばれることもある．

ウイッドマンステッテンフェライトとベイニティックフェライトの判別は，フェライトとしてのサイズや内部の転位密度によりある程度できる．

なお，文献[6]は極低炭素鋼を含む種々の実用炭素鋼の連続冷却変態組織を系統的に知ることができる貴重な組織写真集である．

7.2 マッシブ変態

マッシブ変態(massive transformation)は，組成変化を伴わず，界面での短範囲拡散によって支配される固相での拡散変態の一種である．組成変化を伴わない相変態にはマッシブ変態以外にマルテンサイト変態があるが，これは無拡散変態(せん断変態)であり，マッシブ変態とは変態機構が異なる．マルテンサイトが板状やレンズ状などの形態をとり高密度の格子欠陥を含むのに対し，マッシブ変態生成物は塊状の形態を示し，内部に含まれる転位密度も非常に低い．

マッシブ変態は組成変化のない単相から単相の変態であるから，その駆動力は，図4.9に示したように，マルテンサイト変態と同様に同じ組成の母相と変態相の自由エネルギーが等しくなるT_0以下の温度で発生する[8]．

マッシブ粒は母相の粒界に核生成し成長する．母相と特定の結晶方位関係を持たないことが，マッシブ変態の大きな特徴の1つとして挙げられることが多いが[9]，マッシブ変態相は粒界に核生成する初析フェライト(第8章, 8.3参照)と同じように，粒界を挟む母相のどちらか一方側の母相と特定の結晶方位関係を持つことが実験的に確かめられている[10),11]．

Fe-C合金では，図3.4から分かるように，C量が0.02%以下の極低炭素鋼をオーステナイト域から速く冷却すると，$(\alpha+\gamma)$2相域を通過して，オーステナイトのままα単相域に入る．この領域では，オーステナイト母相と同じ組成のフェライトが生成する．これがマッシブ変態である[12)．これに対し，通常の$(\alpha+\gamma)$2相域で生成する初析フェライトは，図6.8で示したように，母相とC濃度の異なるフェライトが生成し，Cの分配を伴って変態が進行するのである．Fe-NiやFe-Mn合金でもマッシブ変態は起こるが，Fe-Ni合金では2相域でも起こることが知られている[13)．

なお，前節の表7.1で示した極低C鋼の変態組織の中の，擬ポリゴナルフェライト(α_q)はマッシブ変態によって生成したフェライトと考えられる．

7.3 パーライトおよび疑似パーライト

共析鋼のパーライトはフェライトとセメンタイトから成る層状組織で，図7.5[14)のようにオーステナイト粒界に核生成する．これは，Fe-12%Mn-0.8%Cオーステナイト合金で生成するパーライトの変態初期段階の組織であり，高Mnのため母相オーステナイトが室温でも残っている．パーライト中のフェライトは一方側の母相とK-S関係を満たし，特定の方位関係を持たないオーステナイト側に成長する．パーライト内のフェライトとセメンタイトは特定の結晶方位関係を持つので，成長界面のセメンタイトと母相とも特定の方位関係はない．

パーライト組織は図5.26に示したようにブロック(block)およびコロニー(colony)という領域から構成されている．フェライトの結晶方位が同じブロック内にはセメンタイトラメラの配向が異なるコロニーにより分割されている．しかし，ブロック内のセメンタイトは配向が変化しても同一結晶方位であり，コロニーの形成はセメンタイトの新たな核生成ではなく，セメンタイトの成長

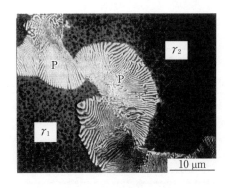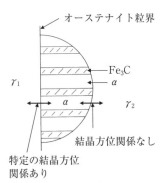

図7.5 オーステナイト粒界に生成したパーライトの走査電顕組織(Fe-12%Mn-0.8%C)[14]．

時の枝分かれによって形成されると考えられている[15),16)]．また，ブロック内部のフェライトの結晶方位は，通常のフェライトと同様に方位は一定であると見なされていたが，最近の電子線後方散乱回折(EBSD, electron back scatter diffraction)による詳細な研究により，ブロック内のフェライトの結晶方位は連続的に変化し，場合によっては小角粒界や弾性ひずみが存在することが見出されている[16)]．なお，パーライトの優先核生成サイトは図7.5のようにオーステナイト粒界であるが，粒内の介在物や析出物が存在しているとそれらを核として粒内パーライトが生成する[14)]．

亜共析炭素鋼をA_{e_1}点以下の温度で等温変態させると，層状のパーライトが生成する温度域よりもやや低温域で，図7.6[7)]に示すようにフェライト中にセメンタイトが点列状に分断した組織が生成する．この場合，C量は0.38%であるが通常の白く観察される初析フェライトは存在していない．このような組織を疑似パーライト(degenerate pearlite)という．疑似パーライトが生成する温度域は，図7.7[17),18)]に示すようにC量によって変化し低C側では700～450℃と広く，0.8%Cでは520～450℃とかなり狭い．

疑似パーライトは，初析フェライトの成長時にγ/α界面でセメンタイトが析出する，相界面析出(interphase precipitation)が起こった組織である．図7.8[19)]は相界面析出による疑似パーライトの生成過程の模式図である．オーステナイト粒界に(b)のように初析フェライトが生成されると，周囲のオーステ

7.3 パーライトおよび疑似パーライト

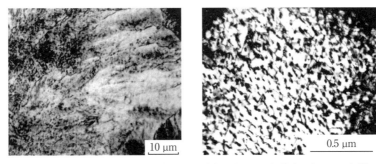

(a) 光顕組織(550℃, 10 s 変態)　　(b) 透過電顕組織(525℃, 5 s 変態)

図7.6　Fe-0.38%C 合金の疑似パーライト[7].

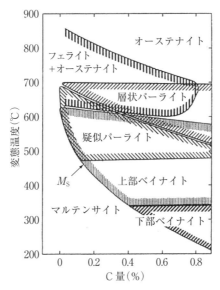

図7.7　Fe-C 合金の各種等温変態組織の生成温度域に及ぼす C 量の影響[17),18)].

ナイトに C が濃縮していく．このときの γ/α 界面近傍での炭素濃度の変化を図7.9 に示す．(a) は Fe-C 状態図を横に倒した図で，(b) は C 量 C_0 の合金を温度 T で保持したときの，フェライトとオーステナイトを横切る XY 間 ((b) の上図) の C 濃度プロファイルである．界面でのオーステナイトの C 濃

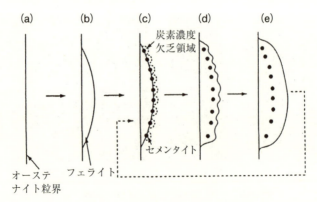

図7.8 初析フェライトの成長時における相界面析出(疑似パーライトの生成過程)[19].

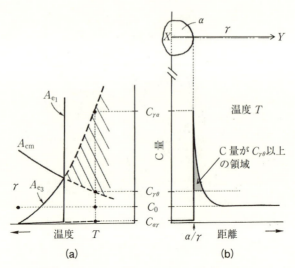

図7.9 Fe-C合金(C量 C_0)の A_{e_1} 点以下の温度 T におけるフェライト成長途中の α/γ 界面でのC濃度プロファイル.

度は局所平衡の $C_{\gamma\alpha}$ であり,これは A_{cm} 線の $C_{\gamma\theta}$ よりも高濃度になっている.つまり,γ/α 界面近傍のオーステナイトにCが濃縮されてセメンタイトに対して過飽和になるため,図7.8(c)のように界面でセメンタイトの析出が起こるのである.セメンタイトが析出すると界面近傍のオーステナイトのC濃

が大きく低下するので再び(d)のようにフェライトが成長する．このようなセメンタイトの相界面析出を繰り返しながらフェライトが成長した組織が疑似パーライトである．疑似パーライトは，結晶学的に見た場合，パーライトと同様に成長界面でオーステナイト母相と特定の結晶方位関係を満たさない[20]．

なお，初析フェライト変態時の相界面析出はVCやNbCなどの合金炭化物でも起こり，フェライトの強化法として利用されている[21]．

7.4 ベイナイト

7.4.1 上部ベイナイトと下部ベイナイトの組織と分類

共析炭素鋼の場合，図3.14のTTT線図で示したように，ベイナイトはC曲線のノーズ温度とM_s点の間の温度の等温保持により生成する．ベイナイトには形態的に2つのタイプに分けられ，図7.10に示すように，約350℃を境にしてそれ以上では羽毛状(ラスの集団)の上部ベイナイト(upper bainite)，それ以下の温度で板状の下部ベイナイト(lower bainite)が生成する．図7.11[22]は0.7%C鋼の透過電顕組織で，(a)は上部ベイナイト，(b)は下部ベイナイトである．両者ともにフェライト(α)とセメンタイト(Fe_3C)の混合組織であるがセメンタイトの分布と形態が大きく異なる．上部ベイナイトではラス状のベイナイトの境界に沿って比較的大きな板状のセメンタイトが生成する．一方，下部ベイナイトは細かいセメンタイトがベイナイト内の特定の面で特定の方向

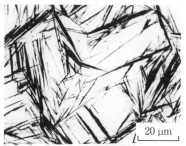

(a) 上部ベイナイト(450℃変態)　　(b) 下部ベイナイト(300℃変態)

図7.10　ベイナイトの光顕組織(Fe-0.6%C)．

 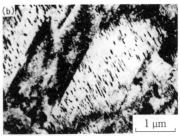

(a) 上部ベイナイト(450℃変態)　　(b) 下部ベイナイト(300℃変態)

図7.11　ベイナイトの透過電顕組織(0.7%C鋼)[22].

BFの形態 による分類	BFの 形態	ベイナイト組織	セメンタイトの 析出位置	セメンタイトの析出 位置による分類
上部ベイナイト	ラス	① 残留γ または BF MA	（析出なし）	（上部ベイナイト）
	ラス	② θ／BF	BF界面に析出	上部ベイナイト
	ラス	③ θ／BF	BF粒内に析出	下部ベイナイト
下部ベイナイト	板状	④ θ／BF	BF粒内に析出	

図7.12　上部ベイナイトと下部ベイナイトとの2つの異なる分類[23].

に並んで生成する．どちらの組織もマルテンサイトほどではないが，かなり高密度の転位を含んでいる．

多くの参考書では，上部ベイナイトと下部ベイナイトについては，上述のように共析組成近傍の高炭素鋼で生成するベイナイトを基にした分類に従って説明されている．しかし，上部ベイナイトと下部ベイナイトに関して，もう1つ別な分類があり，混乱が生じている．2つの異なる分類をまとめると，図7.12[23]のようになる．1つは，ベイナイト(ベイニティックフェライト，BF)

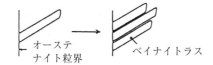

(a) BⅠ型上部ベイナイト(500℃〜600℃)

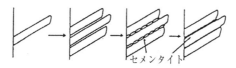

(b) BⅡ型上部ベイナイト(450℃〜500℃)

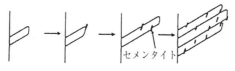

(c) BⅢ型上部ベイナイト(M_s〜450℃)

図7.13 低炭素鋼(0.1〜0.2%C)に現れる3種類の上部ベイナイト[24].

の形態によって分類する方法であり，ラス状を呈するものを上部ベイナイト，板状を呈するものを下部ベイナイトと呼ぶ．図3.14，図7.7，図7.10の高炭素鋼でのベイナイトの定義はこれに従っている．もう1つは，ベイナイト中のセメンタイトの析出位置に注目する定義であり，ベイナイトの界面に析出したものを上部ベイナイト，ベイナイト粒内に析出したものを下部ベイナイトとする．このときには，ベイナイトの形態は問わない．

大森ら[24]はベイナイトの形態による分類に立脚し，低炭素鋼(0.1〜0.2%C)におけるラス状上部ベイナイトのセメンタイト析出状態が変態温度によって変化することを見出し，これらを**図7.13**のように(a)BⅠ型(セメンタイトを含まない)，(b)BⅡ型(ベイナイト界面にセメンタイトが析出)および(c)BⅢ型(ベイナイトの内部に一方向にそろったセメンタイトが析出)に分類した．これは図7.12の①〜③に対応している．一方，高橋ら[25]は，セメンタイトの析出場所による分類に立脚し，図7.12の②のベイナイトを上部ベイナイト，③のベイナイトを下部ベイナイト，と呼んだ．

一般に，低炭素鋼では M_s 点が高いのでベイナイト変態が起こる温度域も高くなるため，生成するベイナイトの形態はラス状のみである．それゆえ，低炭素鋼のベイナイトは，形態による分類に従えば上部ベイナイトのみで，下部ベイナイトは生成しない．しかし，セメンタイトの析出場所による分類では図7.12③は低炭素鋼でも下部ベイナイトと呼ばれることになる．

いずれにせよ，図7.12の③の組織の呼び名が上部と下部の2通りあり，混乱していることを知っておかねばならない．例えば，図5.34で述べたように，低Cベイナイトの靭性は上部ベイナイトより下部ベイナイトの方が優れている，と一般に言われることが多いが，これはセメンタイトの析出サイトを基準にしたベイナイトの呼び名であり，形態による分類ではBⅢ型上部ベイナイトのことである．図7.7や図7.10(b)の下部ベイナイトの靭性が優れている，というのではないのである．下部ベイナイトというときには，どちらの定義に従っているのか明確に示さないと，誤解を招くことがある．

7.4.2 ベイナイト変態機構

Fe原子は約550℃以下になるとほとんど拡散できなくなるが，侵入型原子であるCは室温近傍の低温まで拡散できる．ベイナイト変態は，Feや置換型合金原子の体拡散はほとんど起こらないがCは容易に拡散できるという特殊な温度域で起こる．このことが，ベイナイト変態機構の議論を複雑にしている理由である．

ベイナイトの変態機構に関しては，古くから相反する2つの考え方があり[26]，未だ完全には決着がついていない[27),28)]．1つの考えは，マルテンサイト変態と同様に，Feおよび置換型合金原子の連携運動によるせん断変形によって結晶構造が変化するという説（せん断変態説）であり，2つ目の考えは，通常のフェライト変態やパーライト変態と同様に，Feおよび置換型合金原子の拡散による各個運動によって結晶構造を変えるという説（拡散変態説）である．いずれの説でも，変態時にCの拡散を伴うが，せん断変態説ではCの拡散は変態後に起こる付加的現象と見なすのに対し，拡散変態説では変態進行時にフェライトとオーステナイトへのCの分配が不可欠であり，α/γ 界面からオーステナイト中への炭素の拡散が変態速度を律速すると考えている．

拡散変態説では，パーライトもベイナイトも生成機構が同じで，セメンタイ

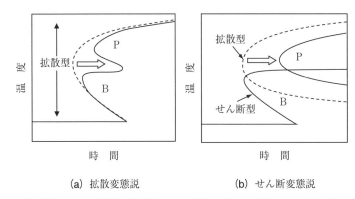

(a) 拡散変態説　　　　　(b) せん断変態説

図 7.14 共析鋼の TTT 線図が炭化物生成元素の添加により二重 C 曲線になる 2 通りの異なる説明.

トが層状になったものをパーライト，点列状になったのがベイナイトであると考える．せん断変態説では，パーライトとベイナイトは全く別な変態生成物であると考える．それゆえ，図 3.19 に示した C 曲線が Mo などの合金元素を添加すると二重 C 曲線になる解釈も両説で異なる．**図 7.14**(a) に示したように，拡散変態と考える立場では，パーライト部とベイナイト部を合わせて本来 1 本の曲線であるが，Mo が界面に偏析して 500℃近傍の温度で solute-drag like effect が起こり変態速度が遅くなるため，二重 C 曲線のようになったと説明する．一方，せん断変態説では，(b) のようにパーライトとベイナイトがそれぞれ独自の C 曲線を持っており，共析炭素鋼ではたまたま 2 つの C 曲線が重なって 1 つの曲線のように見えていたのが，Mo 添加によってパーライト変態が遅らされ大きく長時間側に移動したために二重 C 曲線になったと説明する．このようにベイナイト変態機構に関して全く異なる考え方にもかかわらず未だ決着がつかないのは，観察されている種々の実験事実がどちらの考え方においても一応の説明ができるからである．文献[29]は拡散変態説の立場から，文献[30]はせん断変態説の立場から，それぞれの主張する点を整理して解説されている．またベイナイト変態機構に対して現状ではどのように理解されているかについては文献[31]にまとめられている．

上述したように，ベイナイト変態機構に関してはいまだ議論が続いているが，筆者は独自に行った研究により得られた多くの結果をもとに総合的に判断

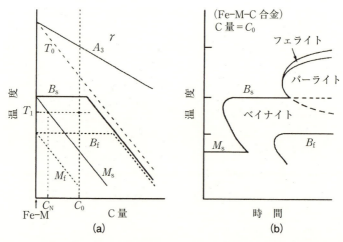

図 7.15 （a）Fe-M-C 合金の状態図と（b）それに対応する TTT 線図の関係[33].

し，鋼のベイナイト変態は基本的にはマルテンサイトと同じせん断変態であると結論し[23),32]，以下のようなせん断型ベイナイト変態モデルを考えている．ここでは，ベイナイト変態はマルテンサイト変態と同様に生成相の成長よりも核生成のためにより大きな駆動力を必要とし，さらに核生成段階において等温保持中に起こる母相オーステナイトでの C の濃度変化(濃度のゆらぎ)が関与すると考える．具体例として，図 7.15[33] の（a）に示すような状態図をもつ Fe-M-C 合金(M は置換型合金元素)において，C 量が C_0 の試料のベイナイト変態を考える．いま，オーステナイトを M_s 点以上の温度 T_1 に等温保持したとする．保持中に C 濃度の局所的ゆらぎが起こり，オーステナイト中に T_1 を M_s 点とする濃度 C_N の低 C 領域が形成され，その領域がマルテンサイトの核が存在する領域と重畳すれば，その核がマルテンサイト的に核生成し得る．そして，温度 T_1 で平均炭素濃度 C_0 での無拡散変態の自由エネルギー変化がせん断変態の成長に必要な駆動力(270 J/mol 程度)(核生成のための駆動力(約 1200 J/mol)よりは小さい)以上であれば，その核は無拡散・せん断的に成長可能である．すなわち，ベイナイト変態は「母相オーステナイト中での C のゆらぎによる低炭素領域の形成によって核生成が誘起されたマルテンサイト変態である」，と見なせる．

7.4.3 上部ベイナイトの形態と結晶学的特徴

　上部ベイナイトはラス状を呈し，その幅が1 μm以下と非常に細かいので光顕組織ではその1つ1つは識別できない．しかし，多くのラスが特定の配列を持って生成するため，パケット(packet)やブロック(block)と呼ばれる領域が形成され，特徴的な光顕組織を呈する．これらの組織的特徴(パケット，ブロック，旧γ粒界の存在)は，図5.38に示したラスマルテンサイトの場合に極めて類似している．つまり，上部ベイナイト組織の機械的性質を支配する組織因子は第5章，5.6.4で述べたようにラスマルテンサイトと同じと言える．

7.4.4 上部ベイナイト組織の多様性とラスマルテンサイトとの比較

　筆者は，上述のようにベイナイト変態の機構は基本的にマルテンサイト変態と同じであると考えている．その観点に立って，低炭素鋼の上部ベイナイトまたはラスマルテンサイトが高温で生成した後，室温までの冷却過程で起こる変化をまとめたのが図7.16[23)]である．(a)の変態直後はCが過飽和なラス状のフェライトであるが，直ちに，過飽和Cは(b)のように周囲の未変態オーステナイトへ吐き出されるか，(c)のようにフェライト中でセメンタイト(θ)を析出するか，のいずれかが起こる．変態温度が高ければ(b)が，低ければ(c)が起こりやすい．(b)が起これば，周囲の未変態オーステナイトにCが濃縮し，通常は(f)のようにα/γ界面でθが析出する．しかし，θの析出が起こらなければγオーステナイトは高Cになるので(d)のようにラス間にγフィルムが室温まで残留するか，(e)のように一部がマルテンサイトになりMA constituentを形成することになる．冷却速度が非常に大きい場合にはCの拡散が起こる時間的余裕がなく，(i)のようにCが完全過飽和のまま室温まで持ち来たらされる．(d)(または(e))，(f)，(g)が図7.13に示した低C鋼の上部ベイナイトのBⅠ，BⅡ，BⅢに対応する．

　一方，ラスMの場合でも(i)以外に，低C鋼ではM_s点が高いため，急冷しても冷却中に焼もどしを受けてオートテンパード(auto-tempered)(自己焼もどし)マルテンサイト((f)や(h))になったり，(d)のようにγフィルムがラス間に存在する場合がある．つまり，低Cラスマルテンサイトの場合には，変態後に起こる炭素の拡散によってさまざまの組織を呈するわけで，これらは

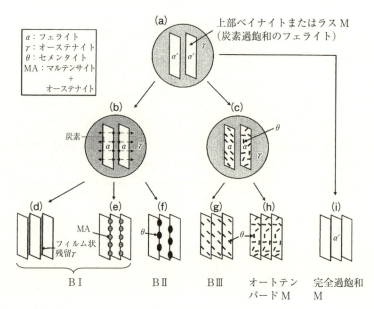

図7.16 ラス状ベイナイト（上部ベイナイト）およびラスマルテンサイトの変態後の冷却途中で起こる現象によるさまざまな室温組織[23]．

低C鋼の上部ベイナイトに現れる組織ときわめてよく似ているといえる．

なお，ベイナイト変態の変態機構，変態組織，機械的性質などの詳細に関しては，文献[4], [34]が参考になる．

7.5 マルテンサイト

7.5.1 4つの形態の α' マルテンサイト

図4.4で示したように，鉄合金の α' マルテンサイトには，ラス(lath)，バタフライ(butterfly)，レンズ(lenticular)，薄板状(thin plate)の4つの形態のマルテンサイトが存在し，それぞれが異なった生成温度範囲を持っている．図7.17[35]はFe-Ni-C合金で生成するマルテンサイトの形態と生成温度の関係をまとめたもので，生成温度が高温から低温になるにつれて，ラス→バタフライ→レンズ→薄板状と変化していく．この図では，各マルテンサイトの生成温度をC量で整理してあり，同じC量ではNi量が増すほどマルテンサイトの生成

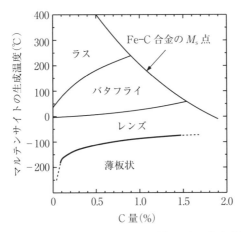

図7.17 Fe-Ni-C 合金の α' マルテンサイトの形態に及ぼす生成温度および C 量の影響[35].

温度(M_s 点)が低下する.

このように,α' マルテンサイトには 4 つの形態のものがあるが,これらに対して昔からさまざまな呼び名(ターミノロジー(terminology))が用いられてきた[36]. 例えば,ラス M のことはマッシブ(massive)M や転位(dislocation)M などと,レンズ M に対しては板状(plate)M,アシキュラー(acicular)M,双晶(twin)M などと呼ばれており,古い論文を読むときには注意を要する.特に,ラスマルテンサイトのことを,1960 年代から 70 年代にかけての一時期,マッシブマルテンサイトと盛んに呼ばれたことがあった[37]. これは,Fe-Ni 合金のラスマルテンサイトを腐食して光学顕微鏡で観察したときに,今でいうブロック境界が明瞭に現出し(後の図 7.21 のように),塊状(massive)組織に見えたためにつけられた呼び名である.しかし,マッシブ変態と混同しやすいために今ではこの呼び名は用いられなくなった.

7.5.2 ラスマルテンサイト

(a) 変態挙動と組織の特徴

ラスマルテンサイトの形態は,図 7.18(a)に示したように一方向(矢印方向)に伸びた幅のせまい薄い板状であり,板面が晶癖面である.個々のラスは

208   第 7 章　鉄鋼の各種変態組織

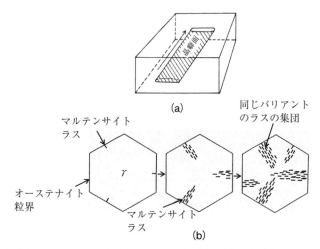

図 7.18　(a) 1 つのマルテンサイトラスの 3 次元的形態，(b) 個々のラスの生成挙動．

厚さが 0.1～0.2 μm 程度と極めて微細である．一般に，母相と K-S 関係を満たし，晶癖面は最密面平行関係の $\{111\}_\gamma$ 近傍，ラスの長手方向は最密方向平行関係の $\langle 110 \rangle_\gamma$ である．ただし最近の EBSD 法による詳細な観察により，結晶方位関係は厳密に K-S 関係ではなく，それより数度ずれており，個々のラス間でもばらつきがあることが報告されている[38]．ラスマルテンサイトは，図 7.18(b) のようにオーステナイト粒界で核生成し，その後粒内に向かって同じ晶癖面を持つラスが隣接し次々と核生成して，**図 7.19** の透過電顕写真に示すように細かい平行なラスの集団を形成する．

　低 C ラスマルテンサイトの光学顕微鏡組織 (図 5.38) は，**図 7.20** の模式図で示したように，特定の配列をしたラスの集団から成るパケット (packet) およびブロック (block) から構成されている．1 つのオーステナイト粒は数個のパケットに分割される．パケットは平行な (つまり同じ晶癖面の) ラスの集団からなる領域である．各パケットはさらにいくつかのほぼ平行な帯状のブロックに分割されている．ブロックは同じ晶癖面でかつ結晶方位が同じ，つまりバリアント (第 8 章で述べる) が同じラスの集団である．ただし，低炭素鋼の場合には，ブロックはさらに小角 (約 10 度) をなす特定の 2 組のバリアントのラスの

7.5 マルテンサイト　209

図 7.19　低炭素鋼ラスマルテンサイトの透過電顕組織(Fe-0.2%C).

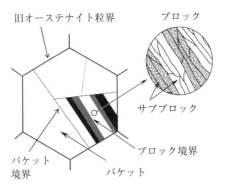

図 7.20　低炭素ラスマルテンサイトの光顕組織の組織構成.

集団であるサブブロック(subblock)から成ることが，森戸ら[39),40)]によって最近明らかにされた．また，マルテンサイトは母相オーステナイトの粒界を超えて成長しないので，完全マルテンサイト組織になっても，変態前のオーステナイト粒界が残る．これを旧オーステナイト粒界(prior austenite grain boundary)といい，フェライトやパーライトには見られないものである．マルテンサイトの焼もどし脆性は，この旧オーステナイト粒界に沿う粒界割れにより生じる．

　このように，ラスマルテンサイト組織は，いくつかの階層組織から構成されており，旧オーステナイト粒界，パケットおよびブロック境界は大角(方位差

210   第7章　鉄鋼の各種変態組織

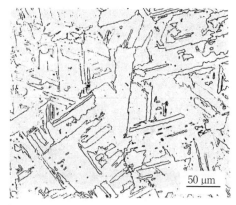

図 7.21　Fe-Ni 合金のラスマルテンサイトの光顕組織(Fe-23.8%Ni)（ブロック組織が現出）[42].

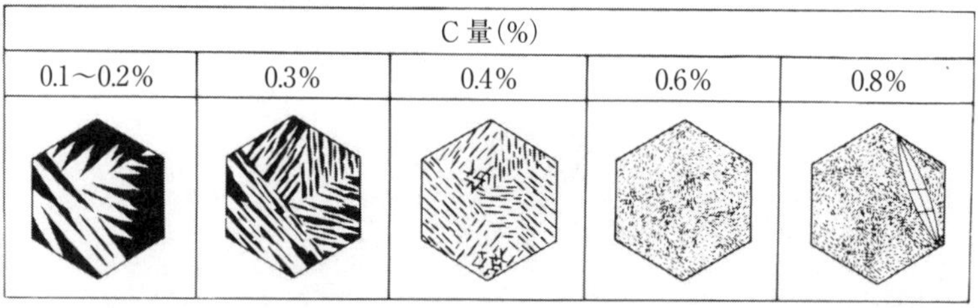

C 量(%)				
0.1～0.2%	0.3%	0.4%	0.6%	0.8%

図 7.22　C 量の異なる Fe-C 合金のラスマルテンサイトの光顕組織の模式図[43].

が 15 度以上）をなし，サブブロックとその中の個々のラス境界の方位差は小さい．それゆえ，大角粒界の中の最小の組織単位であるブロックが，ラスマルテンサイトの変形や破壊を支配する有効結晶粒と考えられている．

なお，ラスマルテンサイト組織は図 7.20 のように複雑であるが，光学顕微鏡で組織観察をする場合，使用する腐食液によって現出する組織がさまざまに変化する[41]ので注意が必要である．例えば，図 7.21[42] は Fe-23.8%Ni 合金のラスマルテンサイトの光顕組織であるが，ブロック境界のみが明瞭に現出した組織を呈している．かつては，この組織を元に，ラスマルテンサイトのことをマッシブマルテンサイトと呼ばれたことがあった[37],[42].

Fe-C 合金のラスマルテンサイト組織は C 量によって変化する．図 7.22[43]

に示すように，C量が増すにつれて，ブロックが微細になる傾向がある[39),40),43)]．0.4〜0.6%Cあたりの中炭素鋼のラス組織が靭性の観点からは最も好ましいように思われる．

(b) 内部微視組織

ラスマルテンサイトの内部には高密度の転位（転位密度は 10^{15}〜$10^{16}\,\mathrm{m}^{-2}$ のオーダー）が存在し，図7.23 示すように絡み合ったセル状の転位組織を呈するのが特徴である．図7.24[44)]は転位密度に及ぼすC量の影響を示しており，C量が増すにつれて転位密度が大きくなる．なお，転位密度の測定法には，X線回折法と透過電顕観察があるが，一般に，前者の方が大きい値が得られる傾

図7.23 ラスマルテンサイトの転位組織（透過電顕組織）（Fe-1.5%Mn）．

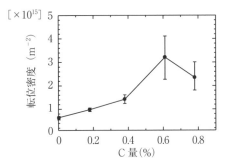

図7.24 Fe-Cラスマルテンサイトの転位密度に及ぼすC量の影響[44)]．

図 7.25 ラスマルテンサイト境界のフィルム状残留オーステナイト(透過電顕暗視野像). Fe-2.3%Mn-0.05%C.

向がある．また，C 量が増えると，ラス内に転位以外に変態双晶が局在して存在するようになるが，その量は少なく主要な欠陥ではない．

図 4.14 で述べたように，C 量が約 0.6% 以上の高炭素になると残留オーステナイトが存在するようになる．約 0.4%C 以下の低炭素鋼では，X 線測定ではほとんど残留オーステナイトは検出されないが，図 7.25 のように，ラスの境界に C が濃縮した非常に薄いフィルム状の残留オーステナイトが存在することがある．その成因は，ラスの変態温度が高温にあるので C の拡散が容易に起こり，変態後マルテンサイト中の C が周囲のオーステナイトに拡散して濃化し安定になったためである(図 7.16 の(d))．

なお，ラスマルテンサイト全般について取りまとめた解説として文献[45]がある．

7.5.3 薄板状マルテンサイト

(a) 内部微視組織

薄板状マルテンサイトは，図 7.26 の(a)光顕組織，(b)透過電顕組織に示すように，オーステナイトとの界面が平滑で，その内部は薄い(112)双晶(約 10〜20 nm 厚)が貫通した完全双晶マルテンサイトである．このマルテンサイトに特徴的なことは，マルテンサイトの周囲のオーステナイトに転位が存在していないこと，つまり，変態ひずみが母相では弾性変形によって緩和されてい

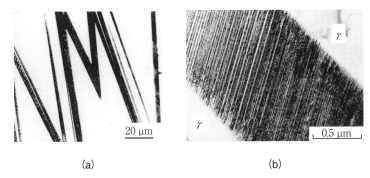

(a)　　　　　　　　　(b)

図 7.26 薄板状マルテンサイトの(a)光顕組織(Fe-31%Ni-0.23%C), (b)透過電顕組織(Fe-30%Ni-0.42%C).

ることである. ラスやレンズマルテンサイトでは, 周囲のオーステナイトは変態ひずみにより塑性変形を受け, 多くの転位が存在する.

　薄板状マルテンサイトは, 晶癖面が $\{3\,15\,10\}_\gamma$, 母相との結晶方位関係は G-T 関係であり, マルテンサイト変態の現象論的理論(phenomenological theory)から予想されるものとよく一致する. 現象論的理論が合うのは, 鉄合金の α' マルテンサイトの中では薄板状マルテンサイトだけである. このマルテンサイトが生成する合金としては, Fe-Ni-C, Fe-Ni-Co-Ti, Fe-Pt 合金などが報告されており, いずれの合金でも bct 構造である[35].

(b)　変態挙動

　図7.27(a)[46]のように, レンズマルテンサイトは冷却時に核生成後瞬時に最終の大きさに達し, さらに冷却しても成長せず, 新しいマルテンサイトが次々と生成することにより変態が進行していく. レンズマルテンサイトは界面が移動する能力を失っており, 加熱時に起こるオーステナイトへの逆変態はマルテンサイトの界面や内部で新しく核生成が起こることによって進行する. ラスマルテンサイトの正変態, 逆変態の様相もこれと同じである. 一方, 薄板状マルテンサイトは, 図7.27(b)に示すように冷却時に温度低下とともに界面が移動して厚さを増し, 加熱すると界面の移動によって収縮し母相にもどる[35]. 母相とマルテンサイトの界面が移動度を保持している理由は, 界面の整合性が維持されているためで, それにはマルテンサイト変態時に母相が塑性

214　第7章　鉄鋼の各種変態組織

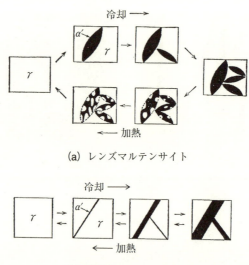

(a) レンズマルテンサイト

(b) 薄板状マルテンサイト

図7.27　(a)レンズマルテンサイトおよび(b)薄板状マルテンサイトの冷却，加熱時の正変態，逆変態挙動の比較[46]．

変形しないことが関与していると考えられる．この界面の可逆的な移動によりマルテンサイトが成長・収縮するという性質は，Ti-Niなどの非鉄の形状記憶合金の熱弾性(thermoelastic)マルテンサイトの特徴と同じで，薄板状マルテンサイトを使えば鉄合金でも形状記憶合金になる[47]．

薄板状マルテンサイトの出現を支配する因子，変態挙動や内部微視組織の特徴，などについては文献[35]に詳細にまとめてある．

7.5.4　レンズマルテンサイト

(a)　変態挙動

レンズマルテンサイトはM_s点で多量のマルテンサイトが爆発的に生成し，図4.12に示したように稲妻状を呈する．これをバースト(burst)現象といい，M_s点の代わりにM_b点と呼ばれることもある．また，M_s点直下で生成したものはオーステナイトの粒界から粒界まで瞬時に成長するので，マルテンサイトの大きさはオーステナイトの粒径に支配される．ところが温度低下によって変

態が進行すると，最初のマルテンサイトによって分割されたオーステナイト内で変態が次々と起こる．このような分割効果のために変態の後期に生成するマルテンサイトは非常に小さくなる．ラスマルテンサイトの場合には，図7.18(b)に示したように，1つのラスの近傍に次々と新しいラスが生成し，オーステナイトの分割効果がないので，ラスの大きさはオーステナイト粒径に依存しない．

(b) 内部微視組織

　レンズマルテンサイトは，図7.28(a)[48]のようにM_s点が低い時は界面は凸レンズ状に湾曲しているが，(b)のようにM_s点が高くなると凹凸を呈して界面が非常に不規則になる．内部微視組織はラスや薄板状に比べて非常に複雑で，図7.29(a)，(b)に示すように中央部の完全双晶からなるミドリブ(midrib)(通常0.5～1.0 μm程度の幅)，その周囲に部分的に変態双晶が存在する双晶領域，さらにその外側の転位が存在する非双晶領域，の3つの領域から構成されている．レンズマルテンサイトの界面は平滑でないので，習慣的に中央の薄い板状のミドリブを晶癖面と見なして解析されている．

　双晶領域(図7.29(c))では，ミドリブから外周部に行くにつれて双晶密度が徐々に小さくなる．非双晶部では，図7.29(d)に示すように，複数種類の直線的な転位(らせん転位)が存在し，絡み合ったセル状の転位が存在するラスマルテンサイト(図7.23)とはその様相が大きく異なる．なお，M_s点が低くなるほど全体に占める双晶領域の割合が大きくなる．

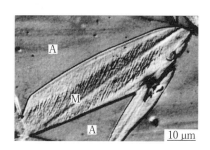
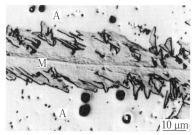

(a) Fe-32.9%Ni(M_S = -102℃)　　(b) Fe-30.8%Ni(M_S = -50℃)

図7.28　レンズマルテンサイトの形態に及ぼすM_s点の影響(光顕組織)[48]．

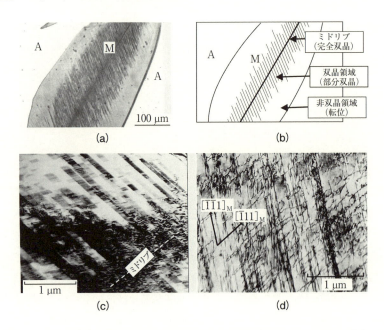

図 7.29 (a), (b) レンズマルテンサイトの光顕組織(Fe-31%Ni-0.28%C)とその模式図, (c), (d) 透過電顕組織(Fe-33%Ni).

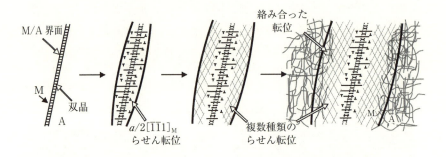

図 7.30 Fe-Ni レンズマルテンサイトの成長途中の内部組織変化[48].

レンズマルテンサイトの, 成長に伴う内部組織の変化は**図 7.30**[48]のように考えられる. レンズマルテンサイトでも変態初期にはまず薄板状マルテンサイトが生成し, その後瞬時に側面への成長が起こる. このとき, 変態時の発熱による局所的な温度上昇によって格子不変変形の様式が双晶からすべりに変化し

て，双晶領域および非双晶領域が形成される．最近，柴田ら[48]により非双晶領域の転位組織に2種類あることが見出された．双晶領域に近いところでは図7.29(d)のような直線的な複数組のらせん転位が存在する．一方，界面近傍になるとラスと同様の湾曲し絡み合った転位が存在するようになり，これは周囲のオーステナイトに導入された転位がマルテンサイト内に受け継がれたものである[48]．この結果は，ラスマルテンサイトの絡み合ったセル状の転位組織(図7.23)の本性は，変態ひずみを緩和するために母相に導入された転位が受け継がれたものであることを示唆するものである．

図7.30に示したような成長に伴う内部微視組織の変化に対応して，1つのレンズマルテンサイトでもミドリブ近傍では結晶方位関係がG-T関係を満たしているが，界面に向かうにつれてK-S関係に徐々に変化していく[49]．また，M_s点が高いレンズマルテンサイトの界面は不規則な凹凸状を呈し，ラスマルテンサイトの晶癖面に近い$\{111\}_\gamma \sim \{225\}_\gamma$のファセットを持つようになる[48]．このような観察結果より，鉄合金のα'マルテンサイトの形態を支配する本質的な因子は格子不変変形の様式であり，双晶変形が起これば薄板状が，すべり変形が起こればラスの形態になると結論できる[50]．

文 献

1) H. I. Aaronson : Decomposition of austenite by diffusional process, ed. by V. F. Zackay and H. I. Aaronson, Interscience New York (1962).
2) G. Miyamoto, T. Shinyoshi, J. Yamaguchi, T. Furuhara, T. Maki and R. Uemori : Scripta Mater., **48**(2003), 371.
3) 古原忠，宮本吾郎：ふぇらむ，**14**(2009), 650.
4) H. K. D. H. Bhadeshia : Bainite in Steels (2nd ed.), Institute of Materials, London (2001).
5) 荒木透，榎本正人，柴田浩司：鉄と鋼，**77**(1991), 1544.
6) 日本鉄鋼協会ベイナイト調査研究部会編：「鋼のベイナイト写真集-1」，日本鉄鋼協会(1992).
7) 古原忠：熱処理，**50**(2010), 22.
8) M. Hillert : Metall. Trans. A, **15A**(1984), 411.
9) E. B. Hawbolt and T. B. Massalski : Metall. Trans., **1**(1970), 2315.

10) M. R. Plichta, W. A. T. Clark and H. I. Aaronson : Metall. Trans. A, **15A**(1984), 427.
11) 津崎兼彰：まてりあ, **33**(1994), 191.
12) 榎本正人：まてりあ, **54**(2015), 65.
13) T. B. Massalski, J. H. Perepezko and J. Jaklovsky : Mater. Sci. Eng., **18**(1975), 198.
14) Z. Guo, N. Kimura, S. Tagashira, T. Furuhara and T. Maki : ISIJ Int., **42**(2002), 1033.
15) M. Hillert : Decomposition of austenite by diffusional process, ed. by V. F. Zackay and H. I. Aaronson, Interscience New York(1962), p. 197.
16) 中田伸生：まてりあ, **50**(2011), 112.
17) Y. Ohmori, A. T. Davenport and R. W. K. Honeycombe : Proc. of ICSTIS, Suppl.. Trans. ISIJ, **11**(1971), 128.
18) 大森靖也：日本金属学会会報, **15**(1976), 93.
19) 仲井清眞, 大森靖也：まてりあ, **40**(2001), 5.
20) T. Furuhara, T. Moritani, K. Sakamoto and T. Maki : Mater. Sci. Forum. **539-543**(2007), 4832.
21) 紙川尚也, 宮本吾郎, 古原忠：まてりあ, **54**(2015), 3.
22) 清水謙一, 康忠熙, 西山善次：Trans. JIM, **5**(1964), 225.
23) 牧正志：まてりあ, **46**(2007), 321.
24) Y. Ohmori, H. Ohtani and T. Kunitake : Trans. ISIJ, **11**(1971), 250.
25) M. Takahashi and H. K. D. H. Bhadeshia : Mater. Sci. Tech., **6**(1990), 592.
26) R. F. Heheman, K. R. Kinsman and H. I. Aaronson : Metall. Trans., **3**(1972), 1077.
27) W. T. Reynolds, Jr, H. I. Aaronson and G. Spanos : Mater. Trans., JIM, **32**(1991), 737.
28) H. K. D. H. Bhadeshia : Mater. Sci. Eng. A, **A273-275**(1999), 58.
29) 榎本正人, 椿野晴繁：日本金属学会会報, **28**(1989), 732.
30) 大森靖也：日本金属学会会報, **29**(1990), 542.
31) 古原忠：ふぇらむ, **14**(2009), 97.
32) K. Tsuzaki and T. Maki : Journal de Physique Ⅳ, **5**(1995), C8, 61.
33) K. Tsuzaki, K. Fujiwara and T. Maki : Mater. Trans. JIM, **32**(1991), 667.
34) 西山善次：「マルテンサイト変態」応用編, 丸善(1974).
35) 牧正志, 田村今男：日本金属学会会報, **23**(1984), 229.
36) G. Krauss and A. R. Marder : Metall. Trans., **2**(1971), 2343.
37) A. R. Marder and G. Krauss : Trans. ASM, **60**(1967), 651.

38) 宮本吾郎：まてりあ，**49**(2010), 332.
39) S. Morito, H. Tanaka, R. Konishi, T. Furuhara and T. Maki: Acta Mater., **51**(2003), 1789.
40) 森戸茂一：ふぇらむ，**14**(2009), 90.
41) 津崎兼彰，牧正志：日本金属学会誌，**45**(1981), 126.
42) W. S. Owen, E. A. Wilson and T. Bell: High Strength Materials, ed. by V. F. Zackay, J. Wiley & Sons, New York(1965), p. 167.
43) T. Maki, K. Tsuzaki and I. Tamura: Trans. ISIJ, **20**(1980), 207.
44) S. Morito, J. Nishikawa and T. Maki: ISIJ Int., **43**(2003), 1475.
45) 牧正志，田村今男：鉄と鋼，**67**(1981), 852.
46) 杉本孝一ほか：「材料組織学」，朝倉書店(1991), p. 127.
47) 貝沼亮介：ふぇらむ，**4**(1999), 230.
48) A. Shibata, S. Morito, T. Furuhara and T. Maki: Acta Mater., **57**(2009), 483.
49) A. Shibata, S. Morito, T. Furuhara and T. Maki: Scripta Mater., **53**(2005), 597.
50) 柴田暁伸：まてりあ，**50**(2011), 254.

第8章
変態生成物のバリアント

8.1 変態生成物の結晶方位関係とバリアント

　相変態や析出では，通常，生成物は母相と特定の結晶方位関係を持って生成する．これは，生成物が母相とできるだけ整合性を保とうとするからである．結晶方位関係は，母相と生成相の間の特定の面の平行関係とその面内に含まれる特定の方向の平行関係で表示される．例えば，オーステナイト(fcc)とフェライト(bcc)の間に見られる K-S(Kurdjumov-Sacks)関係は，両相の最密面同士が平行($\{111\}_\gamma /\!/ \{011\}_\alpha$)で，さらにその面内にある最密方向同士が平行($\langle 011 \rangle_\gamma /\!/ \langle 111 \rangle_\alpha$)な結晶方位関係である．この関係は，オーステナイトからの初析フェライトやα'ラスマルテンサイトに対して成り立つ，鉄合金で最も代表的な結晶方位関係である．

　以下に結晶方位関係のバリアントについて，K-S 関係を例に説明する．**図8.1**はオーステナイト(fcc)の最密面の1つである$(111)_\gamma$とフェライト(bcc)の最密面$(011)_\alpha$の原子配列を示す．オーステナイトの最密面$(111)_\gamma$内には3つの最密方向($[\bar{1}01]_\gamma, [01\bar{1}]_\gamma, [1\bar{1}0]_\gamma$)があり，フェライトの最密面$(011)_\alpha$内には2つの最密方向($[\bar{1}\bar{1}1]_\alpha, [1\bar{1}\bar{1}]_\alpha$)がある．それゆえ1つの面平行関係$(111)_\gamma /\!/ (011)_\alpha$を共有する方向平行関係の組み合わせは V1～V6 に示した6通りある．オーステナイトの最密面$\{111\}_\gamma$は等価な4つの面($(111)_\gamma, (1\bar{1}1)_\gamma, (\bar{1}11)_\gamma, (11\bar{1})_\gamma$)があるので，K-S 関係には 6×4 の 24 通りの等価な組み合わせが存在し，それぞれの結晶方位は互いに異なる．つまり，1つのオーステナイト粒から同じ K-S 関係を持って生成しても，24通りの結晶方位を持つフェライトが生成するのである．このように母相と同じ結晶方位関係を持ちながら互いに結晶方位が異なるものをバリアント(variant)(兄弟晶)という．

　なお，ミラー指数の表記法として，結晶面の表記には( )と{ }，結晶方向の表記には[ ]と⟨ ⟩がある．例えば，fcc 構造の最密面には等価な4つの面

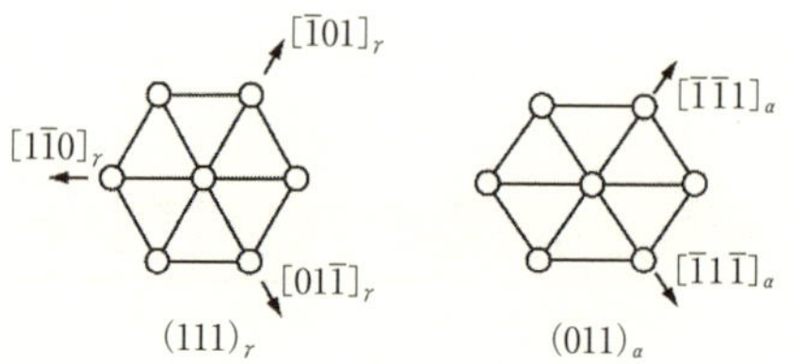

V1 : $(111)_\gamma /\!/ (011)_\alpha$, $[\bar{1}01]_\gamma /\!/ [\bar{1}\bar{1}1]_\alpha$
V2 :   〃   , $[\bar{1}01]_\gamma /\!/ [\bar{1}1\bar{1}]_\alpha$
V3 :   〃   , $[01\bar{1}]_\gamma /\!/ [\bar{1}\bar{1}1]_\alpha$
V4 :   〃   , $[01\bar{1}]_\gamma /\!/ [\bar{1}1\bar{1}]_\alpha$
V5 :   〃   , $[1\bar{1}0]_\gamma /\!/ [\bar{1}\bar{1}1]_\alpha$
V6 :   〃   , $[1\bar{1}0]_\gamma /\!/ [\bar{1}1\bar{1}]_\alpha$

図 8.1 K-S 関係の 1 つの最密面平行関係（$(111)_\gamma /\!/ (011)_\alpha$）を共有する 6 つのバリアント（V1〜V6）（紙面が $(111)_\gamma$ と $(011)_\alpha$）．

があり，それぞれ (111), $(1\bar{1}1)$, $(\bar{1}11)$, $(11\bar{1})$ と表示し区別するが，これら等価な面のすべてを代表して表したいときには {111} と表記する．結晶方向に対しても，等価な方向のそれぞれは [ ] で表し，これらを代表して表すときには 〈 〉を用いる．

表 8.1[1]に，K-S 関係の 24 通りのバリアントを列挙する．V1〜V24 のように結晶方位関係のバリアントを表示するときには，母相の面や方向は等価なものをすべて列挙せねばならないが，変態相の方は 1 つの任意の面と方向を用いて表記すればよい．ここではフェライトの最密面を $(011)_\alpha$ と固定し，その面内に含まれる 2 つの最密方向 $[\bar{1}\bar{1}1]_\alpha$, $[\bar{1}1\bar{1}]_\alpha$ を採用しているが，$(011)_\alpha$ にした特別な意味はない．表中の CP（Close-packed Plane，最密面平行関係）グループは 24 通りのバリアントの中で最密面平行関係を共有するバリアントグループのことで，CP1〜CP4 の 4 種類ある．例えば CP1 は $(111)_\gamma$ を面平行関係とする V1〜V6 が属する．CP2 は $(1\bar{1}1)_\gamma$, CP3 は $(\bar{1}11)_\gamma$, CP4 は $(11\bar{1})_\gamma$ との面平行関係を共有するバリアントグループである．**図 8.2**[2]は，これら 24 通りの K-S バリアントの相対的な方位関係を示すもので，各バリアントの $\langle 001 \rangle_\alpha$ 方向をオーステナイトの (001) 標準投影図に示したものである．例えば，同じ面平行関係を持つ CP1 に属する 6 つのバリアント V1〜V6 でも，相

8.1 変態生成物の結晶方位関係とバリアント

表 8.1 K-S 関係の 24 通りのバリアント[1].
CP グループ：同じ最密面平行関係を共有するバリアントグループ，
Bain グループ：同じベイン対応を共有するバリアントグループ．

バリアント番号	最密面平行関係	最密方向平行関係	Bain グループ
1		$[\bar{1}01]_\gamma /\!/ [\bar{1}\bar{1}1]_{\alpha'}$	B1
2		$[\bar{1}01]_\gamma /\!/ [\bar{1}\bar{1}\bar{1}]_{\alpha'}$	B2
3	$(111)_\gamma /\!/ (011)_{\alpha'}$	$[01\bar{1}]_\gamma /\!/ [\bar{1}\bar{1}1]_{\alpha'}$	B3
4	最密面グループ 1	$[01\bar{1}]_\gamma /\!/ [\bar{1}\bar{1}\bar{1}]_{\alpha'}$	B1
5	CP1	$[1\bar{1}0]_\gamma /\!/ [\bar{1}\bar{1}1]_{\alpha'}$	B2
6		$[1\bar{1}0]_\gamma /\!/ [\bar{1}\bar{1}\bar{1}]_{\alpha'}$	B3
7		$[10\bar{1}]_\gamma /\!/ [\bar{1}\bar{1}1]_{\alpha'}$	B2
8		$[10\bar{1}]_\gamma /\!/ [\bar{1}\bar{1}\bar{1}]_{\alpha'}$	B1
9	$(1\bar{1}1)_\gamma /\!/ (011)_{\alpha'}$	$[\bar{1}\bar{1}0]_\gamma /\!/ [\bar{1}\bar{1}1]_{\alpha'}$	B3
10	CP2	$[\bar{1}\bar{1}0]_\gamma /\!/ [\bar{1}\bar{1}\bar{1}]_{\alpha'}$	B2
11		$[011]_\gamma /\!/ [\bar{1}\bar{1}1]_{\alpha'}$	B1
12		$[011]_\gamma /\!/ [\bar{1}\bar{1}\bar{1}]_{\alpha'}$	B3
13		$[0\bar{1}1]_\gamma /\!/ [\bar{1}\bar{1}1]_{\alpha'}$	B1
14		$[0\bar{1}1]_\gamma /\!/ [\bar{1}\bar{1}\bar{1}]_{\alpha'}$	B3
15	$(\bar{1}11)_\gamma /\!/ (011)_{\alpha'}$	$[\bar{1}0\bar{1}]_\gamma /\!/ [\bar{1}\bar{1}1]_{\alpha'}$	B2
16	CP3	$[\bar{1}0\bar{1}]_\gamma /\!/ [\bar{1}\bar{1}\bar{1}]_{\alpha'}$	B1
17		$[110]_\gamma /\!/ [\bar{1}\bar{1}1]_{\alpha'}$	B3
18		$[110]_\gamma /\!/ [\bar{1}\bar{1}\bar{1}]_{\alpha'}$	B2
19		$[\bar{1}10]_\gamma /\!/ [\bar{1}\bar{1}1]_{\alpha'}$	B3
20		$[\bar{1}10]_\gamma /\!/ [\bar{1}\bar{1}\bar{1}]_{\alpha'}$	B2
21	$(11\bar{1})_\gamma /\!/ (011)_{\alpha'}$	$[0\bar{1}\bar{1}]_\gamma /\!/ [\bar{1}\bar{1}1]_{\alpha'}$	B1
22	CP4	$[0\bar{1}\bar{1}]_\gamma /\!/ [\bar{1}\bar{1}\bar{1}]_{\alpha'}$	B3
23		$[101]_\gamma /\!/ [\bar{1}\bar{1}1]_{\alpha'}$	B2
24		$[101]_\gamma /\!/ [\bar{1}\bar{1}\bar{1}]_{\alpha'}$	B1

対的にはそれぞれ結晶方位が大きく異なっていることが分かる．

表 8.1 にはベイン (Bain) グループ (BG) も示されている．BG は Bain の方位関係 ($(001)_\gamma /\!/ (001)_\alpha$, $[100]_\gamma /\!/ [110]_\alpha$) に近い方位 (図 8.2 の $\langle 001 \rangle_\gamma$ 近傍にあるもの) を持つバリアントグループのことで，B1～B3 の 3 種類ある．例えば，B1 には，図 8.2 の $[001]_\gamma$ 近傍の V1, V4, V8, V11, V13, V16, V21, V24 の 8 つが属する．これらは CP1～CP4 に属する 2 つずつのバリアントである．同一 BG 内のバリアント間の方位差は約 20 度以内と小さい．ベイングループについては，上部ベイナイトの結晶学的特徴を論ずる場合に重要にな

224　第8章　変態生成物のバリアント

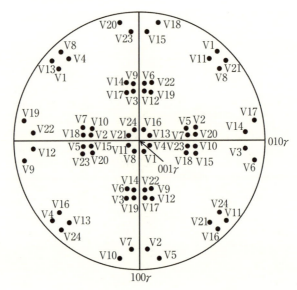

図 8.2 オーステナイトの 001 標準投影図に示した K-S 関係の 24 通りのバリアント（各バリアントのフェライトの〈001〉方向を表示してある）[2]．

る．

　上述したように，K-S 関係では 24 通りのバリアントがあるが，レンズマルテンサイトで見られる N-W 関係（$(111)_\gamma /\!/ (011)_{\alpha'}$，$[1\bar{2}1]_\gamma /\!/ [0\bar{1}1]_{\alpha'}$）のバリアントは 12 通りである．$(111)_\gamma$ 面内の〈112〉方向は 3 通り（$[\bar{1}\bar{1}2]$，$[\bar{2}11]$，$[1\bar{2}1]$）あり，$(011)_{\alpha'}$ 面内の〈011〉方向は 1 通り（$[0\bar{1}1]_{\alpha'}$）なので，面平行関係 $(111)_\gamma /\!/ (011)_{\alpha'}$ を共有する方向平行関係は 3 組ある．$\{111\}_\gamma$ は等価な面が 4 つあるので，全部で 3×4=12 通りになる．

　図 8.3 は，相変態による結晶粒微細化にとって，バリアントが重要なことを示す図である．オーステナイトからフェライトが K-S 関係をもって生成するとき，図 8.3(a) のように 24 通りのバリアントのフェライトがランダムに核生成すると，それらは互いの結晶方位が異なるので成長・合体した後はそれぞれが独立した 1 つの結晶粒になる．第 6 章，式 (6.12) はこのような仮定のもとで得られる粒径を表している．しかし，図 8.3(b) のように，極端な例であるがもしすべてのフェライト変態核が同じバリアントのものであれば，たとえ多くの核が生成しても同じ結晶方位なので成長・合体した後は，合体した痕跡

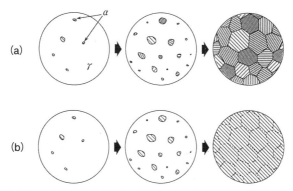

図 8.3 変態生成物のバリアント規制の有無と最終変態組織の関係．(a)バリアント規制がない場合，(b)バリアント規制により単一バリアントのみが生成する場合．

は残るが1つの大きな結晶粒になり，微細粒にはならない．このように，変態，析出相のバリアントがランダムにならず，何らかの理由により限られた特定のバリアントのみが生成することを，バリアント規制（またはバリアント選択）(variant selection)という．

変態や析出では母相の格子欠陥上に優先的に核生成する不均一核生成が起こるが，この場合，一般に強いバリアント規制が働く[3),4)]．それゆえ，格子欠陥を核生成サイトとして利用して超微細粒を得ようとする場合，バリアントの規制則を解明し，それを制御することは重要な問題である．また，図8.3(b)のような非常に強いバリアント規制が働く典型的な例がラスマルテンサイトであり，この規制のためにパケットやブロックという特徴的な組織を示すのである．ラスマルテンサイト組織の結晶学的特徴を理解するには，結晶方位関係のバリアントの知識が不可欠である．

バリアント規制は特定の方位のものが限られて生成するのであるから，結晶粒微細化以外にも，熱間圧延後のフェライト変態集合組織(transformation texture)の形成に対しても大きな影響を与える[5)]．

8.2　ラスマルテンサイトおよび上部ベイナイトのバリアントとパケット，ブロック

図7.20で述べたように，ラスマルテンサイトはラスが特定の配列をするた

め，パケット(packet)やブロック(block)という特徴的な組織を形成する．パケットは晶癖面がほぼ同じであるラスの集団から成る領域であり，パケットはさらに結晶方位が同じ(バリアントが同じ)ラスの集団から成るブロックによって分割されている．

ラスマルテンサイトの晶癖面は，結晶方位関係の最密面平行関係にある最密面に近い(正確には，$\{557\}_\gamma$ 近傍)．表8.1のCPグループに属するラス(例えば，CP1のV1〜V6)は同じ最密面平行関係を持つので，それぞれほぼ同じ晶癖面を持つ(厳密には，CP1のV1〜V6の晶癖面は $(111)_\gamma$ に近い $(557)_\gamma$，$(575)_\gamma$，$(755)_\gamma$ である)．それゆえ，パケットは同じCPグループに属する6つのバリアントのラスにより構成される．図8.4[6]に $(111)_\gamma$ を共通最密面にもつCP1グループに属するV1〜V6のバリアントの相対的な方位関係を示す．V1と他のバリアントV2〜V6の関係を見ると，V1-V4間の方位差は小角(10.5度)であり，それ以外の組み合わせは双晶関係(V1-V2)または双晶から10〜20度ほど回転した(V1-V3，V1-V5，V1-V6)関係にあり，いずれも互いに大角をなす．

図8.5は図7.20の低Cラスマルテンサイトの組織構成の模式図にラスのバリアントを書き入れたものである．オーステナイト粒を分割しているパケットは，それぞれ異なるCPグループのラスの集団で構成されている．各パケット内のブロックは互いに小角をなすバリアントの対(CP1グループならV1-V4，V2-V5，V3-V6)のラスから成っている．各ブロック内の小角をなすラスの集団をサブブロック(subblock)という[2],[7]．個々のサブブロックは，1つのバリアントのラスから成っている．なお，このように同一CPグループの6つのバリアントのラスが集団となってパケットを形成する理由は，マルテンサイト変態ひずみにより導入される，母相の弾性エネルギーをなるべく低下させるようなバリアントが集団で生成する，自己緩和(self-accommodation)機構が働くためである．

炭素鋼のラスマルテンサイトはC量が多くなるとバリアントの配向傾向が変化する．また，上部ベイナイトもラス状を呈し，光学顕微鏡組織はラスマルテンサイトと似ており，同じようにパケットやブロックが存在する[8]．図8.6[9],[10]はラスマルテンサイトと上部ベイナイトの組織構成をまとめた模式図である．図8.6(a)，(b)はそれぞれ低炭素鋼(C量：0〜0.2%C)および中高炭

8.2 ラスマルテンサイトおよび上部ベイナイトのバリアントとパケット，ブロック　227

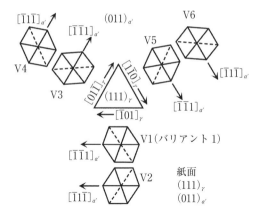

バリアント番号：γとの結晶方位関係	V1との方位差
V1：$(111)_\gamma // (011)_{\alpha'}$, $[\bar{1}01]_\gamma // [\bar{1}\bar{1}1]_{\alpha'}$	
V2：$(111)_\gamma // (011)_{\alpha'}$, $[\bar{1}01]_\gamma // [\bar{1}\bar{1}\bar{1}]_{\alpha'}$	双晶関係
V3：$(111)_\gamma // (011)_{\alpha'}$, $[01\bar{1}]_\gamma // [\bar{1}\bar{1}1]_{\alpha'}$	双晶関係から10.53°
V4：$(111)_\gamma // (011)_{\alpha'}$, $[01\bar{1}]_\gamma // [\bar{1}\bar{1}\bar{1}]_{\alpha'}$	小角（10.53°）
V5：$(111)_\gamma // (011)_{\alpha'}$, $[1\bar{1}0]_\gamma // [\bar{1}\bar{1}1]_{\alpha'}$	双晶関係から10.53°
V6：$(111)_\gamma // (011)_{\alpha'}$, $[1\bar{1}0]_\gamma // [\bar{1}\bar{1}\bar{1}]_{\alpha'}$	双晶関係から21.06°

図 8.4　K-S 関係において同じ最密面平行関係を共有する CP1 グループに属する V1〜V6 の相対的な方位関係[6]．

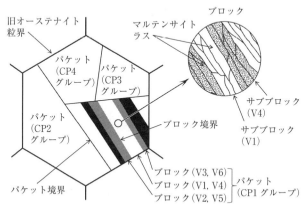

図 8.5　低炭素鋼のラスマルテンサイトの組織構成とバリアントの関係．

素鋼（C 量：0.4〜0.8%C）の模式図である．太線で囲んだ領域が 1 つのパケット，同色の領域が結晶方位の近いブロックを表している．低 C マルテンサイ

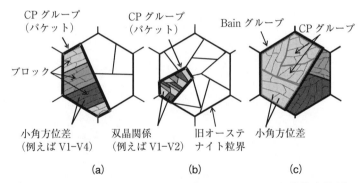

図 8.6 ラスマルテンサイトおよび上部ベイナイトの組織構成[9),10)].
(a) 低炭素鋼マルテンサイト, (b) 中・高炭素鋼ラスマルテンサイトおよび低温で生成する上部ベイナイト, (c) 高温で生成する上部ベイナイト.

トは図 8.5 に示したように, ブロック内部にさらにサブブロック組織が存在する[2),7)]. 一方, 高 C マルテンサイトでは, パケットが微細化し, パケット内は同じ CP グループに属する 6 種類のバリアントが混在するようになり, 特に双晶関係にあるバリアント対の頻度が大きくなる[7)]. 上部ベイナイトにおいても, 変態温度が低い場合は図 8.6(b) と同様な組織が形成されるが, 比較的高温で生成した低 C ベイナイトでは, 図 8.6(c) に示すように 1 つのパケットを超えて方位差の小さなベイングループに属するバリアントが集団して生成し, 結晶方位が近い粗大な領域が形成されることが見出されている[1)]. これは, ラスマルテンサイトには見られない特徴であり, 上部ベイナイトの機械的性質を考えるうえで重要である.

ラスマルテンサイトと上部ベイナイトのバリアントとその選択性については文献[11)]に詳細に述べられている.

8.3 オーステナイト粒界に生成する初析フェライトのバリアント

母相の結晶粒界は変態や析出の優先核生成サイトである. 図 8.7 はオーステナイト粒界に初析フェライトが核生成したときの図であるが, この場合, フェライトは隣接するオーステナイト粒 (γ_1, γ_2) のどちらか一方 (例えば γ_1) と

8.3 オーステナイト粒界に生成する初析フェライトのバリアント

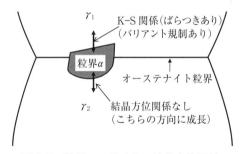

図 8.7 粒界フェライトの結晶方位関係.

K-S関係を満たして生成する．通常，γ_1 と γ_2 の間には特別な方位関係はなくランダムなので，粒界フェライトはもう一方側のオーステナイト (γ_2) とは特定の結晶方位関係を持たない．それゆえ，粒界フェライトは，結晶方位関係を持つ γ_1/α 界面は整合または半整合界面であるが，結晶方位関係を持たない γ_2/α 界面は非整合界面である．非整合界面の方が界面移動は容易なので，粒界フェライトは結晶方位関係を持たないオーステナイト側に優先的に成長する．なお，結晶方位関係に関しては，粒内に生成した変態相や析出物は母相と厳密な結晶方位関係を満すが，粒界上に生成した場合には，どちらか一方の母相と結晶方位関係を持つ場合でも5度程度以内でばらつく傾向がある[12]．

粒界フェライトは，両側のオーステナイトのどちらか一方とK-S関係をもつので，バリアントの数は粒内の場合(24通り)の2倍の48通りになる．つまり，粒界では粒内よりもバリアントの数が多く，それだけランダムな方位のフェライトができやすい環境にある．しかし実際には，粒界核生成の場合強いバリアント制限，つまり限られたバリアントのものしか生成しないという規制が働く．Leeら[13]は特定の方位関係における低エネルギー界面(晶癖面)が粒界にできるだけ平行である場合に粒界での臨界核生成の活性化エネルギーが最小になると提唱した．飴山ら[14]や古原ら[15]は，数多くあるバリアントのうち，生成相の晶癖面と粒界面のなす角度が最小となるバリアントが選ばれ，この規制を満足するバリアントのうち，さらに，結晶方位関係を持たない反対側の母相についても，特定の結晶方位関係からのずれができるだけ小さくなるようなバリアントのものが選択される，ことを実験的に確かめている．このような粒界でのバリアント規制により，平滑界面では析出物のバリアントは1種類にな

ることが多い．また，富田[5]は隣接する両側のオーステナイトとK-S関係(もしくはそれに近い方位関係)を持つバリアントのフェライトが選択されるという，二重K-S関係説を提唱している．通常，両方のオーステナイトと厳密なK-S関係を持つのは，限られた粒界(例えば焼鈍双晶境界)に限られるが，この説では，K-S関係からの10度以内のずれを許容している．この二重K-S関係というバリアント規制則を仮定することにより，熱延鋼板の変態集合組織を定量的に予測できると報告されている[16]．

粒界変態生成物の形態はバリアント規制の有無により影響を受ける．例えば，図8.8[17]に示すように，オーステナイト粒界に生成した初析フェライトは(a)のようにオーステナイト粒界に沿って薄いフィルム状を呈する場合と，(b)のように塊状を呈する場合がある．(a)のようなフィルム状フェライトは連続鋳造材や高温でオーステナイト化したときに現れるもので，この場合は，オーステナイト粒界が平滑である．平滑な粒界ではバリアント規制により(c)に示すように単一バリアントの生成傾向が強く，同じ結晶方位のフェライトが

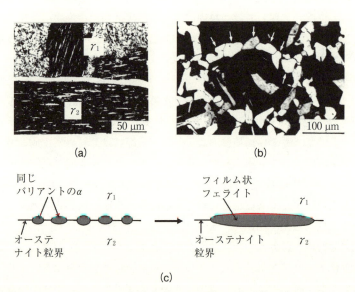

図8.8 オーステナイト粒界上に生成した形態の異なる初析フェライト[17]．(a)フィルム状フェライト，(b)塊状フェライト，(c)フィルム状フェライトの生成過程．

8.3 オーステナイト粒界に生成する初析フェライトのバリアント

生成し,それらが成長合体して同一方位のフィルム状フェライトになるのである.これに対し,(b)の塊状フェライトは,オーステナイト化処理温度がかなり低いときや熱間圧延後の再結晶オーステナイトで生成する傾向がある.このときのオーステナイト粒界はかなり湾曲しているのが特徴である.粒界が湾曲していると,粒界面に最も近い晶癖面を持つバリアントが場所によって異なるので,同じ結晶面であっても異なったバリアントのものが生成し,方位の異なる塊状フェライトになる.

このように強いバリアント規制は,結晶粒微細化の観点からは好ましくなく,できるだけ粒界生成物のバリアントのランダム化を図る必要がある.その方法には図 8.9[4]に示す3つの方法が考えられる[3].1つは,(a)の粒界の湾曲化で,加熱時のオーステナイト化直後や再結晶直後はこのような不規則な粒界状態にあると思われる.粒界の湾曲化の方法として,低温短時間のオーステナイト化や再結晶,また,小ひずみの熱間加工によってひずみ誘起粒界移動 (strain-induced boundary migration) を起こさせる,などが考えられる.2つ目の方法が,(b)の粒界への加工欠陥の導入,つまり,母相の加工である.すべり帯と粒界の交差部に粒界のステップが形成され,そのステップにバリアントの異なった析出物が生成する.3つ目の方法は,(c)の粒界析出物を利用す

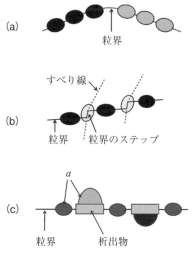

図 8.9 粒界変態生成物,析出物のバリアントをランダムにする方法[4].

る方法で，粒界析出物が初析フェライトの核生成サイトとして働き，粒界とは異なるバリアントのものが生成しランダム化する．

また，転位上に析出物が核生成する場合にも，強いバリアント規制が働くことが知られている[18]．

文　献

1) N. Takayama, G. Miyamoto and T. Furuhara : Acta Mater., **60**(2012), 2387.
2) 森戸茂一：ふぇらむ：**14**(2009), 90.
3) 古原忠，牧正志：まてりあ，**39**(2000), 417.
4) 牧正志：ふぇらむ，**12**(2007), 463.
5) 富田俊郎：まてりあ，**53**(2014), 253.
6) 森戸茂一，牧正志：まてりあ，**40**(2001), 629.
7) S. Morito, H. Tanaka, R. Konishi, T. Furuhara and T. Maki : Acta Mater., **51**(2003), 1789.
8) T. Furuhara, H. Kawata, S. Morito and T. Maki : Mater. Sci. Eng., A, **431**(2006), 228.
9) 宮本吾郎：まてりあ，**49**(2010), 332.
10) 牧正志，古原忠，辻伸泰，森戸茂一，宮本吾郎，柴田暁伸：鉄と鋼，**100**(2014), 1062.
11) 宮本吾郎，金下武士，知場三周，古原忠：日本金属学会誌，**79**(2015), 339.
12) T. Furuhara, K. Oishi and T. Maki : Metall. Mater. Trans., A, **33A**(2002), 2327.
13) J. K. Lee and A. R. Aaronson : ActaMtall., **23**(1999), 573.
14) 飴山恵，牧正志，田村今男：日本金属学会誌，**50**(1986), 602.
15) T. Furuhara, S. Takagi, H. Watanabe and T. Maki : Metall. Tater. Trans. A, **27A**(1996), 1630.
16) T. Tomita and M. Wakita : ISIJ Int., **52**(2012), 601.
17) 飴山恵，皆川昌紀，牧正志，田村今男：鉄と鋼，**74**(1988), 1839.
18) M. Kato, S. Onaka and T. Fujii : Sci. Tech. Advanced Materials, **2**(2001), 375.

第9章
鉄鋼の加工熱処理

9.1 加工熱処理の変遷

鉄鋼材料には強度レベルの異なる種々の変態組織があり，それぞれの変態組織を対象にした加工熱処理法が開発されている．表9.1は今までに開発された加工熱処理を，利用する変態の種類(拡散変態，せん断変態)および加工を施す時期(変態前，変態途中，変態後)によって分類したものである．加工熱処理の主な目的が強靱化にあるため，強度の大きいマルテンサイトを対象にした加工熱処理が多い．

熱処理と加工を併用して強靱な鋼を得ようとする処理法(thermo-mechanical treatment)が1950年代後半ごろ欧米において研究され始めた．この処理を"加工熱処理"と呼ぶようになったのは，1963年に田村[1]がわが国で最初にこの処理についての解説を書いたときに，加工熱処理と訳したのが始まりである．オーステナイトの高温域での鍛造後直ちに焼入れる鍛造焼入れが，最も初

表9.1 鉄鋼の加工熱処理の分類．

加工の時期	利用する変態	拡散変態 (フェライト，パーライト)		せん断変態(マルテンサイト)	
		分類	名称	分類	名称
変態前の加工		オーステナイトの加工	制御圧延	オーステナイトの加工	鍛造焼入れ，オースフォーミング，直接焼入れ
変態途中の加工		パーライト変態途中の加工	アイソフォーム	マルテンサイト変態途中の加工	サブゼロ加工 変態誘起塑性(TRIP)
変態後の加工		パーライトの加工	パテンティング伸線	マルテンサイトの加工	焼もどしマルテンサイトの加工 温間加工，冷間加工→焼もどし時効

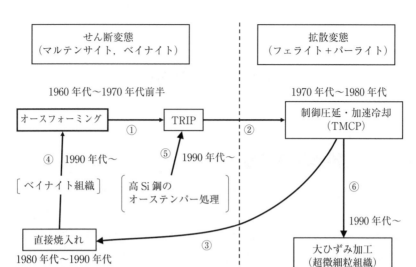

図 9.1　鉄鋼の代表的な加工熱処理の変遷[3].

期の加工熱処理であるが，これは省プロセスが主目的で強化はそれほど大きくないため，当時はあまり注目を浴びなかった．本格的な加工熱処理の歴史は1960年代初頭のオースフォーミング (ausforming)[2] の登場によって開始したといってよい．図 9.1[3] は，オースフォーミングが登場して以来現在に至るまでの，約 50 年間の代表的な加工熱処理の移り変わりをまとめたものである．このような加工熱処理の変遷を，鋼の強度レベルの推移で示したのが図 9.2[3] である．

1960 年代から 1970 年代前半は，超強力鋼（引張強さ 1.3 GPa 程度以上）の開発を目的としたマルテンサイトを対象にした研究の黄金期であった．C を含まず金属間化合物による析出強化を利用する新しいタイプのマルエージ鋼[4] が生まれ，オースフォーミングや TRIP (transformation-induced plasticity)[5] という加工熱処理が現れ，鋼の加工熱処理が世界的に盛んに研究された．これらにより，図 9.3[5] に示すように，0.2% 耐力が 2 GPa を超える優れた強度–延性・靭性バランスを有する超強力鋼が次々と生まれた．しかし，後述するように，オースフォーミングや TRIP は鋼の強靭化に非常に有効であるにもかかわらず，その処理の困難さなどの種々の制限のため実用化には至らず，次の加工熱

9.1 加工熱処理の変遷　235

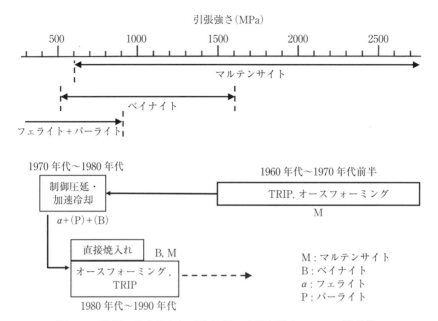

図 9.2 鉄鋼の代表的な加工熱処理の変遷と強度レベルの関係[3].

処理の主役である制御圧延の登場とあいまって，次第に研究は少なくなり世の中の関心は急激に薄れていった．

　1970年代になると，寒冷地用のラインパイプ原板として高強度で低温靱性や溶接性にすぐれた低Cの非調質高張力鋼(引張強さ500〜600 MPa程度)の開発という大きな社会的ニーズを背景に，拡散変態組織であるフェライト(＋パーライト)を対象とする加工熱処理への関心が高まり，従来の熱間圧延を発展させた制御圧延(controlled rolling)[6]が登場した．その後，1980年代には制御圧延後の加速冷却(accelerated cooling)[7]（または制御冷却）技術が進展し，制御圧延・加速冷却は非調質低合金高張力鋼(HSLA鋼, high-strength low-alloy steel)の製造技術として大きな工業的成功をおさめ，今では汎用技術になっている．この制御圧延・加速冷却は当初ラインパイプ用のHSLA鋼の製造法として活用されたが，その後はこの技術によって蓄積された種々の知見をもとに，構造用厚鋼板や低温用鋼，中・高炭素鋼，ステンレス鋼などの広範な鋼種に適用されるようになった．このような大きな工業的成功のため，いまで

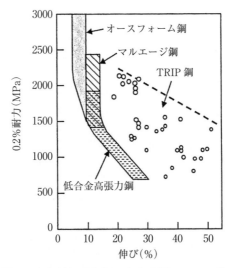

図9.3　各種超強力鋼の強度-延性バランス[5].

は，制御圧延・加速冷却が鋼の加工熱処理の代名詞のようになっている．

　制御圧延・加速冷却によりフェライトが主組織である低C非調質鋼の強度・靱性は大きく向上したが，さらなる高強度化の要請に対してはフェライト主体の組織では限界に達し，図9.2に示すように，1990年代頃には再び強度レベルの高い低温変態生成物を利用するようになってきた．つまり，加速冷却技術の発展に伴い，熱間圧延後直ちに焼入れする直接焼入れ(direct quenching)[8]が実用化技術として確立された．この処理は，もっとも初期の加工熱処理である鍛造焼入れと原理的に同じものである．このような状況下で，マルテンサイトほどは大きな焼入性を必要とせずにかなりの高強度が得られるベイナイトの有用性が注目されるようになった．また，直接焼入技術の確立により，1960年代に脚光を浴びていたオースフォーミングが再び関心を集め，高温オースフォーミング(改良オースフォーミング)[9]と姿を変えて実用鋼に適用されるようになった．さらに，オースフォーミングと同様に一時期忘れ去られていたTRIPも，残留オーステナイトを多量に得る新しい方法(高Si鋼のオーステンパー処理やQ＆Pプロセス)が見出されたことにより再び注目を浴び，これらを利用した低合金TRIP鋼が開発され実用化が進められている．

　なお，制御圧延・加速冷却や直接焼入れは，形状を変化させるためのプロセ

スである熱間圧延や熱間鍛造工程に熱処理の要素を取り入れ変態の種類や組織の制御を行い，省プロセス，省エネルギーを図るとともに材質の改善を意図したものであり，これらは thermomechanical control process(TMCP)と呼ばれている．ただし，第6章，6.4で述べたように，最近では，制御圧延・加速冷却のことを TMCP と呼ぶことが多い．

表9.1に示したように多くの加工熱処理があるが，その中で，オースフォーミング，TRIP，制御圧延・加速冷却の3つが代表的なものである．制御圧延・加速冷却(TMCP)に関してはすでに第6章でその微細化原理について述べたので，本章では，TMCP の極限追求による超微細粒創製の新しい試みと，オースフォーミングに関して述べる．TRIP と TRIP 鋼については第10章で詳しく述べる．

9.2 制御圧延・加速冷却(TMCP)の極限追求による超微細粒の創製

9.2.1 TMCP による超微細粒形成の新しい原理

制御圧延・加速冷却(TMCP)は，第6章，6.4で詳しく述べたように，熱間圧延のままで微細なフェライト粒が得られる優れた技術である．しかし，現行の TMCP で得られる最小のフェライト粒径は，5μm 程度が限界である．

1990年代後半から始まった鉄系スーパーメタルプロジェクト(NEDO)と超鉄鋼(STX-21)プロジェクト(物質・材料研究機構)では，いずれも，Ni, Cr, Mo などの合金元素に頼らない単純組成(Fe-Mn-Si-C)の低炭素鋼で1μm もしくはそれ以下の超微細フェライト粒の創製を目的の1つとし，現行の TMCP の極限追求に挑戦した．そして，両プロジェクトとも約10年間の活動により，実験室的規模ではあるが，種々の方法により1μm を切る超微細フェライト粒を得ることに成功している[11),12)]．

超微細粒を得ることができる新しい TMCP と現行の TMCP との比較を図9.4に示す．現行の TMCP のポイントは，加工硬化オーステナイト(900～950℃での圧延)からのフェライト変態と加速冷却にある．一方，極限を追求した新しい TMCP のキーテクノロジーは，低温大ひずみ加工にある．1パス50％以上の大圧下圧延を 500～700℃ という低温で施すものである．これは，変形抵抗が大きくなるために，現行の TMCP ではほとんど手が着けられてい

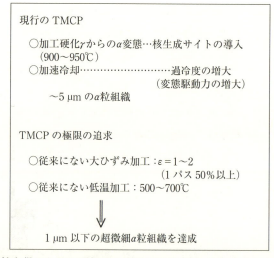

図9.4 微細粒を得るための現行および新しい TMCP のキーテクノロジーの比較.

ない領域である．この未開の領域への挑戦により，1 μm 以下の超微細フェライト粒創製に結びついた．

図9.5[12] に鉄系スーパーメタルプロジェクトにより開発された種々なタイプの低温大ひずみ加工 TMCP の例を示す．タイプ I は低温オーステナイト域での大ひずみ加工，タイプ II はフェライト＋オーステナイト 2 相域またはフェライト域での大ひずみ加工，タイプ III はフェライトでの大ひずみ加工とその後の急速加熱による逆変態の組み合わせである．いずれも特徴的な点は，現行の TMCP に比べてかなり低温で大ひずみ圧延が施されていることである．さらに，現行の TMCP の圧延はオーステナイト域で行われるのが普通であるのに対し，タイプ II や III ではフェライト変態後に大ひずみ圧延を施している点が新しい．タイプ I～III のいずれの方法でも，実験室的シミュレータによる小さな試験片で 0.5～0.8 μm の超微細粒が得られ，さらに大型試験圧延機により板厚 5 mm，幅 100 mm，長さ 2000 mm 以上の鋼板でもほぼ 1 μm 程度の超微細粒が得られることが確認されている．また，フェライト粒径 2～5 μm の微細粒組織を有する熱延鋼板が工業的規模でも製造可能になっている[13]．通常，超微細粒を得るためには低温 1 パス大圧下圧延が施されるが，A_{e_3} 近傍の 820℃で 1 パス圧下率 50% 以下での圧延を短時間で繰り返すことにより，単純

9.2 制御圧延・加速冷却(TMCP)の極限追求による超微細粒の創製

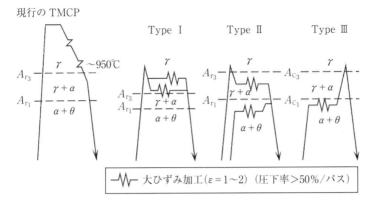

図9.5 3つのタイプの新しいTMCP(低温大ひずみ加工)と関連する微細化メタラジー[12].

組成鋼で0.9 μmの超微細フェライト組織が得られる極短パス間時間多段仕上げ圧延(SSMR法, super short interval multi-pass rolling process)が開発されている[14].

現行のTMCPでは図6.9に示した微細化原理を用いてフェライト粒の微細化が図られていたが，新しいTMCPでは図9.5のような低温大ひずみ加工を行うことによって，タイプIでは動的フェライト変態やひずみ誘起極低温フェライト拡散変態，タイプIIではフェライトの動的再結晶，タイプIIIでは加工発熱誘起逆変態など，現行のTMCPでは見られない金属学的現象が起こるようになる．

図9.6はひずみ誘起極低温フェライト変態の説明図である．冷却速度を大きくするとオーステナイトは低温まで過冷される．通常，図9.6(a)に示すようにオーステナイトが大きく過冷され約550℃以下の温度になれば，拡散変態であるフェライトは生成せず，代わりにベイナイト変態が起こる．しかし，低炭素鋼を550℃以下の温度で大圧下圧延を施すと，ベイナイトではなく1 μm

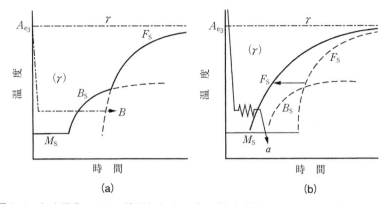

図9.6 (a)通常のTTT線図と(b)ひずみ誘起極低温フェライト変態の説明図.

程度の微細フェライトが生成するようになる[15]．この現象は，図9.6(b)に示すように，オーステナイトの大ひずみ加工によって拡散型フェライト変態の開始が大きく促進され，本来ベイナイト変態が起こる極低温域でもフェライト変態が起こるようになったものと説明されている．極低温で大ひずみ加工を施しているので，オーステナイトが大きく加工硬化するとともに，大きく過冷されているので，非常に微細なフェライト粒が得られる．

図9.7[12]は加工発熱誘起逆変態によるオーステナイト粒微細化の説明図である．マルテンサイト組織を500～600℃で1パス大圧下圧延を行い直ちに冷却すると，非常に微細なオーステナイトが得られる場合がある[16]．これは，変態点直下の温間温度で大ひずみ加工を与えると，加工発熱によって自発的にオーステナイトへの逆変態が起こり，きわめて微細なオーステナイト粒が得られたものと考えられる．加工後オーステナイト域に再加熱をしなくても，自発的に超急速加熱逆変態が起こるという面白い現象である．

その他，大ひずみ加工になると変形中に起こる再結晶や相変態，すなわち動的再結晶や動的フェライト変態が顕在化し，超微細フェライト粒創製の有効な手段として関心が高まっている．これらについては，第11章で詳しく述べる．

9.2.2 超微細粒の機械的性質とその特徴

実用鋼のフェライト組織で現在得られている最も細かい粒径は約5 μmである．しかし，前述したように，スーパーメタルプロジェクト等で実験室的規模

9.2 制御圧延・加速冷却(TMCP)の極限追求による超微細粒の創製

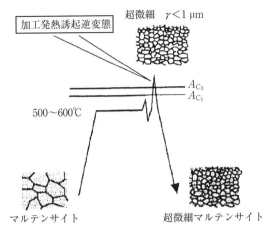

図9.7 加工発熱誘起逆変態によるオーステナイトの微細化[12].

ではあるが1 μm近傍の超微細粒フェライト組織を有するバルク材が得られるようになり，このような超微細粒の場合でも，ホール-ペッチの関係から予想される降伏強度と遷移温度を示すことが確認されている．降伏強さは，図9.8[17]に示すように，一般的な低炭素鋼について1 μm程度までホール-ペッチの関係が成立しており，微細粒強化量$\Delta \sigma$は，$\Delta \sigma (\mathrm{MPa}) = 600 \times d(\mu \mathrm{m})^{-1/2}$の式で見積もることができる．一方，図9.9[18]はシャルピ衝撃試験における上部棚エネルギーと延性-脆性遷移温度の変化を粒径の関数として示したものである．遷移温度は，粒径の平方根の逆数に比例して直線的に低下していき，粒径が1 μm程度以下になると，液体窒素温度でも延性破壊するようになる．ただし，粒径が5 μm程度以下になると上部棚エネルギーは次第に低下していく欠点が現れてくる．

ホール-ペッチの関係は，粒径が0.1 μm程度まで成立する．図9.10[18]はメカニカルミリングによって得られた純鉄の超微細フェライトの硬さと粒径の関係をまとめたものである．粒径が約0.1 μm以下になると直線から外れるが，0.01 μm(10 nm)程度までは正の傾きを示す．ただし，nmのオーダーの超々微細粒になると，結晶粒を小さくするほど変形応力が低下する，いわゆる逆ホール-ペッチの関係を示すようになることが知られている[19]．これは変形が粒界すべりによって起こるようになるからと考えられている．

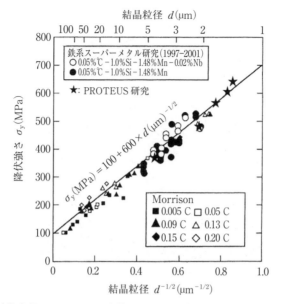

図9.8 低炭素鋼フェライトの降伏強さと結晶粒のホール-ペッチの関係[17].

また，超微細粒になると強度は上昇するが，伸びは粒径が1 μm程度になると著しく低下する傾向がある．その例として，辻ら[20]が繰返し重ね圧延（ARB, accumulative rolling-bonding）により得た純鉄（IF鋼）の超微細粒組織の応力-ひずみ曲線を図9.11[20]に示す．超微細粒化に伴う伸びの低下は，一様伸びが低下したことに起因している．これは，微細粒化に伴い変形応力は大きく増加するものの，加工硬化率はほとんど増加しないため，早期に塑性不安定条件（式(5.13)）に達し，くびれが発生したためである．ただし，このように一様伸びがほとんどない場合でも，局部伸びは10%程度あり，延性は必ずしも悪くはない．なお，フェライト組織にセメンタイトやパーライトなどの第2相を分散させることにより加工硬化が大きくなり，超微細粒でも均一伸びが発生し，伸びが改善することが明らかになっている．

9.2 制御圧延・加速冷却(TMCP)の極限追求による超微細粒の創製

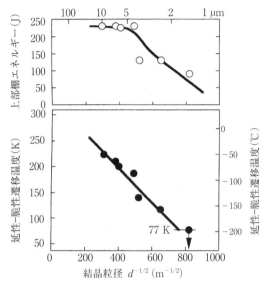

図 9.9 低炭素フェライト鋼のシャルピ衝撃試験による上部棚エネルギーと延性-脆性遷移温度の結晶粒依存性[18].

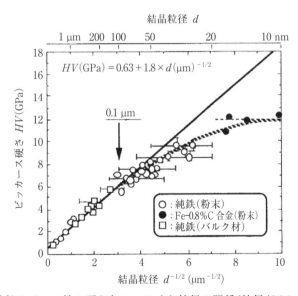

図 9.10 鉄粉やバルク鉄の硬さとフェライト粒径の関係(粒径が 0.1 μm 程度までホール-ペッチの関係が成り立つ)[18].

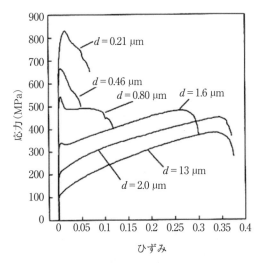

図 9.11 さまざまなフェライト粒径を持つ純鉄（IF 鋼）の応力-ひずみ曲線[20].

9.3 オースフォーミング

9.3.1 オースフォーミングとその強靱化機構

　オースフォーミングは，加工硬化状態のオーステナイトからマルテンサイト変態させる処理であり，具体的には図 9.12 に示すように TTT 線図のノーズ温度以下の準安定低温オーステナイト域で加工し，焼入れるのが一般的である．オースフォームされた鋼の特徴は，マルテンサイトの強度が大きく上昇するにもかかわらず，靱性や延性がほとんど低下しないことにある[21].
　オースフォーミングの強化に及ぼす処理上の因子は，加工度と加工温度である．図 9.13[22] は 0.31%C-3%Cr-1.5%Ni 鋼を 540℃でオースフォームし，焼入れ後 340℃で焼もどした場合の，強度と延性に及ぼす加工度の影響を示す．オースフォーム時の加工度が大きくなるにつれて強度がほぼ直線的に大きくなり，1% 加工あたり約 5 MPa の強度上昇を示している．一方，伸びは加工度にほとんど依存せず低下しないが，しぼりは強加工するとわずかに低くなっている．図 9.14[2] は H11 鋼（Fe-0.40%C-5.0%Cr-1.3%Mo-1.0%Si-0.5%V）における，強度に及ぼすオースフォーム加工温度と加工度の影響を示す．加工度が小

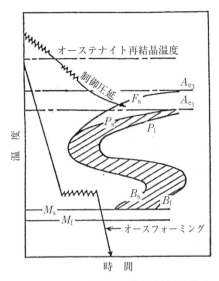

図9.12 オースフォーミングの説明図(制御圧延も併せて示してある).

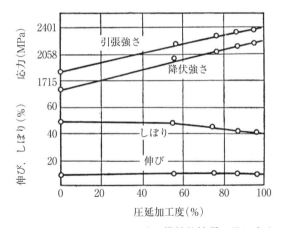

図9.13 Cr-Ni鋼(0.3%C,3%Cr,1.5%Ni)の機械的性質に及ぼすオースフォーム加工度の影響[22].加工温度540℃,340℃焼もどし.

さいときは加工温度の影響は比較的小さいが,加工度が大きくなると加工温度に大きく影響され,低温になるほど強度が大きくなる.

オースフォーミングによる強化量は合金元素によっても異なる.その一例

を，図9.15[23]に示す．オースフォームの効果は，Cをほとんど含まないFe-25%Ni合金では非常に小さいが，Cを添加したFe-24%Ni-0.38%C合金では効果が現れ，MoやVなどの強炭化物生成元素を含むH11鋼では顕著な効果が

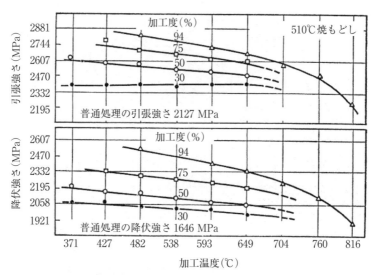

図9.14 H11鋼（0.4%C，5.0%Cr，1.3%Mo，1.0%Si，0.5%V）の強度に及ぼすオースフォーム加工温度および加工度の影響[2]．510℃焼もどし．

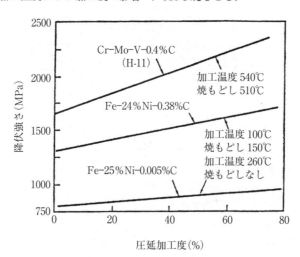

図9.15 3つの鋼のオースフォーミングによる強度上昇の比較[23]．

現れている．オースフォーミングによる強化には，ある程度(約0.1%以上)のC量が必要なようである．Cを含まないマルエージ鋼にオースフォームを施しても，強度上昇量は小さい．C量が0.1〜0.6%程度の鋼では1%(圧延圧下率)オースフォームあたり約5 MPaの強度上昇があり，Mo，Vなどの二次硬化を起こす炭化物生成元素を添加すると1%オースフォームあたり約10 MPaの強度上昇が起こる[23]．

オースフォーミングによるマルテンサイトの強化機構にはいくつかの説があるが[21]，主因は加工によって導入されたオーステナイト中の転位がマルテンサイトへ受け継がれ，マルテンサイトの転位密度が増加するためである．それゆえ，オースフォームの加工度を大きくするか，加工温度を低くするほどオーステナイト中の転位密度が大きくなり，それから生成するマルテンサイトの強度上昇が大きくなるのである．

加工硬化オーステナイトからラスマルテンサイトが生成すると，個々のラスの大きさはわずかに小さくなる程度でそれほど大きな変化はないが，平行に並んだラスの集団の中に方位の異なる(バリアントの異なる)ラスが入り乱れて生成する傾向が強くなり，その結果ブロックが非常に微細化される[24]．このようなブロック領域の微細化が，オースフォームドマルテンサイトにおいて強度が著しく上昇するにもかかわらず良好な靱性を維持している理由の1つと考えられる．

オースフォーミングにより，マルテンサイトの強度が大きく上昇するにもかかわらず延性，靱性はほとんど低下しない，という特徴を明確に示した友田ら[25]の研究結果を**図9.16**に示す．これはM_s点が室温以下にあるFe-25.5%Ni-0.4%C合金($M_s = -37°C$)を200°Cで種々の加工度に圧延(オースフォーム)し，そのままの試料(加工オーステナイト試料)と，それを液体窒素中に冷却しマルテンサイト変態させた試料(オースフォームドマルテンサイト試料)の両方について室温で引張試験をしたときの(a)引張強さと(b)伸びを比較したものである．オーステナイトは加工度とともに大きく強化する(加工硬化)が，伸びは急激に低下する．一方，加工硬化したオーステナイトから生成したマルテンサイト(オースフォームドマルテンサイト)は，オースフォーム加工度の増大とともに引張強さが大きく上昇するが，伸びはわずかにしか低下しない．それゆえ，60%オースフォーム材では，マルテンサイトの方がオー

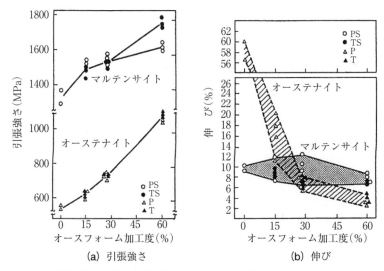

図9.16 Fe-25.5%Ni-0.4%C 合金($M_s = -37$℃)におけるオースフォーミングによるオーステナイトおよびマルテンサイトの引張性質の変化(1100℃溶体化後200℃でオースフォーム(圧延),引張試験温度80℃)[25].
図中の〇,△は試験方向が圧延方向に平行(P),●,▲は圧延方向に直角(T)の場合の結果.

ステナイトよりも引張強さ,伸びともに大きくなっている.つまり,オーステナイトが加工硬化によって大きく延性を失っても,そのオーステナイトがマルテンサイトに変態すればより強くなると同時に延性も回復するという面白い現象が起こるのである.これは,加工によってオーステナイト中に発生した応力集中部にそれを緩和する方位(バリアント)のマルテンサイトが優先的に生成するためと説明されている.つまり,塑性変形によって生じたオーステナイト中の傷(応力集中)がマルテンサイト変態によって癒されるわけで,ここにオースフォーミングの面白さがある.

1960年代にはオースフォーミングに関して非常に多くの研究がなされ貴重なデータが蓄積されている.それらを知るには文献[21],[26]などが参考になる.

9.3.2 高温オースフォーミング(改良オースフォーミング)

図9.3に示したように,オースフォーミングは超強力鋼を得ることができる

加工熱処理である．しかし，高強度を得るには図9.12に示したように準安定オーステナイトの低温域で加工をする必要がある．そのためにはTTT線図が長時間側(右側)にあること(つまり，大きな焼入性を有すること)が必要で，必然的に焼入性を上げるNi, Cr, Moなどの合金元素を添加した高合金鋼にならざるを得ない．さらに，できるだけ低温で加工するためにオースフォーム時の変形抵抗が非常に大きくなる．このような制約のために，1960年代には大きな注目を浴びながら実用的にほとんど活用されなかった．

オースフォーミングが登場した当時は超強力鋼開発を目指していたために，450℃前後の低温オーステナイト域で加工するものという意識が強かったようである．オースフォーム処理の本質は，加工硬化状態(高密度の転位を含む)のオーステナイトからマルテンサイト変態させることにある．それゆえ，オースフォーミングは必ずしもTTT線図のノーズ以下の低温での加工に限られるものではない．ノーズ温度以上の準安定オーステナイトの高温域，さらにはA_{e_3}点以上の安定オーステナイトでも，加工硬化(未再結晶)オーステナイトが得られるならオースフォーミングの効果は期待できる．普通のSi-Mn鋼では熱間圧延後直ちに再結晶が起こるので，A_{e_3}点以上のような高温での加工では加工硬化状態のオーステナイトを得るのは困難である．しかし第6章，6.4で述べたように，NbやTiを微量添加した鋼では未再結晶オーステナイト域が950℃程度まで拡大するので，このような高温でもオースフォーミングが可能になる．従来の低温でのオースフォーミングに比べ，高温オースフォーミングは変形抵抗が小さいために実用化の観点からは好ましい．

このような高温でのオースフォーミングは改良オースフォーミング(modified ausforming)と呼ばれ，1970年頃から大森[9]によって研究されていたが，強化量が大きくないため，当時はあまり注目を浴びなかった．しかし，2000年代になって，津崎ら[27],[28]は，高温オースフォーミングの有効性について再度詳細に検討し，延性，靱性，疲労強度，耐水素割れ感受性などの改善に有効であることを組織観察と対応させて明らかにした．高温オースフォーミングは強化の程度はそれほど大きくないが，各種破壊に対する感受性の改善に大きな効果があるのが特徴であり，これらの特徴は，オースフォーミングによるラスマルテンサイト組織の微細化と焼もどし時に析出する炭化物の均一微細分散化に起因することが明らかになっている[27],[28],[29]．また近年，高温オースフォー

ムをベイナイト組織鋼に適用する研究にも関心が高まっている[30),31)]．オースフォームドベイナイトに関する研究は従来ほとんどなされていない分野である．

なお，拡散変態を対象にした制御圧延とマルテンサイト変態を対象にしたオースフォーミングは鋼の代表的な加工熱処理であるが，両者は，図9.12に示したように加工硬化オーステナイトから変態させるという点で共通している．ただし，両者でオーステナイト母相中の転位の働きは全く異なる．マルテンサイト変態の場合(オースフォーミング)は母相中の転位がマルテンサイトに受け継がれて強化(転位強化)に寄与するのに対し，拡散変態(制御圧延)では母相の転位はフェライト変態の核生成サイトとして働き，その結果生成するフェライト粒を微細化させて強化(細粒化強化)に寄与している．拡散変態の場合，母相の転位はフェライトには受け継がれない．これは，再結晶粒が加工組織の転位を含まないのと同じである．

文　献

1) 田村今男：日本金属学会会報，**2**(1963), 426.
2) V. F. Zackay and W. M. Justusson : ISI Special Report, No. **76**(1962), p. 14.
3) 牧正志：まてりあ，**46**(2007), 321.
4) S. Floreen : Metall. Rev., **55**(1968), 106.
5) V. F. Zackay, E. R. Parker, D. Farh and R. Bush : Trans. ASM, **60**(1967), 252.
6) 田中智夫：日本金属学会会報，**17**(1978), 104.
7) 大北智良：熱処理，**21**(1981), 299.
8) 小松原望，渡辺征一：熱処理，**24**(1984), 201.
9) 大森宮次郎：熱処理，**35**(1995), 257.
10) O. Matsumura, Y. Sakuma and H. Takechi : Trans. ISIJ, **27**(1987), 570.
11) 鳥塚史郎，長井寿，佐藤彰：塑性と加工，**42**(2001), 287.
12) 萩原行人，藤岡政昭：金属，**71**(2001), 409.
13) 倉橋隆郎，竹士伊知郎，高橋昌範，高岡真司：塑性と加工，**4**(2003), 106.
14) M. Etou, S. Fukushima, T. Sasaki, Y. Haraguchi, K. Miyata, M. Wakita, N. Imai, M. Yoshida and Y. Okada : ISIJ Int., **48**(2008), 1142.
15) 足立吉隆，冨田俊郎，日野谷重晴：鉄と鋼，**85**(1999), 620.

16) 横田智之，白神哲夫，佐藤馨，新倉正和：鉄と鋼，**86**(2000), 479.
17) 高木節雄：ふぇらむ，**13**(2008), 305.
18) 高木節雄：熱処理，**40**(2000), 292.
19) A. H. Chokshi, A. Rosen, J. Karch and H. Gleiter : Scripta Metall., **23**(1989), 1679.
20) 辻伸泰：鉄と鋼，**88**(2002), 359.
21) 田村今男：鉄と鋼，**52**(1966), 140.
22) W. M. Justusson and D. J. Schmatz : Trans. ASM, **55**(1962), 640.
23) A. J. McEvily Jr., R. H. Bush, F. W. Schaller and D. J. Schmatz : Trans. ASM, **56**(1963), 753.
24) 森戸茂一，牧正志：まてりあ，**40**(2001), 629.
25) 友田陽，田名部菊次郎，黒木剛司郎，田村今男：日本金属学会誌，**41**(1977), 314.
26) 田村今男：「鉄鋼材料強度学」，日刊工業新聞社(1969).
27) 遊佐覚，原徹，津崎兼彰：日本金属学会誌，**64**(2000), 1230.
28) 早川正夫，寺崎聡，原徹，津崎兼彰，松岡三郎：日本金属学会誌，**66**(2002), 745.
29) 早川正夫，松岡三郎：まてりあ，**43**(2004), 717.
30) 藤原知哉，岡口秀治：鉄と鋼，**80**(1994), 771.
31) 辻伸泰，綾田倫彦，高島大和，斉藤好弘：鉄と鋼，**85**(1999), 419.

第10章
加工誘起マルテンサイト変態と TRIP

10.1 加工誘起マルテンサイト変態

10.1.1 準安定オーステナイトと加工誘起マルテンサイト変態

図 10.1 にオーステナイトとマルテンサイトの自由エネルギーの温度依存性を示す．両者が交わる T_0 以下の温度ではマルテンサイトの方がオーステナイトよりも安定であり，M_s 点以下でマルテンサイトが冷却により生成する．T_0 ～ M_s の間ではマルテンサイト変態の駆動力は発生しているが，変態に必要な駆動力（$\Delta G_{M_s}^{\gamma \to \alpha'}$）よりも小さいため，変態は起こらない．このような熱力学的に不安定な状態のオーステナイトを準安定オーステナイト（metastable austenite）という．例えば，18-8 オーステナイト系ステンレス鋼（Fe-18%Cr-8%Ni）

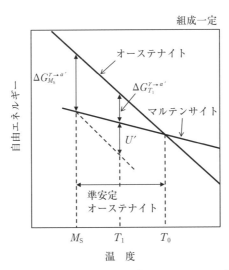

図 10.1 オーステナイトとマルテンサイトの自由エネルギーの温度依存性とマルテンサイト変態の駆動力．

は室温では準安定オーステナイトである．

準安定オーステナイトに加工を施し，引張または圧縮によるせん断応力が働くと，これが駆動力として作用しマルテンサイト変態が起こる．このような応力の作用による駆動力を力学的駆動力(mechanical driving force)という．これに対して，自由エネルギー差によって発生する駆動力を化学的駆動力(chemical driving force)という．例えば図 10.1 の温度 T_1 では，化学的駆動力 ($\Delta G_{T_1}^{\gamma \to \alpha'}$) と力学的駆動力 U' の和が M_s 点での駆動力 $\Delta G_{M_s}^{\gamma \to \alpha'}$ に等しくなると，マルテンサイト変態が加工によって起こる．この現象を加工誘起マルテンサイト変態(deformation-induced martensite transformation)と呼ぶ．

10.1.2 力学的駆動力

力学的駆動力は，付加応力がマルテンサイト変態時に発生するせん断変形になした仕事と等しいと考え，次のようにして見積もることができる[1]．

図 10.2 に示すように，マルテンサイト変態によるせん断ひずみ量 P を，晶癖面に沿った変態せん断量 γ_0 と晶癖面に垂直方向の膨張量 ε_0 に分解する．引張または圧縮時の変態誘起に寄与する力学的駆動力 U を，せん断応力による仕事と静水圧的応力による仕事の和と考え，

$$U = \tau \gamma_0 + \sigma \varepsilon_0 \tag{10.1}$$

で示す．ここに，τ は晶癖面において変態せん断方向にかかるせん断応力，σ は晶癖面法線方向に働く応力である．Fe-Ni 合金のマルテンサイトでは，変態

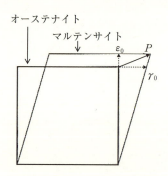

γ_0：晶癖面に沿った変態せん断量
ε_0：変態体積変化による膨張量

図 10.2 マルテンサイト変態に伴う変態ひずみ量．

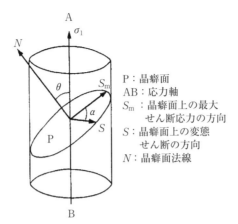

図 10.3 外部応力とマルテンサイト変態による晶癖面 P 上のせん断変形方向 S および晶癖面法線 N の関係.

せん断量 γ_0 は約 0.20,膨張量 ε_0 は 0.04 程度である[1].τ および σ は図 10.3 に示すように AB 方向に外力 σ_1 が作用したとき,

$$\tau = \frac{1}{2}\sigma_1 \sin 2\theta \cos \alpha \tag{10.2}$$

$$\sigma = \pm \frac{1}{2}\sigma_1(1+\cos 2\theta) \tag{10.3}$$

で与えられる.式(10.3)で σ_1 が引張応力のときは +,圧縮のときは - である.θ は晶癖面法線 N と応力軸 AB のなす角,α は晶癖面(P)上の最大せん断応力の方向 S_m と変態せん断の方向 S のなす角である.式(10.2),式(10.3)を式(10.1)に代入して,外力 σ_1 による力学的駆動力は,

$$U = \frac{1}{2}\sigma_1\{\gamma_0 \sin 2\theta \cos \alpha \pm \varepsilon_0(1+\cos 2\theta)\} \tag{10.4}$$

となる.多結晶材では各結晶粒の方位はランダムなので,変態開始時には U が最大になる方位のマルテンサイトが生成すると考えられる.U が最大になるのは,$\alpha = 0$,$\theta = \theta'$(θ' は $dU/d\theta = 0$ を満たす θ の値)のときであるから,

$$U' = \frac{1}{2}\sigma_1\{\gamma_0 \sin 2\theta' \pm \varepsilon_0(1+\cos 2\theta')\} \tag{10.5}$$

が,多結晶の場合の力学的駆動力と見なせる.$\gamma_0 = 0.2$,$\varepsilon_0 = 0.04$ の場合には,

引張変形のとき $\theta' = 39.5°$,圧縮変形のとき $\theta' = 50.5°$ となる[1]．

10.1.3 変態開始応力と加工温度の関係

図10.1に示したように，マルテンサイト変態の駆動力 $\Delta G^{\gamma \to \alpha'}$ は T_0 から発生し，温度が低下するにつれてほぼ直線的に増加する．それゆえ，M_s 点以上の準安定オーステナイトで加工誘起変態を起こさせるに必要な力学的駆動力 U' は，M_s 点より温度が上昇するにつれて直線的に大きくなる．式(10.5)に示したように U' は外部応力 σ_1 の1次の関数であるので，変態開始に必要な応力は加工温度上昇に伴い直線的に大きくなる．

図10.4[2]は，マルテンサイト変態開始応力と母相オーステナイトの降伏応力の加工温度依存性を示す．マルテンサイト生成に必要な応力は M_s 点から温度上昇と共に直線的に大きくなるのに対して，オーステナイトの降伏応力は低温になるほど大きくなるので，両者はある温度で交差する．両者の応力が等しくなる温度を M_s^σ と呼ぶ．$M_s \sim M_s^\sigma$ 間の温度では，オーステナイトが降伏する前にマルテンサイトが生成する．これに対し，$M_s^\sigma \sim M_d$ 間の温度で応力をかけていくと，最初にオーステナイトの降伏が起こり，塑性変形により加工硬化して変態開始応力に達すると，マルテンサイトが生成することになる．加工誘起変態のうち，前者を応力誘起変態(stress-induced transformation)，後者をひずみ誘起変態(strain-induced transformation)と呼んで区別することが多い．後述するように，マルテンサイト変態誘起塑性(TRIP)はオーステナイト

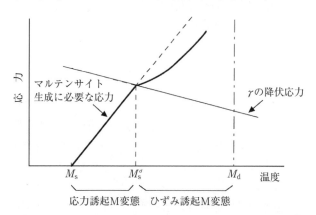

図10.4 マルテンサイト変態開始応力の温度による変化[2]．

がある程度変形してから変態が開始する$M_s^\sigma \sim M_d$間のひずみ誘起変態により発現する現象である．また，Fe-Mn-SiやFe-Ni-Co-Ti合金などの鉄合金の形状記憶効果(shape memory effect)は，$M_s \sim M_s^\sigma$間の応力誘起マルテンサイトで形状変化を起こさせ，加熱時の逆変態によって形状回復が起こる現象である[3]．

$M_s^\sigma \sim M_d$間のマルテンサイト変態開始応力は図10.4に示したように直線関係からずれて小さくなることが実験的に確かめられている[4]．これは，オーステナイトが塑性変形することにより，マルテンサイトの核が形成されたり，局部的に応力集中が起こるためと考えられている[5]．

加工誘起変態が起こる上限の温度M_d点は，原理的には図10.1のT_0温度に一致すべきであるが，実際にはT_0よりもかなり低い温度にある．それは，T_0近傍で変形すると変態開始に必要な応力が非常に大きくなるので，マルテンサイトが生成する前に材料が破断してしまうからである．このようにM_d点は加工条件(与えるひずみ量や加える応力)によって変化し，M_s点のように合金組成が決まれば一義的に決まるものではない．

準安定オーステナイトの安定度を評価する指標としてM_d^{30}点がある．これは，オーステナイト単相の試料に0.30の引張真ひずみ(慣用ひずみで0.35)を与えたときに，組織の50%がマルテンサイトに変態する温度で，この温度が高温であるほど準安定オーステナイトが不安定であることを示す．オーステナイト系ステンレス鋼を対象にした代表的なものとして，次の式がよく用いられている[6]．

$$M_d^{30}(℃) = 551 - 462(\%C + \%N) - 9.2(\%Si) - 8.1(\%Mn)$$
$$- 13.7(\%Cr) - 29.0(\%Ni + \%Cu) - 18.5(\%Mo)$$
$$- 68.0(\%Nb) - 1.42(2.68 - 6.64 \times \log D) \tag{10.6}$$

ここに，Dはオーステナイト結晶粒径(μm)である．

10.1.4 加工誘起マルテンサイト変態量を支配する因子

加工誘起マルテンサイト量はオーステナイトの安定度と加工温度の兼ね合い，および加工度，加工速度などによって変化する．図10.5[7]は18-8ステンレス鋼(準安定オーステナイト)の加工誘起マルテンサイト量と加工(引張り)温度および加工度の関係を示す．加工温度が低くなるほど，あるいは加工度が大

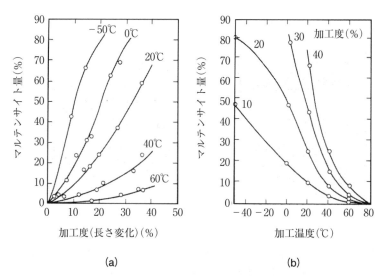

図 10.5 18-8 ステンレス鋼 (18.3%Cr, 8.48%Ni, 0.058%C) のオーステナイトの加工誘起変態[7]. (a) 加工度の影響, (b) 加工温度の影響.

きくなるほどマルテンサイト生成量が多くなる.

加工誘起マルテンサイト量 ($V_{\alpha'}$) はひずみ (ε) の関数として, 例えば式 (10.7)[8] や式 (10.8)[9] などが提唱されている.

$$V_{\alpha'} = 1 - \exp(-\alpha \varepsilon^{3.7}) \qquad (\alpha は定数) \qquad (10.7)$$

$$V_{\alpha'} = 1 - \exp\{(-\beta[1 - \exp(-\alpha \varepsilon)]^n)\} \qquad (\alpha, \beta, n は定数) \qquad (10.8)$$

加工速度が大きくなると, 加工発熱により一般に加工誘起マルテンサイト量は少なくなる傾向がある.

10.2 マルテンサイト変態誘起塑性 (TRIP) と TRIP 鋼

10.2.1 TRIP による延性, 靱性向上機構

加工誘起マルテンサイト変態をうまく利用すると, 延性 (伸び) が大きくなり靱性が向上する. これをマルテンサイト変態誘起塑性 (TRIP : transformation-induced plasticity) という[10),11),12]. TRIP により延性や靱性が向上する理由を模式的に示したのが図 10.6[13] である. 安定なオーステナイトを引張試験する

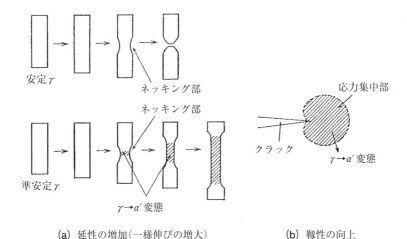

(a) 延性の増加（一様伸びの増大）　　　　(b) 靱性の向上

図 10.6 加工誘起マルテンサイトによる延性（一様伸び）および靱性の向上の説明図[13].

と，図 10.6(a) の上図のようにある程度均一変形をしたのち，くびれが発生しそこに変形が集中して破断に至る．ところが，準安定オーステナイトの場合には，図 10.6(a) の下図のように，くびれが生じるとその部分の応力が高くなるのでくびれ部に加工誘起マルテンサイトが優先的に生成する．鋼のマルテンサイトは強いので，くびれ部が強化され，変形は他の部分で進行するようになる．このように，加工誘起マルテンサイトによって加工硬化が大きくなり，くびれの進展が抑制される結果，大きな一様伸びを示すようになる．また，変形中にマルテンサイトが生成すると靱性も向上する．これは，クラック先端の応力集中部に適当なバリアントのマルテンサイトが生成することにより応力集中が緩和されるからである（図 10.6(b)）．このように，TRIP 現象を伴う材料は，材料にかかる応力を感知して準安定オーステナイトがマルテンサイト変態を起こし，変形中に発生する割れの原因を自ら取り除いているわけで，知能材料の典型的な例といえる．

ただし注意しなければならないことは，変形中にマルテンサイト変態が起こると常に伸びが大きくなるとは限らないことである．つまり，大きな TRIP が起こるにはオーステナイトの引張変形中の適当なタイミング（ひずみ量）でマル

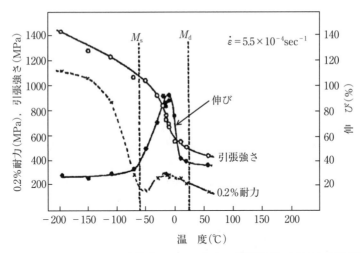

図 10.7 Fe-29%Ni-0.26%C 合金($M_s = -60℃$)の引張性質に及ぼす試験温度の影響[14].

テンサイト変態が起こることが必要である．図 10.7[14]は Fe-29%Ni-0.26%C 合金($M_s = -60℃$)を種々の温度で引張試験したときの結果である．伸びが M_s 点と M_d 点の間のある温度で非常に大きくなっている．これが TRIP 現象である．$M_s〜M_d$ の間の温度でも，M_s 点近傍では変形初期にマルテンサイトが生成してしまい，M_d 点近傍では変形の後期(くびれがかなり進行した後)にマルテンサイトが生成するので，いずれの場合も大きな一様伸びは得られない．M_s 点と M_d 点の中間の温度で，くびれが開始する直前にマルテンサイトが生成すると，くびれの進展がおさえられて伸びが最大となるのである．

変形中に生成するマルテンサイが硬いほど加工硬化が効率的に起こるようになるので，顕著な TRIP が起こる．図 10.8[15]は C 量の異なる Fe-Ni-C 合金(それぞれの M_s 点は $-50℃$ 近傍でほぼ同じ)の伸びと試験温度の関係を示す．C 量が多いほど TRIP による伸びは大きくなり，0.37%C 合金では最大 200% にも達する大きな伸びを示している．

1967 年に Zackay ら[10]は TRIP 現象を利用した TRIP 鋼(代表的組成：Fe-9%Cr-8%Ni-4%Mo-2%Si-2%Mn-0.3%C)を開発した．この鋼は，オースフォームドマルテンサイト中に多量(約 20〜30% 程度)の残留オーステナイト

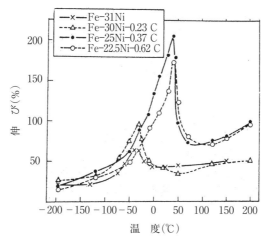

図 10.8 Fe-Ni-C 合金 ($M_s = -50$℃ 近傍) の TRIP 現象に及ぼす C 量の影響[15].

を含んだ鋼で，残留オーステナイトの TRIP 現象によって延性や靱性を向上させたものである．Zackay らの TRIP 鋼は図 9.3 の○印で示したように，例えば，0.2% 耐力 2 GPa で伸び 30% という，従来にない優れた強度―延性バランスを示す超強力鋼である．しかし，この TRIP 鋼は，室温でオーステナイトをかなり多量に残留させるために合金元素が多量に添加されていることや，強化のためにオースフォームを併用し熱処理が複雑であることなどのために，優れた強靱化の原理を有した鋼として注目を浴びながら実用化には至らなかった．

10.2.2 残留オーステナイトを得る方法

室温で TRIP 現象を起こさせるには，かなりの量の準安定オーステナイトが室温で存在していなければならない．図 10.9 に室温で多量の残留オーステナイトを得る方法を示す．普通は，残留オーステナイトを多くしようとすると，M_s 点を室温近傍まで (M_f 点を室温以下に) 下げることを考える．そのために式 (4.1) に示したように C や合金元素を多量に添加することになり，必然的に前述の Zackay ら[10]の TRIP 鋼のような高合金になる．TRIP 鋼が実用化されるか否かを決める鍵の 1 つは，いかにして低合金鋼で多量の残留オーステナイトを得るか，にかかっている．高合金にせずに多量の残留オーステナイトを得る方法として 2 相域熱処理がある．これは，$\alpha + \gamma$ 2 相域に保持すると合金元

1. 合金元素および炭素の多量添加

    $M_s >$ 室温 $> M_f$
    例）TRIP 鋼
    （Fe-0.3C-9Cr-8Ni-4Mo-2Si-2Mn）

2. 2相域熱処理

   (1) 9%Ni 鋼：オーステナイトに Ni を濃縮

   (2) 高 Si 鋼：オーステナイトに C を濃縮

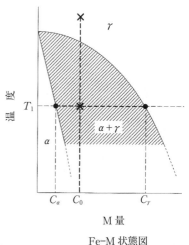

図 10.9　残留オーステナイトを得る方法.

素が両相に分配されることを利用するもので，例えば，図 10.9 の Fe-M 2 元状態図で合金濃度が C_0 と低い低合金鋼でも，温度 T_1 に保持するとオーステナイト相に合金元素を C_γ と濃化させることができ，高合金オーステナイトになる．これを適用した代表的な例が，第 3 章，3.5 で述べた低温用鋼の 9%Ni 鋼に適用されている 2 相域熱処理である．9%Ni 鋼のマルテンサイト組織を 2 相域に加熱保持し，ラス境界に微細に生成したオーステナイトの Ni 濃度を 30% 以上に濃縮させて，M_s 点が室温以下の安定オーステナイトを得ている．

M_s 点を大きく低下させる元素は C である．2 相域熱処理の原理を用いて，Ni の代わりに安価な C を濃縮させてオーステナイトを安定化することができれば非常に好都合である．亜共析鋼の通常の 2 相域熱処理は図 3.33(b) に示したように，A_{e_3} 点と A_{e_1} 点の間の $\alpha + \gamma$ 2 相域で行われるが，この場合はオーステナイトの C 濃度は最大で共析組成(約 0.8%)までであり，M_s 点は室温以下にはならない．そこで，図 10.10 に示したように，オーステナイトを A_{e_1} 点以下に過冷させてフェライトを生成させると，未変態オーステナイトの C 濃度は共析組成以上に濃化することが期待される．例えば，C 量が C_0 の亜共析鋼をオーステナイト域で加熱した後温度 T_1 まで急冷し，その温度で等温保持してフェライト変態させると，オーステナイトの濃度は C_γ まで濃縮する

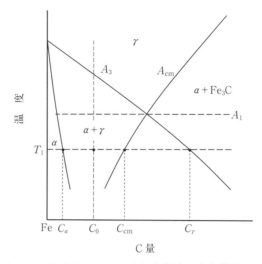

図 10.10 過冷オーステナイトのフェライト変態時の未変態オーステナイトへの C の濃化とセメンタイト析出の関係を示す説明図.

ことが期待される.しかし,実際には,このような大きな C の濃縮は起こらない.なぜなら,フェライト変態の進行により未変態オーステナイトに C が徐々に濃化していくが,A_{cm} 線の組成 C_{cm} 以上になるとオーステナイト中でセメンタイトが析出するのでそれ以上の C 濃度の増加が起こらないからである.つまり,通常の低合金炭素鋼では過冷オーステナイト域での変態を利用した 2 相域熱処理でオーステナイトに C を濃化させることは,原理的には不可能なのである.ところが面白いことに,亜共析鋼に Si を 1〜2% 程度添加すると,過冷オーステナイトの等温変態処理(オーステンパー)により,残留オーステナイトを多量に得ることができるのである[16].

10.2.3 高 Si 添加鋼のオーステンパー処理と低合金 TRIP 鋼

オーステンパー処理(austempering)とは,図 10.11(a)に示したように過冷オーステナイトを TTT 線図のノーズ温度と M_s 点の間で等温保持してベイナイト変態を起こさせる処理である.通常の鋼の場合は,オーステンパー処理の途中で焼入れると,ベイナイト変態していない未変態オーステナイトは冷却中にマルテンサイト変態して残留オーステナイトは生成しない.しかし,

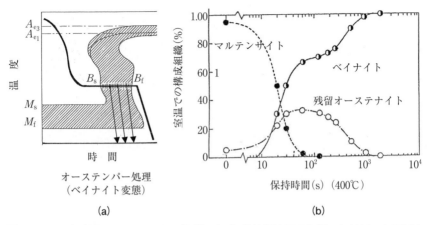

図10.11 (a) オーステンパー処理，(b) ばね鋼 (SUP6 鋼：0.6%C, 1.7%Si, 0.8%Mn) を 400℃で種々の時間等温保持 (オーステンパー処理) 後水冷したときの室温での組織構成 [17]．

1〜2%程度の Si を含む鋼では，例えば図 10.11(b) [17] のばね鋼 (SUP6：0.6%C-1.7%Si-0.8%Mn) の結果に示すように，440℃でのオーステンパー処理 (ベイナイト変態) 途中で焼入れると未変態オーステナイトの一部が室温まで残留するようになり，最大 30%程度の残留オーステナイトが得られる．

Si 添加鋼で残留オーステナイトが得られる理由を，図 10.12 [18] に (a) 炭素鋼と (b) 1〜2%Si 添加鋼の上部ベイナイト変態挙動を比較して説明する．図 7.16 でも示したように，ベイナイト (BF) が生成すると，BF には C がほとんど固溶しないので，C は周囲の未変態オーステナイトへと吐き出される．しかし，炭素鋼では図 10.12(a) のようにセメンタイト (θ) が BF/オーステナイト界面で析出するため，オーステナイト中の C の濃縮は起こらない (図 7.16(f) に対応)．このため，ベイナイト変態途中から焼入れても未変態オーステナイトはすべてマルテンサイトに変態し，残留オーステナイトは得られない．これが通常のベイナイト組織である．ところが，Si を 1〜2%添加するとオーステナイトでのセメンタイトの析出が遅らされるので，C 濃度が C_{cm} 以上になってもすぐにセメンタイト析出が起こらず，ベイナイト変態の進行に伴い未変態オーステナイトに C が徐々に濃縮していく．このため，図 10.12(b)-(1)，(2) のように BF の増加に伴いオーステナイトが安定化し残留オーステナイト

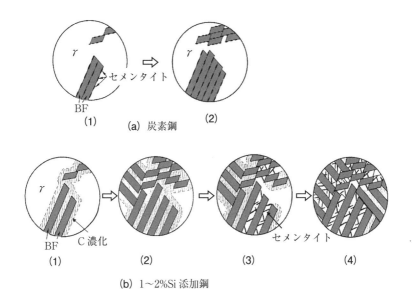

図 10.12 炭素鋼および Si 添加鋼の上部ベイナイト変態途中の組織変化の比較[18].

量が増加する（図 7.16(d)に対応）．しかし，さらに長時間保持されると C 濃化領域でセメンタイトが析出するようになり，図 10.12(b)-(3),(4)のようにオーステナイト中の C 濃度が減少し，冷却後の残留オーステナイト量は減少する．すなわち，Si 含有鋼において多量の残留オーステナイトが得られる理由は，ベイナイト変態時のセメンタイト生成が Si 添加によって遅延され，未変態オーステナイトに C が A_{cm} 線以上（図 10.10 の C_{cm} 以上）に濃縮して高濃度となり M_s 点が室温以下になるためである．図 10.13[19] は Fe-2%Si-0.6%C を 450℃で 50 s 保持後急冷したときの透過電顕組織である．高密度の転位を含むラス状の上部ベイナイト（BF）間にフィルム状の残留オーステナイト（A）が存在している．この場合の残留オーステナイト中の C 量は，X 線回折により求めた残留オーステナイトの格子定数から約 1.6% と見積もられている．

なお，Si 添加によりセメンタイトの析出が遅らされる理由は，Si がセメンタイトに固溶しないことと，Si によってオーステナイト中の C の活量が大きくなり，C の拡散が遅くなるためと考えられている[20),21)]．Al や Co も Si と同様にセメンタイトの析出を遅らせる作用がある．

このような Si 添加鋼のオーステンパー処理による残留オーステナイトの生

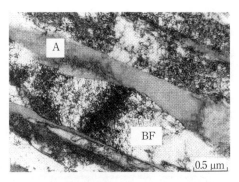

図 10.13 Fe-2%Si-0.6%C 合金における上部ベイナイト変態初期の透過電子顕微鏡組織(450℃,50 s 保持後水冷)[19].

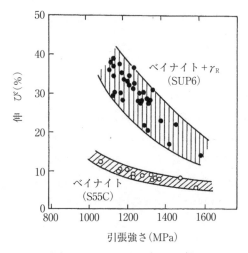

図 10.14 ベイナイト + 残留オーステナイト(SUP6 鋼：0.6%C,1.7%Si,0.8%Mn)とベイナイト(S55C 鋼：0.5%C,0.25%Si,0.7%Mn)の強度-延性バランスの比較[17].

成という方法が確立されたことによって，TRIP は 1980 年代に再び息を吹き返したのである．そして近年，昔のような超強力鋼ではないが，Si 添加低合金鋼で強度-延性バランスの優れた加工用薄鋼板や機械構造用鋼が開発されている．これらは Zackey らの TRIP 鋼と区別するため，低合金 TRIP 鋼と呼ばれることが多い．図 10.14 は篠田ら[17]によるばね鋼(SUP6)を種々の条件で

10.2 マルテンサイト変態誘起塑性(TRIP)と TRIP 鋼

オーステンパーしたときに得られるベイナイト＋残留オーステナイト2相組織鋼の強度-延性バランスをまとめたものである．比較のために S55C 鋼のベイナイト組織(この鋼ではオーステンパーによっても残留オーステナイトはほとんど生成しない)の結果も示してある．引張強さ1.1～1.6 GPa の範囲で S55C 鋼のベイナイト単相鋼では5～13％ の伸びであるのに対し，ばね鋼では残留オーステナイトによる TRIP 現象のために 13～40％ もの大きな伸びを示す．

松村ら[22]は，より C 量の少ない 0.4%C-1.5%Si-0.8%Mn 鋼について $\alpha+\gamma$ 2 相域からのオーステンパー処理により，フェライト＋ベイナイト＋残留オーステナイトの3相組織を得，残留オーステナイトの TRIP 現象を利用して引張強さ1GPa, 伸び30％ の高張力鋼板を得ている．この処理は，2相域での保持によってフェライトを約30％，オーテナイトを約70％程度の組織にし，その後オーステンパーによってオーステナイトからベイナイト変態を起こさせ室温で約15～20％ の残留オーステナイトを得ている．このような処理によって得られた低合金 TRIP 鋼の強度-延性バランスを，他の冷延鋼板と併せて図 10.15[23]に示してある．他の強化法に比べ，残留オーステナイトによる TRIP 現象を利用すれば非常に良好な強度-延性バランスが得られることが分かる．

高強度薄鋼板の低合金 TRIP 鋼は，当初は $\alpha+\gamma$ 2 相域から冷却しオーステンパー処理を施すフェライトが主組織のものであったが，近年は，より高強度化を図るためにオーステナイト単相域から直接オーステンパー処理をしてベイ

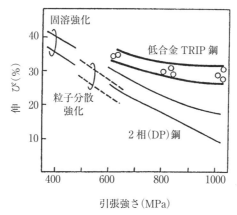

図 10.15 各種冷延鋼板の強度-延性バランスの比較[23]．

ナイトを主組織にするものや，焼入れてマルテンサイトにしたものを2相域に加熱してオーステンパーし，焼もどしマルテンサイトを主組織にするものなどの，新しいタイプの低合金 TRIP 鋼が開発されている[24]．ただし，これらもすべて Si 添加鋼のオーステンパー処理を基本にしたものである．

オーステンパーにより生成する残留オーステナイトを利用し延性・靭性を改善する熱処理は，球状黒鉛鋳鉄の分野でも採用されている．鋳鉄は Si を多量に含んでいるため，この熱処理に適している．これらは ADI (austempered ductile iron) として知られている[25]．

10.2.4　Q & P プロセス（焼入れ-分配処理）

Si 添加鋼で比較的多量の残留オーステナイトを得る方法として，オーステンパー処理と異なる新しい方法として Q & P (quenching and partitioning) プロセス（焼入れ-分配処理）が提案されている[26]．これは，図 10.16 に示すように，オーステナイト単相域または2相域に加熱後，M_s 点と M_f 点の間の適当な温度に焼入れてマルテンサイト + オーステナイト組織を得，直ちに適当な温度に再加熱して焼もどしたのち，急冷する処理である．焼もどし処理中に，マルテンサイトの C が周囲の未変態オーステナイトに吐き出され，オーステナイトに C が濃化する．この処理にも Si 添加が不可欠で，マルテンサイトを

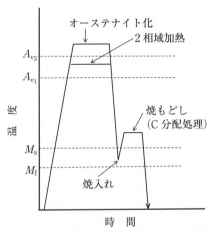

図 10.16　Si 添加鋼の Q & P プロセスの説明図．

焼もどしてもセメンタイトが析出せず，前述のオーステンパーの場合と同じようにCがオーステナイトへ吐き出されオーステナイトが安定化するのである．

このQ&Pプロセスによる低合金TRIP鋼として，例えば，Fe-0.3%C-3%Mn-1.6%Si合金を，820℃でオーステナイト後220℃に焼入れ，直ちに400℃で10s焼もどして急冷した試料では，残留オーステナイトを7%(C量が0.95%に濃縮)含み，引張強さ1700 MPa，伸び11%という，強度-延性バランスに優れた性質を示す[27]．Q&Pプロセスは，マルテンサイトを主組織とするため，高強度の低合金TRIP鋼が得られる．

10.3 TWIP鋼

ここまで述べてきたTRIPはオーステナイトの変形中にマルテンサイト変態が起こると一様伸びが大きくなる現象であるが，近年，積層欠陥エネルギーの小さいオーステナイト(例えばFe-高Mn合金)を変形したとき，双晶変形を起こすと加工硬化が大きくなり一様伸びが大きくなることが見出された．この現象は双晶変形誘起塑性(TWIP, twinning-induced plasticity)と呼ばれ，これを利用したTWIP鋼が開発された[28]．TWIP鋼はオーステナイト鋼で，基本組成は0.05〜1.0%C, 22〜30%Mn, 3〜10%(Si＋Al)であり，降伏強さ(200〜300 MPa)は低いが，引張強さは600 MPa以上で一様伸びが50〜100%と，優れた強度-延性バランスを示す．

文　献

1) J. R. Patel and M. Cohen : Acta Metall., **1**(1953), 531-538.
2) G. B. Olson and M. Cohen : J. Less-Common Metals, **28**(1972), 107.
3) 貝沼亮介：ふぇらむ，**4**(1999), 230.
4) 小野寺秀博，岡弘，田村今男：日本金属学会誌，**42**(1978), 898.
5) 田村今男：日本金属学会会報，**18**(1979), 239.
6) 野原清彦，小野寛，大橋延夫：鉄と鋼，**63**(1977), 772.
7) H. C. Fiedler, B. L. Averbach and M. Cohen : Trans. ASM, **47**(1955), 267.
8) J. R. C. Guimaraes : Scripta Metall., **6**(1972), 795.

9) G. B. Olson and M. Cohen : Metall. Trans., **6**(1975), 791.
10) V. F. Zackay, E. R. Parker, D. Farh- and R. Bush : Trans. ASM, **60**(1967), 252.
11) 田村今男：鉄と鋼, **56**(1970), 429.
12) I. Tamura : Met. Sci., **16**(1982), 245.
13) 牧正志：鉄と鋼, **81**(1995), N. 547.
14) I. Tamura, T. Maki and H. Hato : Trans. ISIJ, **10**(1970), 163.
15) 田村今男：塑性と加工, **16**(1975), 1022.
16) S. J. Matas and R. F. Hehemann : Trans. Met. Soc. AIME, **221**(1961), 179.
17) 篠田研一, 山田利郎：熱処理, **29**(1980), 326.
18) 津崎兼彰, 牧正志：熱処理, **32**(1992), 70.
19) K. Tsuzaki, A. Kodai and T. Maki : Metall. Mater. Trans., A, **25A**(1994), 2009.
20) W. S. Owen : Trans. ASM, **46**(1954), 812.
21) W. C. Leslie, 幸田成康監訳：「レスリー鉄鋼材料学」, 丸善(1985), p. 149.
22) O. Matsumura, Y. Sakuma and H. Takechi : Scripta Metall., **21**(1987), 1301.
23) K. Ushioda : Scan. J. Metallurgy, **28**(1999), 33.
24) 杉本公一：ふぇらむ, **15**(2010), 183.
25) T. Kobayashi and H. Yamamoto : Metall. Trans., A, **19A**(1988), 319.
26) J. Speer, D. K. Matlock, B. C. De Cooman and J. G. Schroth : Acta Mater., **51**(2003), 2611.
27) E. De Moor, J. G. Speer, D. K. Matlock, J. H. Kwak and S. B. Lee : ISIJ Int., **51**(2011), 137.
28) 金泰雄, 朴信華, 金泳吉：まてりあ, **36**(1997), 502.

第11章
鉄鋼の超微細粒形成のための新しい原理

11.1 動的再結晶

11.1.1 動的回復,動的再結晶と応力-ひずみ曲線

再結晶には静的再結晶(static recrystallization)と動的再結晶(dynamic recrystallization)がある.静的再結晶は,図11.1(a)に示すように,冷間,温間,熱間を問わず加工により生じた加工硬化組織(結晶粒が伸長している)をその後高温で静的保持したときに起こる再結晶である.一方,動的再結晶は,図11.1(b)のように,温間や熱間の高温での"変形中"に起こる再結晶である.

熱間加工においては加工硬化と同時に動的回復(dynamic recovery)や動的再結晶による軟化が起こり,それらが釣り合うと変形応力が一定の定常応力変形になる.動的回復により定常応力変形を示す典型的な例が定常クリープ変形である.

動的回復および動的再結晶により定常応力変形が起こる場合には,真応力-真ひずみ曲線はそれぞれ特徴的な形状を呈す.それを模式図的に示したのが図

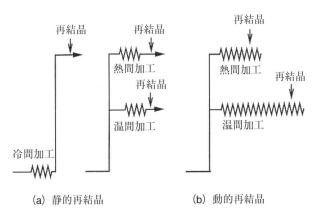

(a) 静的再結晶　　　(b) 動的再結晶

図11.1　静的再結晶と動的再結晶の比較.

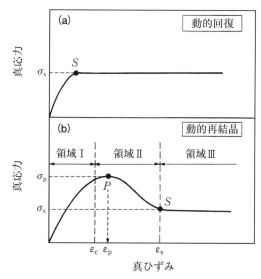

図11.2 （a）動的回復および（b）動的再結晶により定常状態変形が生じるときの真応力-真ひずみ曲線[1].

11.2[1]である．回復が容易に起こる材料では，加工硬化と動的回復が釣り合い，比較的の低応力で定常応力変形に移行する（図11.2(a)）．この場合は変形が進んでも動的再結晶は起こらない．一方，動的回復がそれほど速くない場合には，動的回復のみでは定常応力変形に至らず，加工硬化が起こり応力はひずみとともに上昇を続ける．さらに変形が進行していくとひずみエネルギーが蓄積されていき，これがある臨界の値以上になると再結晶の駆動力となり動的再結晶が起こるようになる．この場合，真応力-真ひずみ曲線は図11.2(b)のように極大応力(σ_p)を示したのち軟化し，その後，応力一定(σ_s)の（もしくは後述するように応力振動を繰り返しながら）定常応力変形となる．

このように，熱間加工中の加工硬化速度に対して動的回復速度がそれを相殺できるかどうか，つまりそれらの大小関係により動的再結晶が起こるかどうかが決まる．加工硬化が動的回復でバランスしてしまえば，変形が進行してもそれ以上のひずみエネルギーが蓄積されないので，動的再結晶は起こらない．動的回復で定常状態変形になる代表的な例が，純Alである．Fe合金の場合には，オーステナイトでもフェライトでも動的再結晶が起こる．なお，古くに

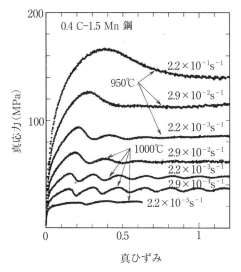

図11.3 炭素鋼(0.4%C, 1.5%Mn)のオーステナイト域変形での真応力-真ひずみ曲線に及ぼす変形温度とひずみ速度の影響[3].

は，フェライトは回復が速くて応力-ひずみ曲線が図11.2(a)のような動的回復型に近い形状を示すので，動的再結晶は起こらないと言われていたが，詳細な観察の結果，今ではフェライトでも動的再結晶が起こることが明らかになっている[2].

図11.3[3]は0.4%C-1.5%Mn鋼を950℃および1000℃で種々のひずみ速度で変形したときの真応力-真ひずみ曲線である．ひずみ速度が小さい場合または加工温度が高い場合には，定常状態変形で応力振動が現れるようになる．第1極大応力(σ_p)および定常応力(σ_s)はひずみ速度が小さいほど，または高温になるほど小さくなる．σ_pまたはσ_sの応力σと変形温度Tおよびひずみ速度$\dot{\varepsilon}$の間には，次式が成立することが知られている．

$$\dot{\varepsilon} = A\sigma^n \exp(-Q/RT) \tag{11.1}$$

ここに，A：定数，n：応力指数，Q：変形の見かけの活性化エネルギーである．動的再結晶が起こる場合，nは6前後の値が多いようであり，Qの値として鋼の場合には250〜390 kJ/molの値が得られており，これらは鉄の自己拡散の活性化エネルギーに近い値である[4]．Qの値が応力や温度に依存しないとす

ると，σ_p（およびσ_s）はZener-Hollomon因子Zを用いて次のように表示できる．

$$Z = \dot{\varepsilon} \exp(Q/RT) = A\sigma^n \tag{11.2}$$

このZ因子は温度補償されたひずみ速度を表すもので，ひずみ速度と温度がさまざまに組み合わさった種々な加工条件を表示するのに便利な因子である．

11.1.2 動的再結晶粒の生成過程と動的再結晶組織の特徴

動的再結晶が起こる場合の応力-ひずみ曲線の特徴的な形状は，動的再結晶の生成過程を反映しており，図11.2（b）に示したように3つの領域に分けられる．

（1）領域Ⅰ（ε_c（約$0.7\varepsilon_p$）まで）：加工硬化段階の未動的再結晶領域．ただし，この場合でも動的回復は起こっている．この段階は動的再結晶が起こるのに必要なひずみエネルギーが蓄積され，さらに再結晶開始までに必要な潜伏期を消費している，いわば動的再結晶の準備段階である．

（2）領域Ⅱ（$\varepsilon_c \sim \varepsilon_s$）：部分動的再結晶領域．約$0.7\varepsilon_p$あたりのひずみから動的再結晶粒の生成が開始し，動的再結晶の進行とともに大きな軟化が起こるために$P(\varepsilon_p)$で極大応力を示したのち応力が低下していく．

（3）領域Ⅲ（ε_s以上）：完全動的再結晶領域．加工硬化と再結晶軟化が釣り合って，$S(\varepsilon_s)$以上のひずみで応力一定の定常状態変形になる．

再結晶は，（1）再結晶のための駆動力の賦与（ある臨界以上のひずみを与える変形），（2）潜伏期（回復過程がこれにあたる），（3）再結晶過程，そして（4）再結晶完了後の結晶粒の成長，という経過をたどる．これらの各段階の時間的経過と加工，変形との関係を両再結晶について示したのが図11.4[5]である．（a）の静的再結晶の場合，ひずみを蓄積して駆動力を与える段階（1）の加工は冷間から熱間までの任意の温度で，しかも低加工から強加工まで任意の加工度を与えることができる．このような自由度は動的再結晶にはない．動的再結晶の場合は，図11.4（b）に示すように，変形開始によりまず（1）の段階が起こり，引き続いて（1）と重複しながら（2），（3）の段階に移行するので，駆動力を与えるひずみ量は変形条件（温度とひずみ速度）によって自動的に決まってしまう．再結晶開始までに潜伏期（2）があるが，この間に動的回復が起こっ

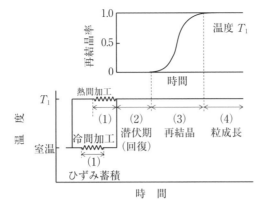

(a) 静的再結晶

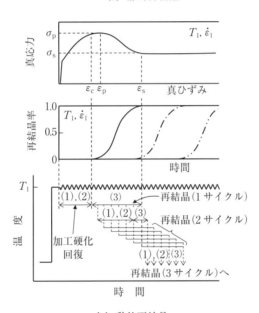

(b) 動的再結晶

図 11.4 （a）静的再結晶および（b）動的再結晶における再結晶進行過程と加工の関係の比較[5].

ている．静的再結晶の場合は回復により転位密度は減少し軟化していく一方であるが，熱間加工では回復による転位密度の低下と変形による転位密度の増加

(加工硬化)が同時に起こる．加工硬化の程度が動的回復による軟化の程度を上回るときには変形とともに加工硬化し，ついには ε_c (ε_s の約 70% のひずみ)で動的再結晶が開始する．

再結晶段階になると，静的再結晶の場合にはひずみのない新しい結晶粒の発生，成長が起こり，再結晶完了後は粒成長の段階に入る(図 11.4(a))．これに対し動的再結晶の場合は，図 11.4(b)に示すように，変形中に再結晶が何回も繰り返して起こるのが特徴である．つまり，動的再結晶粒も生成直後にはひずみのない粒であるが，生成後直ちに変形をうけながら成長していくため再び(1)，(2)の段階を経て次の再結晶を起こす．早く生成した再結晶ほど早く次の再結晶を起こすので，2 回目以降の再結晶過程は各粒によってそれぞれ時間的なずれがある．このような過程を反映して真応力-真ひずみ曲線が特徴的な形状を示すことになる．第 1 回目の再結晶サイクルの開始(ε_c)直後に ε_p で極大応力を示したのち再結晶進行とともに軟化し，2 サイクル目以降の再結晶が重複して起こる段階(ε_s)になると，ほぼ一定の変形応力(ε_s)(もしくはある値を中心に振動する)を示す定常状態変形となる．定常変形段階ではいかなるひずみ量のときでも，再結晶直後のほとんど変形を受けていない粒から，再結晶後かなり変形を受けて次の再結晶開始直前の状態にある粒に至るまでの種々の段階の粒が混在している状態にあり，組織の区別はつかない．

上述したような各段階の相違により，動的再結晶と静的再結晶の間には，種々の相違が現れる．その1つとして，現実にそれらが起こる温度域が両者で異なることがあげられる．例えば，18-8 オーステナイト系ステンレス鋼を例にとれば，75% 冷間圧延材を種々の温度で各 1 h の焼なましを行うと約 700℃ で静的再結晶は完了する[6]．一方，動的再結晶の場合は，初期オーステナイト粒径 150 μm の溶体化材を種々の温度でひずみ速度 1.7×10^{-3}/s で 50% の引張変形を施した場合には，約 1100℃ 以上にならないと動的再結晶は起こらない[7]．このように，通常，動的再結晶が実際に起こる温度域は静的再結晶に比べてかなり高温にある．これは，動的再結晶が変形中という短時間で起こる再結晶であるためである．静的再結晶でも，焼鈍時間を短くすると再結晶完了温度は高温に移行する．

静的再結晶の再結晶率-時間の関係は主として加工度と焼なまし温度に支配されるのに対し，動的再結晶の再結晶率とひずみ量(時間と等価)の関係は変形

11.1 動的再結晶　277

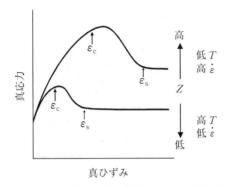

図 11.5　動的再結晶型応力-ひずみ曲線に及ぼす変形条件 Z の影響.

温度とひずみ速度により決まる．変形条件は式(11.2)の Z 因子で表示されることが多い．**図 11.5** に示すように，高 Z 変形になるほど（つまり，ひずみ速度が大きいほど，または温度が低いほど）動的再結晶が開始するひずみ(ε_c)や全面動的再結晶組織になるひずみ(ε_s)が大きくなる．このことは，前述の図 11.4(b)の(1)～(3)の過程に要する時間とその間に生じるひずみ量の関係を考えると定性的には理解できる．つまり，ある一定の温度で変形した場合，ひずみ速度が大きいほど(Z が大きいほど)再結晶に要する時間までに大きく変形されてしまい，ε_c や ε_s が大きくなる．またひずみ速度が一定の変形の場合，温度が低いほど(Z が大きいほど)再結晶の開始，進行に要する時間が長くなるのでその間に大きく変形されてしまい，ε_c や ε_s が大きくなるわけである．

図 11.4(b)に示したように，ε_s 以上のひずみまで変形すると第 1 サイクルの動的再結晶が終わり，その後定常応力変形となる．この定常応力変形で得られる組織はひずみ量に依存せず，いずれのひずみでも同じような組織を示す．一例として，**図 11.6**[5]に Fe-Ni-C オーステナイト合金の光顕組織を示す．動的再結晶の光顕組織上の特徴として，(1)結晶粒は変形方向に伸びておらず，ほぼ等軸的である．(2)結晶粒径は大きいものから小さいものまで混在している．(3)個々の結晶粒の形状が不規則で凹凸状を呈する．(4)大きく凹凸を呈した粒界がさらに細かく鋸歯状を呈する場合が多い．しかしこのような特徴は必ずしも動的再結晶のみに見られるものではなく，静的再結晶の場合でも再結晶完了直後では，結晶粒径のばらつきが大きく，粒界は不規則で凹凸状をなしている場合が多い．それゆえ，光学顕微鏡組織の特徴からだけでは動的再結晶

図11.6 動的再結晶の光顕組織(Fe-25%Ni-0.4%C オーステナイト合金)[5].
$T=1200℃$, $\dot{\varepsilon}=1.7\times10^{-2}/s$, $\varepsilon=0.5$.

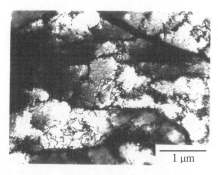

図11.7 動的再結晶の透過電顕組織[8].
OFHC銅, $T=500℃$, $\dot{\varepsilon}=2\times10^{-3}/s$, $\varepsilon=0.6$.

と静的再結晶を区別するのは難しい．しかし，両者で基本的に異なる組織上の相違点がある．それは再結晶粒内の下部組織(substructure)である．静的再結晶の場合は，図2.24に示したように再結晶粒は転位をほとんど含まないのに対し，動的再結晶はその内部に転位セル組織またはサブグレインを含んだ加工組織なのである．動的再結晶粒内の転位セルを示す透過電顕組織の一例を図11.7[8]に示す．動的再結晶粒がその内部に転位下部組織を持つことは，再結晶後直ちに引き続いて変形を受けているという事情によるもので，動的再結晶の本質的特徴が現れたものである．

11.1.3 動的再結晶の出現を支配する因子

前述したように,動的再結晶が起こるような加工条件下(Tと$\dot{\varepsilon}$の組み合わせ)であっても,実際に動的再結晶組織になるにはある臨界のひずみ量以上の変形が必要である.第1サイクルの動的再結晶の開始および完了時のひずみ量は応力-ひずみ曲線(図11.4(b)の上段)のε_p,ε_sが目安になる.図11.5に示したようにZ因子が大きくなるほど(温度が低くなるほど,もしくはひずみ速度が大きくなるほど)ε_pやε_sは大きくなり,動的再結晶が起こるために大きなひずみが必要である.

種々なZ因子でのε_pやε_sの変化の例として,18%Niマルエージ鋼のオーステナイト域での引張変形の結果を図11.8[7]に示す.この図より分かるように,ある一定のZ下ではひずみ(ε)が増すにつれてオーステナイトが未再結晶(領域Ⅰ)→部分的動的再結晶(領域Ⅱ)→完全動的再結晶(領域Ⅲ)へと変化する.逆に加工度(ε)を一定にした場合は,Z因子が大きくなるにつれて,完全動的再結晶→部分的動的再結晶→加工硬化未再結晶組織へと変化していく.つまり,加工度が一定の場合,あるZ以上になると動的再結晶組織が得られなくなるわけで,完全動的再結晶となるにはある上限の臨界のZの値Z_cが存在す

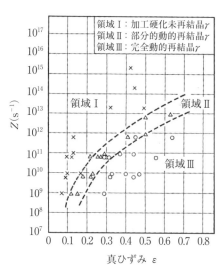

図11.8 18%Niマルエージ鋼の高温変形組織と変形条件(Z, ε)との関係[7].

ることになる.ただし,ここで注意しなければならないことは,Z_c は加工度 ε により変化することである.つまり,与える加工度が大きければ Z_c は大きくなり,より高 Z(つまりより低温)でも動的再結晶が起こるようになる.動的再結晶の出現条件は $Z(T, \dot{\varepsilon})$ と ε の関係から把握しなければならない.

図 11.8 のような加工条件 $(T, \dot{\varepsilon}, \varepsilon)$ と変形組織の関係図は,ひずみ速度や加工度が異なるさまざまな熱間加工法における種々の温度での変形組織を推定する上で有効である.厚板圧延などの熱間圧延のようにひずみ速度が大きい $(10〜20/s$ 程度) ときには Z が大きいため,第 6 章,図 6.23 に示したように,通常の 1 パスの圧下率 $(10〜20\%)$ では未再結晶状態であり動的再結晶は起こらない.

動的再結晶の出現を支配する材料因子としては,変形前の初期粒径 (D_0) が重要である.D_0 が小さいほど ε_p や ε_s が小さくなり動的再結晶が起こりやすくなる[7),9)].図 11.9[7)] は 18-8 ステンレス鋼において初期粒径を変化させたときの動的再結晶の出現する加工条件を Z および ε の関数としてまとめた結果で

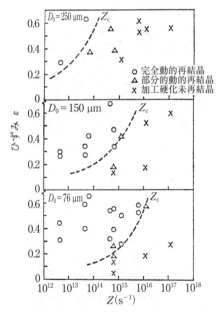

図 11.9 18-8 ステンレス鋼の高温変形組織と変形条件 (Z, ε) の関係に及ぼすオーステナイト初期粒径の影響[7)].

ある．D_0 が小さいほど，動的再結晶の起こる加工条件が広くなっている．また，大きな第2相が存在する場合も ε_s が小さくなり，動的再結晶の出現に好ましい．これらの因子は，静的再結晶の起こりやすさを支配する因子と同じ傾向である．

11.1.4　動的再結晶粒径を支配する因子と結晶粒超微細化の可能性

　再結晶の粒径に影響を及ぼす因子は，図 11.10 に示すように，動的再結晶と静的再結晶で異なる．冷間加工後の静的再結晶では，最も影響する因子はひずみ（加工度）であり，加工度が大きくなるほど再結晶粒は細かくなる．初期粒径も重要な因子で，これが小さいほど再結晶粒径も小さくなる．ひずみ速度や焼鈍温度の影響は小さい．一方，熱間圧延後の静的再結晶の場合には，加工度，初期粒径に加えて，加工条件（加工温度とひずみ速度）も再結晶粒径に影響を与える．これは，熱間加工では加工硬化と同時に動的回復が起こるので，同じ加工度でも加工温度やひずみ速度によって加工硬化の度合いが異なるからである．

　一方，動的再結晶粒径は Z 因子のみによって一義的に決まり，加工度（ひずみ量）や初期粒径に依存しないのが特徴である．これは，前述したように，ε_s 以上では定常応力変形になり，ひずみ量によらず同じような組織を示すからである．動的再結晶粒径 d と Z の間には次式が成り立つ．

$$d = AZ^{-n} \tag{11.3}$$

ここに A, n は定数である．0.1%C 炭素鋼のオーステナイトの動的再結晶粒径

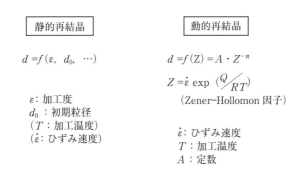

図 11.10　静的および動的再結晶後の結晶粒径に影響を与える因子の比較．

温度：900~1200℃，ひずみ速度：$2 \times 10^{-3} \sim 2 \times 10^{-1}$/s，真ひずみ：~ 0.5

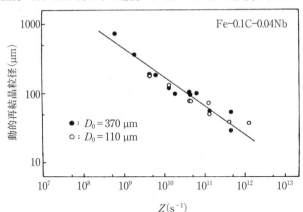

図 11.11 低炭素鋼(0.1%C, 0.04%Nb)のオーステナイトの動的再結晶粒径と Z 因子の関係[10].

と Z 因子の関係を図 11.11[10]に示す．初期 γ 粒径 D_0 に依存せず，式(11.3)が成立している．図 11.12(a)[11]に示すように，高 Z 変形になるほど(つまり低温または高速で変形するほど)動的再結晶粒径は小さくなる．

それゆえ，動的再結晶により結晶粒微細化を図るためには，図 11.12(a)に示すように，できるだけ高 Z の変形条件で動的再結晶組織を得ればよい．しかし，実際上問題になるのが，図 11.12(b)に示したよう高 Z 変形になるほど動的再結晶組織を得るためのひずみ量(ε_s)が大きくなることである．初期の動的再結晶に関する研究のほとんどは(図 11.11 のように)，与える変形量がそれほど大きくなかったので動的再結晶が起こる変形条件が低 Z となり，微細な動的再結晶粒は得られなかった．

しかし，1990 年代半ばから始まった超鉄鋼やスーパーメタルといった大型国家プロジェクトでは，低温で大ひずみ加工($\varepsilon = 3 \sim 4$)を施すことによって高 Z 変形下での動的再結晶を利用した超微細粒組織の創製が追及された．例えば図 11.13[12]はオーステナイト系ステンレス鋼を平面ひずみ条件での圧縮変形を行ったときの結果で，通常の引張試験での動的再結晶(黒丸)では 20 μm 程度以下の結晶粒は得られていないが，温間での高 Z 変形下で動的再結晶を起こさせることにより粒径 2~3 μm の微細粒が得られている．また，低炭素

11.1 動的再結晶　283

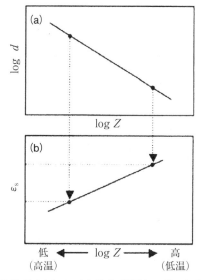

図 11.12 動的再結晶粒径(d)および定常変形開始ひずみ(ε_s)と Z 因子の関係[11].

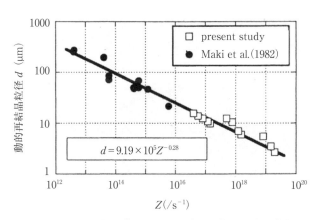

図 11.13 18-8 オーステナイト系ステンレス鋼の動的再結晶粒径と Z 因子の関係[12]. $Q=410\,\mathrm{kJ/mol}$, $T=600\sim1100\,\mathrm{°C}$, $\dot{\varepsilon}=10^{-2}\sim10^{1}/\mathrm{s}$, $\varepsilon=\sim3.0$.

フェライト鋼に 500〜700℃ という低温で大ひずみ加工を施して動的再結晶を起こさせて，粒径 0.5 μm 程度の超微細フェライト粒が得られている[13]．しかし，このような高 Z 変形で動的再結晶を起こさせるには大きなひずみを与える必要がある．Murty ら[14]は，1 軸圧縮変形によって低炭素フェライトの動

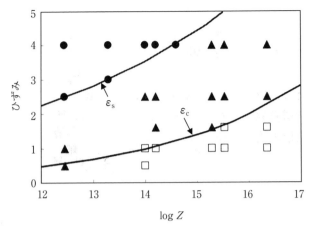

図11.14 0.15%C鋼の高温変形組織に及ぼす変形条件(Zおよびε)の影響[14].

的再結晶が発現する臨界ひずみに及ぼす変形条件を広い範囲で調べ，**図11.14**の結果を得ている．動的再結晶の開始および完了するひずみが高Z化に伴い大幅に増大しており，低炭素鋼でフェライト粒径1μm以下を達成するのに必要な$Z=10^{13}\,\mathrm{s}^{-1}$以上の変形では，相当ひずみで3〜4に達する大ひずみを必要とする．

高Z変形で起こる動的再結晶を利用する場合，実用的にはできるだけ動的再結晶発現の臨界ひずみ量ε_sが小さいことが望ましい．臨界ひずみを小さくするためには，初期粒径の微細化や粗大な第二相粒子の存在などが好ましい．これらは静的再結晶を促進する因子と同じである．初期組織がマルテンサイトの場合には，高Z変形でも比較的小さなひずみ($\varepsilon=0.7$程度)で動的再結晶が起こり，2μm程度の微細フェライト粒が得られることが明らかにされている[15]．マルテンサイトは，動的再結晶を利用して超微細粒を得るためには最も適した初期組織のようである．今後，臨界ひずみに及ぼす諸因子について詳細に調べることが必要である．

11.2 動的フェライト変態

現行のTMCPでは**図11.15**(a)に示すように最終圧延は未再結晶オーステ

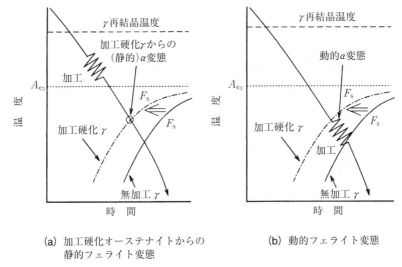

(a) 加工硬化オーステナイトからの静的フェライト変態　　(b) 動的フェライト変態

図 11.15 （a）静的フェライト変態と（b）動的フェライト変態の比較.

ナイト域で施され，圧延後の冷却途中でフェライト変態が起こる．これは通常の変態で，次に述べる動的変態と区別するために，静的(static)フェライト変態と呼ばれることもある．一方，図 11.15(b)のようにオーステナイトを A_{e_3} 点以下の準安定域の低温まで大きく過冷させ，大ひずみ圧延を施すとフェライト変態開始(F_s)が著しく早められる結果，圧延(変形)中に $\gamma \to \alpha$ 変態が起こるようになる．このような，「変形中」に起こるフェライト変態を動的フェライト変態(dynamic ferrite transformation)という． A_{r_3} 直上まで過冷された準安定オーステナイトを大ひずみ加工することによって初めて起こる現象である．

　動的フェライト変態が起こると非常に微細なフェライト粒が得られることは以前から矢田ら[16]により報告されていたが，第9章，9.2で述べた1990年代後半から始まった大型国家プロジェクトでTMCPの極限を追求した探索的研究の結果，低温大ひずみ加工を施すことにより動的フェライト変態が顕在化し，粒径約1 μmの超微細フェライト粒が得られることが多くの研究者によって報告されている[17),18),19]．なお，動的フェライト変態のことを，動的ひずみ誘起フェライト変態(dynamic strain-induced ferrite transformation)や変形誘起フェライト変態(deformation-induced ferrite transformation)などとも呼ば

れ，用語は今のところ統一されていない．

実際の熱間圧延プロセスで，静的フェライト変態と動的フェライト変態のいずれが起こったかを，単に光顕組織観察から識別するのは難しい．動的フェライト変態は加工中に生じる現象であるから，形成されるフェライトも加工を受け，転位やサブグレインなどの変形組織を含んだフェライト粒になる．すなわち，透過電顕によりフェライト粒内の変形下部組織の有無を観察することは，動的フェライト変態と静的フェライト変態を区別する有効な方法である．また，高温におけるフェライトの変形応力はオーステナイトの変形応力よりも低いため，動的フェライト変態が生じると，試料全体の変形応力が低下する．このことを利用して，高温加工時の応力-ひずみ曲線の解析(軟化の有無)によって，動的フェライト変態の発現を検出することができる[20]．

低温大ひずみ加工で動的フェライト変態が起こったときに，1 μm以下の超微細粒組織が得られる理由は単純ではない．なぜなら，変形中に動的フェライト変態が起こった後も引き続き変形をうけるため，フェライトの動的再結晶が起こる可能性があるからである．今，図11.16[21]に示すように，等温保持中に準安定オーステナイトに大ひずみ加工を施したときの挙動を考える．加工硬

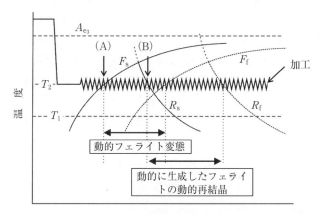

図 11.16 準安定オーステナイトの加工中に起こる動的フェライト変態と動的再結晶の関係[21]．
F_s, F_f：動的フェライト変態の開始と終了線，
R_s, R_f：フェライトの動的再結晶の開始と終了線．

化オーステナイトからの静的フェライト変態では，加工によって導入された転位や変形帯などのフェライト優先核生成サイトは，変形の比較的初期にフェライトを生じて消滅し，その後は主としてフェライトの成長によって変態が進行する．それに対し，動的フェライト変態では，図11.16の(A)点でフェライト変態が開始した後も，未変態オーステナイトは加工を受け続け，転位や変形帯などのフェライト優先核生成サイトが連続的に供給される．そのため，主にフェライトの核生成によって変態が進行し，フェライトの成長は抑制される．その結果，動的フェライト変態では，加工硬化オーステナイトからの静的フェライト変態よりも微細なフェライト組織が形成されると考えられる．

また，動的変態によって生成したフェライト粒も，生成後引き続いて変形をうける．そのため，ひずみ量がある一定の値を超えると，生成したフェライト粒が図11.16の(B)点で動的再結晶を起こすようになる[22]．図11.16に示すように，大ひずみ加工での動的フェライト変態による組織形成過程では，動的フェライト変態の開始(F_s)，終了(F_f)線とフェライトの動的再結晶の開始(R_s)，終了(R_f)線が逆の温度依存性を示すので，両者のタイミングにより，組織はさまざまに変化する．したがって，動的フェライト変態を利用して超微細粒を得るためには，種々の条件での組織形成過程を詳細に調べ，それぞれの鋼種で結晶粒微細化が効果的に生じるプロセス条件を探索していく必要がある．

11.3 大ひずみ加工

通常の塑性加工法では与えることが困難な大きなひずみ(真ひずみで3～4以上)を付与して超微細組織を得る研究が注目を浴びている．超微細粒の形成に対する巨大ひずみの作用は，図11.17に示したように大きく分けて2つある．1つは，変態前の母相を加工し，核生成速度を大きくして変態生成物を微細化する作用である．現在のTMCPの極限を追求した図9.5のタイプⅠはこの作用を利用したものである．もう1つは，変態後の変態生成物に大ひずみ加工(SPD, severe plastic deformation)を施し，組織を物理的に分断・細分化し微細粒化する作用である．近年は，こちらの方が新しい超微細化法として多くの関心を集めている．

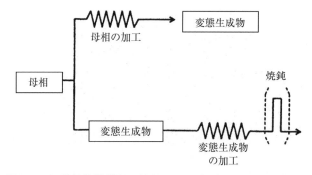

図 11.17 結晶粒微細化に対する大ひずみ加工の2つの作用.

第9章,9.2で述べたように,現行の TMCP の極限の追求によって,単純組成鋼で 1 μm という超微細フェライト組織をもつバルク材を得ることができるようになった.低温大ひずみ加工 TMCP により,今までになかった微細粒組織形成の新しい原理・方法が数多く生まれてきたことは特筆すべきことである.特に,大ひずみ加工の採用により,現在ほとんど利用されていない動的現象(動的再結晶や動的フェライト変態)が顕在化してきた.これらについては,前述したとおりである.

変態後の組織に大ひずみ加工を施す例として,古くから微細パーライト組織を強伸線加工したピアノ線がある.ピアノ線は実用鋼で最高強度を示すものであるが,その加工組織の詳細は,細線であるための観察の困難さや組織の複雑さのために長らく不明であった.しかし近年,高分解能分析電顕や最新の各種解析機器を用いた研究により,パーライト組織を強伸線加工すると,薄い板状セメンタイトがナノ粒子化(20 nm 程度)することや,セメンタイトが溶解してフェライト中に炭素が過飽和に固溶すること,など今まで予想もしなかった現象が起こっていることが明らかになった[23),24)].ピアノ線は昔からある材料であるが,その超高強度化の謎や内部組織の秘密は最近になって明らかになったことである.

強伸線加工以外にも,粉末にメカニカルミリング(MM, mechanical milling)(**図 11.18**(a)[25)])を施すことにより,SUS316L 鋼において室温でも再結晶が起こり 0.2 μm の超微細粒になること,純鉄において 25 nm の超微細粒になり HV950 程度という大きな強化が起こることなどの現象が見出されている.

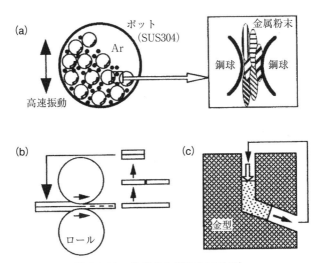

図 11.18 代表的な超強加工法[25].
(a) メカニカルミリング(MM), (b) 繰返し重ね圧延(ARB), (c) 繰返し等断面せん断加工(ECAP).

　大ひずみ加工を施すと形状が薄くなったり細くなったりするが，近年，試験片のサイズを変化させることなく大ひずみ加工(真ひずみ：約3〜4以上)を与えることができるさまざまな形状不変加工法が考案されている．代表的なものが，図11.18(b)，(c)に示した繰返し重ね接合圧延(ARB, accumulative roll-bonding)法やECAP (equal-channel angular pressing)法である．辻ら[26]により開発されたARB法は，通常の圧下率で(例えば50%)圧延した材料を2等分して重ね合わせで元のサイズにしたうえで再び圧延を繰り返す方法で，厚さの減少なしに大ひずみを施すことができる．ECAP法[27]は断面積一定の屈曲したダイス中に材料を通すことにより，屈曲部で単純せん断変形を加える方法である．試料の断面積が一定であるため，これを何回も繰り返すことにより形状不変で大ひずみを施すことができる．これら以外に，大きなねじり変形を与えるHPT (high pressure torsion)法，温間で負荷方向を変形毎に変えて圧縮変形を繰返す方法などがある．このような方法により，相当ひずみ量が4程度以上で0.2〜0.5 μm，相当ひずみ7程度以上の超強加工でナノオーダーの超微細粒が得られる[28]．

　通常の結晶粒微細化は，加工に引き続く焼鈍熱処理により生じる再結晶現象

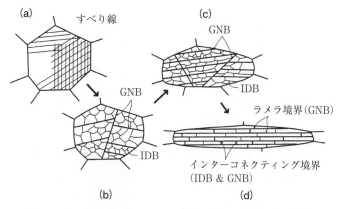

図 11.19 大ひずみ加工による超微細粒の形成機構[21),30)].
（a）圧下率：数%, （b）圧下率：40% 以下, （c）圧下率：70% 程度, （d）圧下率：99% 以上（相当ひずみ4～5以上）.

を通じて行われている．しかし，大ひずみ加工により得られる超微細粒組織は，多くの場合，低温で大ひずみ加工されたままの未熱処理状態で観察される．つまり，加工硬化組織なのである．

大ひずみ加工に伴う超微細粒組織の形成は，一般的な変形機構である grain subdivision によると考えられている[29)]．図 11.19[21),30)] に grain sub-division の様相を模式的に示す．結晶の塑性変形は多数の転位のすべり運動によって担われるが，活動した転位の一定の割合は結晶中に蓄積され，蓄積された転位は，弾性エネルギーを相殺するような低エネルギー構造を取ろうとする．こうして形成されるのが IDB (incidental dislocation boundary) であり，転位セル境界（図 11.19（b））がその典型である．また，多結晶体においては，隣接粒間の拘束の影響等によって，同一結晶粒内であっても活動するすべり系の量や種類 (slip pattern) が場所によって異なる（図 11.19（a））．slip pattern の異なる領域は，互いに異なる方位回転を生じ，隣接領域間には方位差が生じる．この方位差を担うものが，GNB (geometrically necessary boundary) である．こうした IDB と GNB により結晶が分断されていくのが grain subdivision である．IDB は偶発的に形成され，その後の変形で容易に分解すると考えられるので，その方位差は与えた塑性ひずみ量には依存せず，常に小角である．一方，GNB の方位差は塑性ひずみ量の増加とともに増大する[29)]．図 11.19（c）に示

すように，中～高程度の塑性ひずみ(圧延圧下率にして50～80%程度)を受けた場合は，変形帯やせん断帯といった不均一変形組織が生じるが，これらもIDBやGNBにより構成されていると考えることができる．図11.19(d)のように99%以上の超強加工を加えると，圧延方向に伸びたlamellar boundaryが形成され，この様な巨大ひずみになるとほとんどのlamellar boundaryは大角化し，室温変形の場合厚さ100～200 nm程度の均一な伸長超微細組織が得られる．これが，大ひずみ加工により得られる超微細粒組織である．加工により生じる不均一組織の分類や変形組織の形成過程については，文献[31],[32]が参考になる．

ショットピーニング(shot peening)，ドリル加工，切削加工，研削加工などを施した材料表面は，多くの場合，大ひずみ加工を受ける．また，使用中に摩擦や摩耗が起こるレールや繰返し転動疲労を受ける軸受部品でも，表層近傍で大ひずみ変形が不可避的に起こり得る．これらの場合にも，表層部には超微細組織が形成される[33]．

文　献

1) 牧正志，田村今男：日本金属学会会報, **19**(1980), 59.
2) 辻伸泰，松原行宏，斉藤好弘，牧正志：日本金属学会誌, **62**(1998), 967.
3) 酒井拓：鉄と鋼, **81**(1995), 1.
4) 大内千秋：熱処理, **18**(1978), 298.
5) 牧正志，田村今男：鉄と鋼, **70**(1984), 2073.
6) 荒木弘安，平田健一，藤村全戒：日本金属学会誌, **44**(1980), 1244.
7) 牧正志，赤坂耕一，奥野耕次，田村今男：鉄と鋼, **66**(1980), 1659.
8) L. Blaz, T. Sakai and J. J. Jonas : Metall. Sci., **17**(1983), 609.
9) 作井誠太，酒井拓：鉄と鋼, **63**(1977), 285.
10) T. Maki, K. Akasaka and I. Tamura : Thermomechanical Processing of Microalloyed Austenite, ed. by A. J. DeArdo et al., AIME (1981), p. 217.
11) N. Tsuji and T. Maki : Scripta Mater., **60**(2009), 1044.
12) I. Salvatori, T. Inoue and K. Nagai : ISIJ Int., **42**(2002), 744.
13) 大森章夫，鳥塚史郎，長井寿，山田賢嗣，向後保雄：鉄と鋼, **88**(2002), 857.
14) S. V. S. Narayana Murty, S. Torizuka, K. Nagai, N. Koseki and Y. Kogo : Scripta

Mater., **52**(2005), 713.

15) T. Furuhara, T. Yamaguchi, S. Furimoto and T. Maki : Mater. Sci. Forum, **539-543**(2007), 155.

16) H. Yada, Y. Matsumura and T. Senuma : Proc. of the Int. Conf. on Physical Metallurgy of Thermomechanical Processing of Steels and Other Metals (THERMEC-88), ed. by I. Tamura, ISIJ, Tokyo,(1988), p. 200.

17) S. G. Lee, D. G. Kwon, Y. K. Lee and O. J. Kwon : Metall. Trans., A, **26A**(1995), 1093.

18) H. Yada, C. M. Li and H. Yamagata : ISIJ Int., **40**(2000), 200.

19) M. R. Hickson, P. J. Hurley, R. K. Gibbs, G. L. Kelly and P. D. Hodgson : Metall. Mater. Trans. A, **33A**(2002), 1019.

20) N. Park, A. Shibata, D. Terada and N. Tsuji : Acta Mater., **61**(2013), 163.

21) 牧正志，古原忠，辻伸泰，森戸茂一，宮本吾郎，柴田曉伸：鉄と鋼，**100**(2014), 1062.

22) H. Beladi, G. L. Kelly and P. D. Hodgeson : Int. Mater. Rev., **52**(2007), 14.

23) 横井浩一，家口浩，南田高明，鹿磯正人，茨木信彦，隠岐保博：鉄と鋼，**83**(1997), 514.

24) H. D. Read, W. T. Reynold Jr. H. Hono and T. Tarui : Scripta Mater., **37**(1997), 1221.

25) 高木節雄：西山記念技術講座(第177, 178回)，日本鉄鋼協会(2002), p. 133.

26) N. Tsuji, Y. Saito, H. Utsunomiya and S. Tanigawa : Scripta Mater., **40**(1999), 795.

27) 堀田善治，古川稔，T. G. Langdon, 根本實：まてりあ，**37**(1998), 767.

28) M. Umemoto : Mater. Trans., **44**(2003), 1900.

29) N. Hansen : Metall. Mater., Trans., A, **32A**(2001), 2917.

30) 辻伸泰：鉄と鋼，**94**(2008), 582.

31) 川崎宏一，松尾宗次：鉄と鋼，**70**(1984), 1808.

32) 東田賢二，森川龍哉：鉄と鋼，**94**(2008), 576.

33) 梅本実，戸高義一，J. Li：鉄と鋼，**94**(2008), 616.

欧字先頭語索引

A

- A_0 点 ······ 39
- A_1 線 ······ 42
- A_2 点 ······ 37
- A_3 線 ······ 41, 65
- A_3 点 ······ 37
- A_4 点 ······ 37
- A_{c_1} 点 ······ 50
- A_{cm} 線 ······ 41, 65
- ADI ······ 268
- A_{e_1} 点 ······ 50
- A_f 点 ······ 88
- Al-Cu 合金 ······ 5
- α' マルテンサイト ······ 77, 80, 206
- ($\alpha+\gamma$) 2 相域圧延 ······ 170
- α 鉄 ······ 37
- A_{r_1} 点 ······ 50
- ARB ······ 242, 289
- A_s 点 ······ 88
- athermal ······ 87
- Avrami の式 ······ 156

B

- Bain グループ ······ 223
- bcc ······ 11
- bct ······ 77
- burst 現象 ······ 214
- BⅠ型上部ベイナイト ······ 201
- BⅡ型上部ベイナイト ······ 201
- BⅢ型上部ベイナイト ······ 201

C

- CCT 線図 ······ 55
  - 熱処理用—— ······ 61
  - 溶接用—— ······ 61
- CP グループ ······ 223
- C 曲線 ······ 53
  - 単一—— ······ 59
  - 二重—— ······ 59

D

- δ 鉄 ······ 37
- diffusionless 変態 ······ 5, 25, 75
- dimple 破面 ······ 109
- DP(dual phase) 鋼 ······ 71, 125
- dual phase ······ 71

E

- ECAP 法 ······ 289
- ε マルテンサイト ······ 78
- ε 炭化物 ($Fe_{2.4}C$) ······ 92

F

- fcc ······ 11
- fct ······ 78
  - ——マルテンサイト ······ 78
- Fe-C 合金 ······ 2
- Fe-C 状態図 ······ 38
- Fe-Fe_3C 系状態図 ······ 39
- Fe-黒鉛系状態図 ······ 39
- $Fe_{2.4}C$ ······ 92
- Fe_3C ······ 6, 39

G

- γ 鉄 ······ 37
- G-T 関係 ······ 80, 213
- GNB(geometrically necessary boundary) ······ 290
- grain subdivision ······ 290

H

- hcp ······ 11
- HPT 法 ······ 289
- HSLA 鋼 ······ 170, 235

I

- IDB(incidental dislocation bounary) ······ 290
- interstitinal ······ 14
- isotheremal martensite ······ 87

J

Johnson-Mehl-Avrami の式 ……… 157
Jominy …………………………… 68

K

K-S(Kurdjumov-Sacks)関係 … 80, 208, 221

L

Lifshitz-Wagner の式 …………… 165
lamellar boundary ………………… 291

M

Maconstituent …………………… 205
M_d 点 …………………………… 257
M_d^{30} 点 ………………………… 257
M_f 点 …………………………… 88
misfit ……………………………… 29
M_s 点 ………………… 50, 86, 88, 254
M_s^{σ} ……………………………… 256

N

Ni 鋼 ……………………………… 71
　9%—— ……………………… 71, 262
N-W 関係 ………………………… 80, 224
n 乗硬化式 ……………………… 107
n 値 ……………………………… 107, 124

Q

Q & P プロセス …………………… 236, 268

S

shear ……………………………… 75
SPD ……………………………… 287
SSMR 法 ………………………… 239
STX-21 …………………………… 237
substitutional …………………… 14

T

T_0 温度 ………………………… 85, 257
T_0 線 …………………………… 85
thermoelastic マルテンサイト …… 214
TMCP …………………………… 169, 237
TRIP ……………………………… 234, 258
　——鋼 …………………………… 125, 260
TTT 曲線のノーズ ……………… 53
TTT 曲線のベイ ………………… 53
TTT 線図 ………………………… 53
TWIP ……………………………… 269
　——鋼 ……………………… 119, 125, 269

Z

Zener-Hollomon 因子 …………… 274

総　索　引

あ
亜共析鋼……………………………… 41
亜結晶粒……………………………… 32
アサーマル型変態…………………… 87
アシキュラーフェライト…………… 190

い
異常粒成長……………………… 34, 166
一様伸び………………… 105, 124, 259
イディオモルフ…………………… 189
易動度 M……………………… 156, 162

う
ウイッドマンステッテンフェライト…… 189

え
延性-脆性遷移温度………… 107, 131, 241
延性破壊…………………………… 107

お
応力………………………………… 104
応力-ひずみ曲線………………… 104
応力誘起変態…………………… 256
オーステナイト……………………… 2, 37
　　　──結晶粒………………… 61
　　　──生成元素………………… 46
　　　──の熱安定化現象………… 91
　　　──の微細化………………… 184
　　　──粒径……………………… 167
　　　加工硬化──………… 64, 172, 177
　　　過冷──……………………… 52
　　　残留──………………… 88, 261
　　　準安定──……………… 253, 261
　　　フィルム状残留──………… 212
オーステンパー処理……………… 236, 263
オースフォーミング……………… 234, 244
　　　改良──………………… 236, 249
　　　高温──………………… 236, 249
オストワルド成長………………… 28, 165

オロワン機構……………………… 115

か
回復………………………………… 29
改良オースフォーミング……… 236, 249
科学的駆動力……………………… 254
過共析鋼…………………………… 41
拡散………………………………… 5, 19
　　　──係数……………………… 21
　　　──変態……………………… 5, 25
核生成…………………………… 28, 151
　　　──速度………………… 28, 153
加工強化………………………… 112
加工硬化…………………………… 104, 259
　　　──オーステナイト…… 64, 172, 177
　　　──指数……………………… 107
　　　──率………………………… 123
加工促進析出……………………… 175
加工熱処理…………………… 147, 169, 233
加工発熱誘起逆変態……………… 240
加工誘起マルテンサイト変態…… 253
過時効…………………………… 116
加速冷却……………… 169, 170, 178, 235
過熱現象…………………………… 50
下部ベイナイト……………… 54, 138, 199
下部臨界冷却速度…………… 52, 56
過飽和固溶体……………………… 27
過冷オーステナイト……………… 52
過冷却現象………………………… 50
過冷度…………………………… 149

き
疑似パーライト…………………… 196
擬ポリゴナルフェライト………… 193
逆変態……………………………… 87
旧オーステナイト粒界…………… 209
キュリー温度……………………… 37
強化機構…………………………… 109
強伸線加工………………………… 288

共析鋼…………………………………6,41
共析組成…………………………………15
共析反応…………………………………23
共析変態……………………………25,40
局所平衡………………………………156
極大応力………………………………272
極低炭素鋼…………………………34,192
局部伸び…………………………105,125
均一核生成…………………………28,152
均一伸び………………………………105
均質化処理……………………………132

く

空孔型機構……………………………20
駆動力………………………84,149,253
くびれ…………………………………105
グラニュラーベイニティックフェライト
　………………………………………193
クリープ変形…………………………119
繰返し変態……………………………184
繰返し重ね圧延(ARB)…………242,289

け

形状記憶効果………………………81,257
結晶構造…………………………………11
結晶方位関係………………………80,221
結晶粒界……………………………13,19
結晶粒成長………………………30,33,160
結晶粒の粗大化…………………………30
結晶粒微細化…………………………147
研削加工………………………………291
原子空孔…………………………………17
原子%……………………………………15

こ

高温オースフォーミング…………236,249
高温材料の強化法……………………119
恒温変態…………………………………53
　──線図………………………………53
高温焼もどし………………………91,94
　──脆性………………………………97
硬化能……………………………………66
合金………………………………………14
　──炭化物……………………………47

高合金鋼…………………………………34
格子間原子………………………………17
格子欠陥…………………………………16
格子不変変形………………………76,216
公称応力………………………………104
公称ひずみ……………………………104
構造材料…………………………………1
高炭素鋼…………………………………34
高張力鋼…………………………………35
降伏……………………………………104
　──強さ……………………………105
　──点降下…………………………104
　──比………………………………106
固溶強化………………………………110
固溶限……………………………………15
固溶体……………………………………14
固溶度曲線………………………………16
コロニー………………………………133
混合則……………………………122,130
混粒組織………………………………168

さ

再結晶……………………………………30
　──-析出-温度-時間線図…………176
　──オーステナイト域圧延………170
　──温度…………………………30,33
　──核………………………………153
　──集合組織…………………………30
　──粒径………………………………33
サイドプレート………………………190
最密六方格子(hcp)……………………11
細粒化強化……………………………113
サブグレイン……………………32,153
　──の成長……………………………32
サブゼロ処理……………………………91
サブブロック……………………209,226
残留応力の除法…………………………30
残留オーステナイト………………88,261

し

磁気変態…………………………………37
軸比………………………………………78
時効処理…………………………………27
自己拡散…………………………………20

自己焼もどし	79,205	静的再結晶	174,271,281
質量％	15	静的フェライト変態	285
しぼり	105	正方晶性	78
シャルピ衝撃吸収エネルギー曲線	127	析出	25,27
シャルピ衝撃試験	107	——強化	115
準安定オーステナイト	253,261	切削加工	291
小角粒界	14,32	セメンタイト（Fe_3C）	6,39
衝撃吸収エネルギー	107	初析——	42
庄司-西山関係	80	セル組織	31
上部棚エネルギー	108,131,241	セル壁	31
上部ベイナイト	54,138,199,228,265	線欠陥	16
上部臨界冷却速度	52,56	せん断帯	291
晶癖面	80	せん断変態	5,25,75
初析セメンタイト	42	潜伏期	50
初析フェライト	42		
——の形態	189	**そ**	
ショットピーニング	91,291	相界面析出	130,196
ジョミニ曲線	68	双晶変形	118
ジョミニ距離	68	相晶変形誘起塑性（TWIP）	119,125,269
ジョミニ試験	68	相変態	23
真応力	106	塑性不安定条件	123
真応力-真ひずみ曲線	107,272	粗大化温度	168
侵入型機構	20	ソリュートドラッグ効果	162
侵入型原子	111	ソルバイト	53
——の拡散	21		
侵入型固溶体	14	**た**	
真ひずみ	106	体拡散	23
		——係数	163
す		大角粒界	13
スチールコード	136	体心正方格子（bct）	77
すべり変形	18,118	体心立方格子（bcc）	11
すべり方向	18	大ひずみ加工（SPD）	287
すべり面	18	多結晶	13
		単一 C 曲線	59
せ		炭化物生成元素	47
制御圧延	169,235	単結晶	13
制御冷却	235	鍛造焼入れ	233
整合界面	29		
整合ひずみ	29	**ち**	
正常粒成長	33,166	置換型原子	111
脆性破壊	107	置換型合金原子の拡散	20
——応力	125	置換型固溶体	14
成長	28,154	蓄積エネルギー	30,149
——速度	28,154	窒化物生成元素	49

中炭素鋼……………………………………34
稠密六方格子(hcp)………………………11
超強力鋼……………………………………35
超高張力鋼…………………………………35
超鉄鋼(STX-21)プロジェクト…………237
超微細粒………………………………237,240
　　　――組織………………………………286
超微粒子の焼結…………………………147
直接焼入れ………………………………236

て
低応力破壊………………………………128
低温大ひずみ加工………………………237
低温焼もどし………………………………94
　　　――脆性(300℃脆性)…………………94
低合金鋼……………………………………34
低合金TRIP鋼………………………236,266
低合金高張力鋼…………………………170
定常応力…………………………………273
　　　――変形………………………………271
低炭素鋼……………………………………34
ディンプル破面…………………………109
てこの原理……………………………24,45
鉄系スーパーメタルプロジェクト……237
鉄鋼材料……………………………………1
転位…………………………………………18
　　　――強化………………………………112
　　　――芯拡散………………………………23
　　　――密度………19,112,149,211,247,275
点欠陥………………………………………16

と
等温変態……………………………………53
　　　――線図…………………………………53
等温マルテンサイト変態…………………87
等軸フェライト…………………………190
同素体………………………………………37
同素変態……………………………………25
動的回復……………………………172,271
動的再結晶………………172,240,271,281,287
　　　――粒径………………………………281
動的ひずみ誘起フェライト変態………285
動的フェライト変態………………240,285
ドリル加工………………………………291

トルースタイト……………………………54

な
鉛パテンティング………………………134

に
2次再結晶……………………………34,166
二重K-S関係説…………………………230
二重C曲線…………………………………59
2相域熱処理…………………………71,261

ね
ネッキング………………………………124
熱処理用CCT線図…………………………61
熱弾性マルテンサイト…………………214
熱平衡空孔…………………………………17

の
ノジュール………………………………133

は
バーガースベクトル………………………19
バースト現象……………………………214
パーライト……………………2,25,40,42,133
　　　疑似――……………………………196
　　　――組織………………………………195
　　　――ノジュール…………………44,180
　　　――ブロック…………………134,180
　　　――変態……………………25,40,52
　　　微細――………………………………53
　　　粒内――………………………………196
破壊靱性…………………………………107
薄板状マルテンサイト……………80,212
パケット………………………141,181,208,226
刃状転位……………………………………18
バタフライマルテンサイト………………81
破断伸び…………………………………105
8面体位置…………………………………78
バリアント………………………………221
　　　――規制………………………225,230
　　　――選択………………………………225
バルジング機構…………………………169
半整合界面…………………………………29

ひ

項目	ページ
ピアノ線	7, 136, 288
引上げ焼入れ	71
ひげ結晶	109
微細パーライト	53
ひずみ	104
——の累積	174
——誘起極低温フェライト変態	239
——誘起析出	175
——誘起変態	256
——誘起粒界移動	169
非整合界面	29, 229
非炭化物生成元素	47
非調質高張力鋼	235
引張試験	103
引張強さ	105
非等温型変態	87
標準組織	42
表面拡散	23
比例限	105
ピン止め効果	162
ピン止め力	164

ふ

項目	ページ
フィルム状残留オーステナイト	212
フェライト	2, 37, 129, 189
アシキュラー——	190
擬ポリゴナル——	193
グラニュラーベイニティック——	193
初析——	42
等軸——	190
——＋パーライト	130
——生成元素	46
——バンド組織	131
ベイニティック——	193
ポリゴナル——	190, 193
粒界——	229
不均一核生成	28, 152, 225
複合強化	122
ブロック	141, 181, 208, 226

へ

項目	ページ
平衡状態図	23
ベイナイト	3, 54, 136
下部——	54, 138, 199
上部——	54, 138, 199, 228, 265
——の変態機構	202
——変態	264
ベイニティックフェライト	193
ベイリー–ハーシュの式	112
へき開破壊	13, 108
変形帯	291
変形誘起フェライト変態	285
偏析帯	132
偏析反応	23
変態時の体積変化	71
変態集合組織	225

ほ

項目	ページ
ボイド	109
包晶反応	25
包析反応	23
ホール–ペッチの関係	241
ホール–ペッチの式	114
補足変形	76
ポリゴナルフェライト	190, 193

ま

項目	ページ
マッシブ変態	85, 194
マッシブマルテンサイト	207
マルエージ	101
——鋼	118, 127, 234
マルクエンチ	71
マルテンサイト	3, 27, 139
熱弾性——	214
薄板状——	80, 212
バタフライ——	81
マッシブ——	207
——の形態	206
ラス——	80, 141, 207, 226, 228
レンズ——	81, 214
マルテンサイト変態	25, 52, 75
——による強化	120
——の駆動力	84
——誘起塑性(TRIP)	125, 234, 258, 260
マルテンパー	71

み

未再結晶オーステナイト域圧延 ………… 170
ミスフィット転位 ……………………………… 29
ミドリブ ………………………………………… 215
ミラー指数 ……………………………… 12, 221

む

無拡散変態 …………………………… 5, 25, 75

め

メカニカルミリング ……………… 147, 241, 288
面欠陥 ……………………………………………… 16
面心正方格子(fct) ……………………………… 78
面心立方格子(fcc) ……………………………… 11

や

焼入れ
　鍛造—— ……………………………………… 233
　直接—— ……………………………………… 236
　引上げ—— …………………………………… 71
　——温度 ……………………………………… 69
　——硬さ ……………………………………… 68
　——性 …………………………………… 52, 66
焼ならし(焼準) ………………………………… 169
焼もどし ………………………………………… 91
　高温—— …………………………………… 91, 94
　自己—— ………………………………… 79, 205
　低温—— ……………………………………… 94
　——指数 ……………………………………… 98
　——脆性 ……………………………………… 97
　——2次硬化 ………………………………… 99
　——の3段階 ………………………………… 92
焼割れ …………………………………………… 70
ヤング率 ………………………………………… 104

ゆ

有効結晶粒 ……………………………………… 141
優先核生成サイト ……………………………… 152

よ

溶解度曲線 ……………………………………… 16
溶質原子 ………………………………………… 14
溶接用CCT線図 ………………………………… 61
溶体化処理 ……………………………………… 27
溶媒原子 ………………………………………… 14

ら

ラスマルテンサイト …… 80, 141, 207, 225, 228
らせん転位 ……………………………………… 217
ラメラ間隔 …………………………… 133, 134, 179

り

力学的駆動力 …………………………………… 254
理想強度 ………………………………………… 109
粒界アロトリオモルフ ………………………… 189
粒界拡散 ………………………………………… 23
　——係数 ……………………………………… 163
粒界強化 ………………………………………… 113
粒界すべり ……………………………………… 118
粒界の張出し …………………………………… 32
粒界破壊 ………………………………………… 108
粒界フェライト ………………………………… 229
粒子切断機構 …………………………………… 115
粒子分散強化 …………………………………… 115
粒成長 …………………………………………… 28
リューダース帯 ………………………………… 106
リューダース伸び ……………………………… 106
粒内イディオモルフ …………………………… 191
粒内パーライト ………………………………… 196
粒内プレート …………………………………… 191
臨界核 …………………………………………… 152

れ

冷却速度 …………………………………… 6, 50
レンズマルテンサイト ……………………… 81, 214
連続冷却変態線図 ……………………………… 55

著者略歴
牧　正志（まき　ただし）
1943年　出生　京都府出身
1966年　京都大学工学部金属加工学科卒業
1969年　同　工学研究科博士課程退学
1969年　京都大学助手（工学部）
1976年　同　助教授（工学部）
1988年　同　教授（工学部）
2007年　京都大学定年退職
2007年　京都大学名誉教授
2007年　新日本製鐵（株）顧問
2012年　新日鐵住金（株）（社名変更）顧問
2014年　同上　退職　現在に至る
　　　　工学博士

	2015年12月10日　第1版発行
検印省略	2017年7月25日　第2版発行
	2023年7月10日　第2版2刷発行

鉄鋼の組織制御
その原理と方法

著　者　牧　　正　志
発行者　内　田　　学
印刷者　山　岡　影　光

発行所　株式会社　内田老鶴圃　〒112-0012 東京都文京区大塚3丁目34番3号
　　　　電話（03）3945-6781（代）・FAX（03）3945-6782
http://www.rokakuho.co.jp/
印刷・製本／三美印刷 K.K.

Published by UCHIDA ROKAKUHO PUBLISHING CO., LTD.
3-34-3 Otsuka, Bunkyo-ku, Tokyo, Japan

U. R. No. 618-3

ISBN 978-4-7536-5136-8 C3042　　©2015 牧正志

材料学シリーズ
鉄鋼材料の科学 鉄に凝縮されたテクノロジー
谷野 満・鈴木 茂 著
A5・304頁・定価4180円（本体3800円＋税10%）

基礎から学ぶ構造金属材料学
丸山 公一・藤原 雅美・吉見 享祐 共著
A5・216頁・定価3850円（本体3500円＋税10%）

新訂 初級金属学
北田 正弘 著
A5・292頁・定価4180円（本体3800円＋税10%）

金属疲労強度学 疲労き裂の発生と伝ぱ
陳 炳鈞 著
A5・200頁・定価5280円（本体4800円＋税10%）

Brooks・Choudhury
金属の疲労と破壊 破面観察と破損解析
加納 誠・菊池 正紀・町田 賢司 共訳
A5・360頁・定価6600円（本体6000円＋税10%）

材料強度解析学 基礎から複合材料の強度解析まで
東郷 敬一郎 著
A5・336頁・定価6600円（本体6000円＋税10%）

基礎強度学 破壊力学と信頼性解析への入門
星出 敏彦 著
A5・192頁・定価3630円（本体3300円＋税10%）

高温強度の材料科学 クリープ理論と実用材料への適用
丸山 公一 編著／中島 英治 著
A5・352頁・定価7700円（本体7000円＋税10%）

水素脆性の基礎 水素の振るまいと脆化機構
南雲 道彦 著
A5・356頁・定価5830円（本体5300円＋税10%）

材料学シリーズ
水素と金属 次世代への材料学
深井 有・田中 一英・内田 裕久 著
A5・272頁・定価4180円（本体3800円＋税10%）

JME材料科学シリーズ
金属の高温酸化
齋藤 安俊・阿竹 徹・丸山 俊夫 編訳
A5・140頁・定価2750円（本体2500円＋税10%）

凝固工学の基礎 凝固組織の成り立ちを学ぶ
安田 秀幸 著
A5・232頁・定価4400円（本体4000円＋税10%）

材料学シリーズ
金属の相変態 材料組織の科学 入門
榎本 正人 著
A5・304頁・定価4180円（本体3800円＋税10%）

材料の速度論 拡散, 化学反応速度, 相変態の基礎
山本 道晴 著
A5・256頁・定価5280円（本体4800円＋税10%）

材料学シリーズ
材料における拡散 格子上のランダム・ウォーク
小岩 昌宏・中嶋 英雄 著
A5・328頁・定価4400円（本体4000円＋税10%）

材料学シリーズ
再結晶と材料組織 金属の機能性を引きだす
古林 英一 著
A5・212頁・定価3850円（本体3500円＋税10%）

結晶塑性論 多彩な塑性現象を転位論で読み解く
竹内 伸 著
A5・300頁・定価5280円（本体4800円＋税10%）

稠密六方晶金属の変形双晶 マグネシウムを中心として
吉永 日出男 著
A5・164頁・定価4180円（本体3800円＋税10%）

結晶粒界
吉永 日出男 著
A5・152頁・定価4180円（本体3800円＋税10%）

材料学シリーズ
合金のマルテンサイト変態と形状記憶効果
大塚 和弘 著
A5・256頁・定価4400円（本体4000円＋税10%）

ハイエントロピー合金 カクテル効果が生み出す多彩な新物性
乾 晴行 編著
A5・296頁・定価5280円（本体4800円＋税10%）

チタンの基礎と応用
新家 光雄・池田 勝彦
成島 尚之・中野 貴由・細田 秀樹 編著
A5・464頁・定価9350円（本体8500円＋税10%）

German
粉末冶金の科学
三浦 秀士 監修／三浦 秀士・髙木 研一 共訳
A5・576頁・定価10780円（本体9800円＋税10%）

http://www.rokakuho.co.jp/